建设工程读图识图与工程量清单计价系列

建筑工程读图识图与造价

本书编委会 编写

JIANZHU GONGCHENG
DUTU SHITU YU ZAOJIA

知识产权出版社

全国百佳图书出版单位

图书在版编目（CIP）数据

建筑工程读图识图与造价/《建筑工程读图识图与造价》
编委会编写. --北京：知识产权出版社，2013.9
　　（建设工程读图识图与工程量清单计价系列）
　　ISBN 978-7-5130-2338-2

　　Ⅰ．①建… Ⅱ．①建… Ⅲ．①建筑制图—识别
②建筑工程—工程造价　Ⅳ．①TU204②TU723.3

　　中国版本图书馆CIP数据核字（2013）第233632号

内容提要

本书根据《建设工程工程量清单计价规范》GB 50500—2013、《房屋建筑与装饰工程工程量计算规范》GB 50854—2013、《全国统一建筑工程基础定额》（土建工程）GJD－101—1995、《全国统一建筑工程预算工程量计算规则》GJDGZ－101—1995等现行标准规范编写，主要阐述了建筑工程施工图识读、建筑工程造价理论、建筑工程定额计价、建筑工程清单计价、建筑工程工程量计算、建筑工程竣工结算、建筑工程工程量清单计价编制实例。

本书可供建筑工程造价编制与管理人员使用，也可供高等院校相关专业师生学习时参考。

　　责任编辑：高志方　徐家春　　　　　　责任出版：卢运霞
　　装帧设计：智兴设计室·张国仓

建设工程读图识图与工程量清单计价系列
建筑工程读图识图与造价
本书编委会　编写

出版发行：知识产权出版社有限责任公司　网　　址：http://www.ipph.cn
电　　话：010－82004826　　　　　　　　　　　　　http://www.laichushu.com
社　　址：北京市海淀区马甸南村1号　　邮　　编：100088
责编电话：010－82000860 转 8573　　　责编邮箱：xujiachun625@163.com
发行电话：010－82000860 转 8101/8029　发行传真：010－82000893/82003279
印　　刷：北京雁林吉兆印刷有限公司印刷　经　　销：各大网上书店、新华书店及相关专业书店
开　　本：720mm×960mm　1/16　　　　印　　张：21
版　　次：2014年3月第1版　　　　　　印　　次：2014年3月第1次印刷
字　　数：390千字　　　　　　　　　　定　　价：55.00元

ISBN 978-7-5130-2338-2

《建筑工程读图识图与造价》
编写人员

主　编　张建新　陆彩云

参　编　（按姓氏笔画排序）

于　涛　马文颖　王永杰　刘艳君
何　影　佟立国　李春娜　邵亚凤
姜　媛　赵　慧　陶红梅　曹美云
曾昭宏　韩　旭　雷　杰

前 言

　　随着我国社会主义市场经济的飞速发展，国家对建设的投资逐年加大，建设工程造价体制改革也在不断深入地发展，工程造价的确定工作已经成为现代化建设事业中一项不可或缺的基础性工作，工程造价编制水平的高低关系我国工程造价管理体制改革的继续深入。自 2008 年版《建设工程工程量清单计价规范》取代 2003 年版《建设工程工程量清单计价规范》后，住房和城乡建设部标准定额司组织相关单位于 2013 年编写并颁布实施了《建设工程工程量清单计价规范》GB 50500—2013、《房屋建筑与装饰工程工程量计算规范》GB 50854—2013 等 9 本计量规范。同时，由于工程制图与读图识图是进行投标报价的基础，是进行工程预结算的依据。基于上述原因，我们组织了一批多年从事工程造价编制工作的专家、学者编写了这本《建筑工程读图识图与造价》。

　　本书共七章，主要内容包括：建筑工程施工图识读、建筑工程造价理论、建筑工程定额计价、建筑工程清单计价、建筑工程工程量计算、建筑工程竣工结算和建筑工程工程量清单计价编制实例。本书内容由浅入深，理论联系实践，便于查阅，可操作性强；可供建筑工程造价编制与管理人员使用，也可供高等院校相关专业师生学习时参考。

　　由于编者学识和经验有限，虽经尽心尽力，但仍难免存在疏漏或不妥之处，望广大读者批评指正。

编　者
2014 年 3 月

目　　录

第一章　建筑工程施工图识读 ……………………………… 1

　第一节　投影知识 …………………………………………… 1

　第二节　剖面图与断面图 …………………………………… 8

　第三节　民用建筑构造 ……………………………………… 12

　第四节　建筑施工图识读 …………………………………… 18

　第五节　结构施工图识读 …………………………………… 38

第二章　建筑工程造价理论 …………………………………… 44

　第一节　建筑工程造价确定的原理 ………………………… 44

　第二节　建筑安装工程造价构成与计算 …………………… 46

　第三节　建筑工程造价计价特征 …………………………… 59

第三章　建筑工程定额计价 …………………………………… 62

　第一节　建筑工程消耗量定额 ……………………………… 62

　第二节　建筑工程预算定额 ………………………………… 71

　第三节　概算定额和概算指标 ……………………………… 77

第四章　建筑工程清单计价 …………………………………… 86

　第一节　工程量清单计价基础 ……………………………… 86

　第二节　工程量清单编制 …………………………………… 88

　第三节　工程量清单计价编制 ……………………………… 92

第五章　建筑工程工程量计算 ………………………………… 124

　第一节　建筑面积计算 ……………………………………… 124

　第二节　土石方工程 ………………………………………… 133

　第三节　地基处理与边坡支护工程 ………………………… 152

　第四节　桩基工程 …………………………………………… 162

　第五节　砌筑工程 …………………………………………… 172

　第六节　混凝土及钢筋混凝土工程 ………………………… 187

　第七节　金属结构工程 ……………………………………… 209

　第八节　木结构工程 ………………………………………… 221

　第九节　门窗工程 …………………………………………… 227

第十节　屋面及防水工程 ……………………………………………… 240

第十一节　防腐隔热、保温工程 ……………………………………… 251

第十二节　措施项目 …………………………………………………… 261

第六章　建筑工程竣工结算 …………………………………………… 272

第一节　建筑工程结算概述 …………………………………………… 272

第二节　工程结算编制 ………………………………………………… 274

第三节　工程结算审查 ………………………………………………… 277

第七章　建筑工程工程量清单计价编制实例 ………………………… 280

参考文献 ………………………………………………………………… 328

第一章 建筑工程施工图识读

第一节 投影知识

一、投影的形成与分类

1. 中心投影

中心投影是指由一点发出投射线所形成的投影，如图 1-1a 所示。

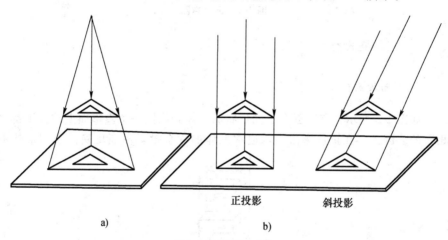

正投影   斜投影

a)   b)

图 1-1 投影的分类

a) 中心投影 b) 平行投影

2. 平行投影

平行投影是指投射线相互平行所形成的投影。由于投射线与投影面的夹角不同，因此又可将平行投影分为以下两种（图 1-1b）：

(1) 正投影 正投影是指投射线相互平行且垂直于投影面的投影。

(2) 斜投影 斜投影是指投射线倾斜于投影面所形成的投影。

在正投影条件下，使物体的某一个面平行于投影面，则该面的正投影可以反映其实际的形状和大小。因此，通常工程图纸都选用正投影原理进行绘制，并且将运用正投影法绘制的图形称为正投影图。在投影图中，通常将可见轮廓画成实线，而将不可见的画成虚线，如图 1-2 所示。

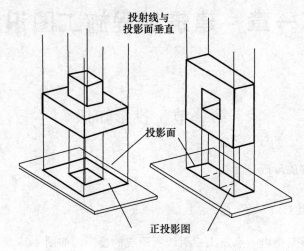

投射线与
投影面垂直

投影面

正投影图

图 1-2　正投影图

二、三面正投影

1. 三面投影体系

如图 1-3 所示，空间五个不同形状的物体，在同一个投影面上的投影都是相同的。因此，在正投影法中，通常形体的一个投影不能反映其空间形体的

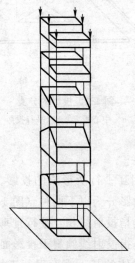

图 1-3　物体的一个正投影不能确定其空间的形状

形状。

　　通常采用三个互相垂直的平面作投影面,只有形体在这三个投影面上的三个投影才能充分表达出该形体的空间形状,将这三个互相垂直的投影面称为三投影面体系,如图1-4所示。图1-4中水平方向的投影面称为水平投影面,用字母 H 表示,即 H 面;与水平投影面垂直相交的正立方向的投影面称为正立投影面,用字母 V 表示,即 V 面;与水平投影面及正立投影面同时垂直相交的投影面称为侧立投影面,用字母 W 表示,即 W 面。各投影面相交的交线称为投影轴,其中 V 面与 H 面的相交线称为 X 轴,W 面与 H 面的相交线称为 Y 轴,V 面与 W 面的相交线称为 Z 轴,三条投影轴的交点 O,称为原点。

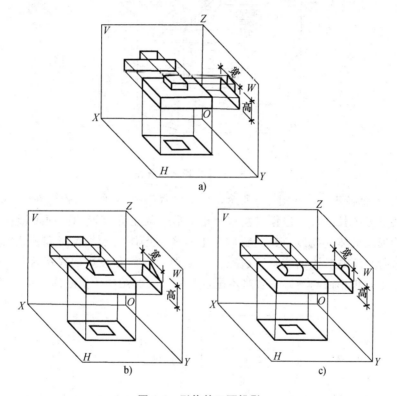

图 1-4　形体的三面投影

2. 三面投影图的形成与展开

　　水平投影是从形体上各点向 H 面作投射线,从而在 H 面上得到的投影;正面投影是从形体上各点向 V 面作投射线,在 V 面上得到的投影;侧面投影是从形体上各点向 W 面作投射线,在 W 面上得到的投影。

　　由于三个投影面是互相垂直的,因此图1-5中形体的三个投影也就不在同一个平面上。为了将这三个投影反映在同一张图纸上，需要把三个投影面按一定的规则展开在一个平面上，其展开规则如下。

展开时，规定 V 面不动，H 面向下旋转 $90°$，W 面向右旋转 $90°$，使它们与 V 面展成在一个平面上，如图 1-5 所示。这时 Y 轴分成两条，一条随 H 面旋转到 Z 轴的正下方与 Z 轴成一直线，用 Y_H 表示；另一条随 W 面旋转到 X 轴的正右方与 X 轴成一直线，用 Y_W 表示。

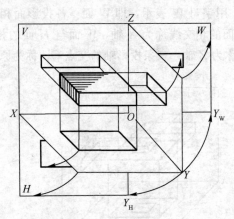

图 1-5　三个投影面的展开

投影面展开后，如图 1-6 所示，形体的水平投影和正面投影在 X 轴方向均反映形体的长度，其位置应左右对正。形体的正面投影和侧面投影在 Z 轴方向均反映形体的高度，其位置应上下对齐。形体的水平投影和侧面投影在 Y 轴方向均反映形体的宽度。这三个关系即为三面正投影的投影规律。在实际制图中，投影面与投影轴省略不画，但三个投影图的位置必须正确。

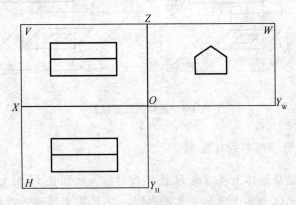

图 1-6　投影面展开图

3. 三面投影图的投影规律

1）三个投影图中的每一个投影图表示物体的两个向度和一个面的形状，即：

① V 面投影反映物体的长度和高度。

② H 面投影反映物体的长度和宽度。

③ W 面投影反映物体的高度和宽度。

2）三面投影图的"三等关系"：

① 长对正，即 H 面投影图的长与 V 面投影图的长相等。

② 高平齐，即 V 面投影图的高与 W 面投影图的高相等。

③ 宽相等，即 H 面投影图的宽与 W 面投影图的宽相等。

3）三面投影图与各方位之间的关系：

① V 面图反映物体上、下和左、右的关系。

② H 面图反映物体左、右和前、后的关系。

③ W 面图反映物体前、后和上、下的关系。

三、工程中常用的投影图

为了能够清楚地表示不同的工程对象，以满足工程建设的需要，工程中常用的投影图有透视投影图、轴测投影图、正投影图以及标高投影图四种。

1. 透视投影图

透视投影图（简称透视图）是指运用中心投影的原理绘制的具有逼真立体感的单面投影。透视投影图具有真实、直观、有空间感且符合人们视觉习惯的特点，然而其绘制比较复杂，形体的尺寸也不能在投影图中度量和标注，因此，不能作为施工的依据，仅用于建筑及室内设计等方案的比较以及美术、广告中等，如图 1-7 所示。

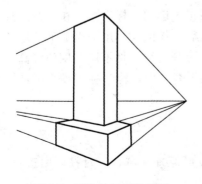　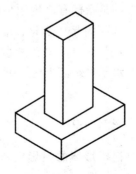

图 1-7　形体的透视投影图　　　图 1-8　形体的轴测投影图

5

2. 轴测投影图

轴测投影图是运用平行投影的原理在一个投影图上作出的具有较强立体感的单面投影图，如图 1-8 所示。轴测投影图的特点是作图比透视图简单，相互平行的直线可平行画出，然而其立体感稍差，因此通常作为辅助图纸。

3. 正投影图

正投影图是指采用正投影法使形体在相互垂直的多个投影面上得到投影，然后按规则展开在一个平面上所得到的图，如图 1-9 所示。正投影图的特点是作图比透视投影图和轴测投影图简单，便于度量和标注尺寸，形体的平面平行于投影面时能够反映其真实形状，因此，在工程上应用最为广泛。然而，正投影图的缺点是无立体感，需要将多个正投影图结合起来进行分析想象，方能得出其立体形象。

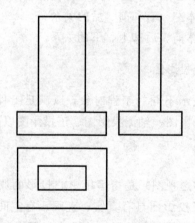

图 1-9 形体的正投影图

4. 标高投影图

标高投影是指标有高度数值的水平正投影图。标高投影在建筑工程中通常用于表示地面的起伏变化、地形、地貌。作图时，用一组上下等距的水平面剖切地面，其交线反映在投影图上称为等高线。将不同高度的等高线自上而下投影在水平投影面上时，便可得到等高线图，称为标高投影图，如图 1-10 所示。

四、投影图的识读

读图是根据形体的投影图，运用投影原理和特性，对投影图进行分析，

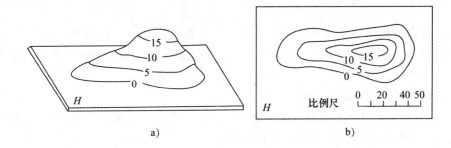

图 1-10　标高投影图

a）立体状况　b）标高投影图

想象出形体的空间形状。识读投影图的方法分为形体分析法和线面分析法两种。

1. 形体分析法

形体分析法是指根据基本形体的投影特性，在投影图上分析组合体各组成部分的形状和相对位置，然后综合起来想像出组合形体的形状。

2. 线面分析法

线面分析法是指以线和面的投影规律为基础，根据投影图中的某些棱线和线框，分析它们的形状和相互位置，从而想象出它们所围成形体的整体形状。

应用线面分析法，必须掌握投影图上线和线框的含义，才能结合起来综合分析，从而想象出物体的整体形状。投影图中的图线（直线或曲线）可能表示的含义有：

1）形体的一条棱线，即形体上两相邻表面交线的投影。

2）与投影面垂直的表面（平面或曲面）的投影，即为积聚投影。

3）曲面轮廓素线的投影。

投影图中的线框，可能有如下含义：

1）形体上某一平行于投影面平面的投影。

2）形体上某平面类似性的投影（即平面处于一般位置）。

3）形体上某曲面的投影。

4）形体上某孔洞的投影。

3. 投影图阅读步骤

投影图阅读的顺序一般是先外形，后内部；先整体，后局部；最后由局部回到整体，综合想象出物体的形状。读图的方法，一般以形状分析法为主，线面分析法为辅。

阅读投影图的基本步骤如下：

1）从最能反映形体特征的投影图入手，一般以正立面（或平面）投影图为主，粗略分析形体的大致形状和组成。

2）结合其他投影图阅读，正立面图与平面图对照，三个视图联合起来，运用形体分析和线面分析法，形成立体感，综合想象，得出组合体的全貌。

3）结合详图（剖面图、断面图），综合各投影图，想象整个形体的形状与构造。

第二节　剖面图与断面图

一、剖面图

1. 剖面图的形成

剖面图是一种不同于三面投影图的新的图示方法。剖面图首先是假想将物体切开，然后将处在观察者和剖切面之间的部分移去，将其余的部分向投影面投射，用所得到的图形来表达物体内部的构造或断面形状。

2. 剖切符号

剖切符号主要是由剖切位置线（表示剖切平面剖切到位置的线）、剖切方向线（表示剖切以后向哪个方向看的线）以及剖面编号（是指剖面图按顺序编的号）组成的，如图 1-11 所示。

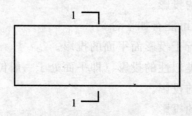

图 1-11　剖切符号

3. 剖面图的表示方法

剖面图除了画出剖切面切到部分的图形外，还应画出沿投射方向看到的部分，被剖切面切到部分的轮廓线应采用粗实线绘制，在剖切面与物体接触的部分上画相应的剖面材料图例，剖切面没有切到但沿投射方向可以看到的部分，应采用中实线绘制。剖面图的具体规定主要有以下几点。

1）剖面图中的定位轴线一般只画出两端的轴线及其编号，以便与平面图对照。

2）剖面图中室内外的地面线用加粗实线表示。剖到的墙身、楼板、屋面板、楼梯段或楼梯平台等轮廓线应采用粗实线表示，未剖切到但可见的门窗洞、楼梯段、楼梯扶手以及内外墙的轮廓线用中粗实线表示。门、窗、扇及其分格线，水斗及雨水管等用细实线表示。尺寸线、尺寸界线、引出线以及标高符号按规定画成细实线。

3）图例门、窗应按照"构造及配件图例"绘制。在1∶100的剖面图中，剖切到的砖墙和钢筋混凝土的材料图例画法与1∶100的平面图相同。

4）建筑剖面图中，必须标注垂直尺寸和标高。外墙的高度尺寸通常标注三道：最外侧一道为室外地面以上的总高尺寸，即底层地面到二层楼面、各层楼面到上一层楼面、顶层楼面到檐口处的屋面等的尺寸，同时还应注明室内外地面的高差尺寸；里面一道为门窗洞及洞间墙的高度尺寸；此外，还应标注某些局部尺寸，如室内门窗洞、窗台的高度及不另画详图的构配件尺寸等。剖面图上两轴线间的尺寸也必须注出。在建筑剖面图上，室内外地面、楼面、楼梯平台面、屋顶檐口顶面都应注明建筑标高。某些梁的底面、雨篷底面等应注明结构标高。

4. 剖面图的种类

（1）全剖图　全剖图是指用一个平行于投影面的剖切平面将物体完全剖开得到的剖面图。剖面图通常适用于外形比较简单而内部结构比较复杂的建筑，如图1-12所示。

（2）半剖图　半剖图是指当物体对称时以中心线为界，一半画成剖视，反应内部结构；一半画成视图，反映外形的剖面图，如图1-13所示。

（3）局部剖图　局部剖图是指当物体形状较为复杂或者不方便进行全剖时，可保留投影图的大部分，只将形体的局部画成剖视的剖面图，如图1-14所示。局部剖视采用波浪线来分界，且波浪线不应与任何图线重合，不得超出图形轮廓线之外，并应画在物体的实体部分上，局部剖通常运用在结构的独立柱基础详图中。

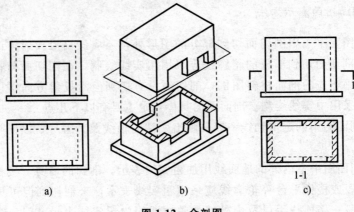

a)   b)   c)

图 1-12 全剖图

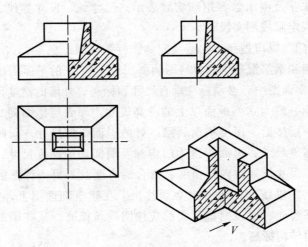

图 1-13 半剖图

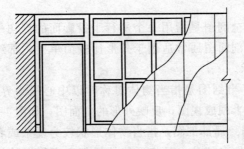

图 1-14 局部剖图

（4）阶梯剖图 阶梯剖图是指采用两个或两个以上相互平行的剖切平面将物体进行剖切，所得到的剖面图。剖切面的转角处必须是直角，不应画出转折处的分界线，转折处不应与图形上的轮廓线重合，如图 1-15 所示。

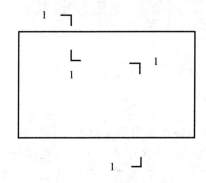

图 1-15　阶梯剖图

二、断面图

1. 断面图的定义及标注

断面图是指当物体被剖切面剖开时，只表达被剖切面接触部分的图形。断面图只需采用粗实线画出剖切面切到部分的图形。断面图的标注与剖面图相似，只是去掉了剖视方向线，而是采用数字的位置来表示投射方向。

2. 断面图的绘制

杆件的断面图可绘制在靠近杆件的一侧或端部并按顺序依次排列，如图 1-16a所示；也可绘制在杆件的中断处，如图 1-16b 所示。

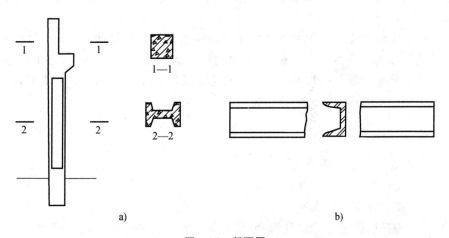

a)　　　　　　　　　　　　　　　　　　　　　　b)

图 1-16　断面图

a）断面图按顺序排列　b）断面图画在杆件中断处

11

第三节　民用建筑构造

一、房屋建筑的分类

1. 按使用功能分类

（1）民用建筑　民用建筑是指供人们工作、学习、生活或居住用的建筑物，其主要包括居住建筑和公共建筑。居住建筑是供人们生活起居用的建筑物，主要包括住宅、公寓、宿舍等。公共建筑按其性质的不同又可分为文教建筑、托幼建筑、医疗卫生建筑、观演性建筑、体育建筑、展览建筑、旅馆建筑、商业建筑、电信广播建筑、交通建筑、行政办公建筑、金融建筑、饮食建筑、纪念建筑以及同时具备上述两个或两个以上功能的综合性建筑等。

（2）工业建筑　工业建筑是指为工业生产服务的生产车间和为生产服务的辅助车间、动力用房、仓储等建筑物。

（3）园林建筑

（4）其他建筑（含构筑物）

2. 按建筑规模和数量分类

（1）大量性建筑　大量性建筑是指建筑规模不大，但修建的数量较多、相似性大，同时与人们生活关系密切、分布面广的建筑物，如住宅、中小学教学楼、医院、中小型影剧院、中小型工厂等，广泛分布在大中小城市及村镇。

（2）大型性建筑　大型性建筑是指建筑数量少，单体面积大，个性强的建筑物，如大型体育馆（鸟巢）、大型剧院、航空港、博览馆、大型工厂等。这类建筑修建的数量是很有限的，它在一个地区甚至一个国家都是具有代表性的，同时对城市面貌的影响也很大。

3. 按层数或高度分类

（1）住宅按照层数分类

1）低层住宅，层数为 1～3 层。

2）多层住宅，层数为 4～6 层。

3）中高层住宅，层数为 7～9 层。

4）高层住宅，层数为 10 层及以上。

（2）其他民用建筑按建筑高度分类

1）普通建筑。建筑高度不超过 24m 的民用建筑和建筑高度超过 24m 的单层民用建筑。

2）高层建筑。建筑高度超过 24m 的公共建筑和综合性建筑（不包括高度超过 24m 的单层主体建筑）。

3）超高层建筑。建筑高度超过 100m 的民用建筑。

其中，建筑高度是指自室外设计地面至建筑主体檐口顶部的垂直高度。

4. 按承重结构的材料分类

（1）砖木结构建筑　砖木结构建筑是指以木材、砖为房屋承重骨架的建筑，一般适用于单层建筑及村镇住宅。

（2）砖一钢筋混凝土结构建筑　砖一钢筋混凝土结构（即砖混结构）建筑是指以砖、钢筋混凝土材料为建筑的主要承重构件，多属于骨架承重结构体系的建筑。它具有坚固耐久、防火和可塑性强等优点，应用较为广泛，一般用于 6 层左右的民用建筑和中小型工业建筑。

（3）钢一钢筋混凝土结构建筑　钢一钢筋混凝土结构建筑一般适用于大跨度建筑和大型公共建筑。

（4）钢结构建筑　钢结构建筑是指主要承重构件全部使用钢材的建筑。它具有力学性能好、便于制作和安装、工期短、结构自重轻等优点，适宜在超高层、大型公共建筑、工业建筑和大跨度建筑中采用。

（5）其他建筑

二、民用建筑的构造组成

1. 基础

基础是指建筑物最下面埋在土层中的部分。基础承受着建筑物的全部荷载，并把荷载传给下面的土层——地基。因此，基础应具备坚固、稳定、耐水、耐腐蚀、耐冰冻的特点，并不应早于地面以上部分损坏。工程中常用作地基的土壤主要有砂土、黏土、碎石土、杂填土以及岩石等。

地基主要可以分为：

（1）天然地基　天然地基是指用自然土层做的地基。

（2）人工地基　人工地基是指经过人工加固处理的地基。常用的人工地基有压实地基、换土地基和桩基。

图 1-17 所示为砖基础的构造，其主要由以下几部分组成：

（1）垫层　垫层在基础的最下部，直接与地基接触。常见的垫层有灰土

（二七灰土或三七灰土）、碎砖三合土及素混凝土。

（2）大放脚　大放脚是指基础下部逐级放大的台阶部分。大放脚主要可以分为等高式大放脚和间隔式大放脚两种。前者的砌法为二皮一收；后者为二、一间收，即二皮一收与一皮一收相间隔。每次收进宽度均为1/4砖长。

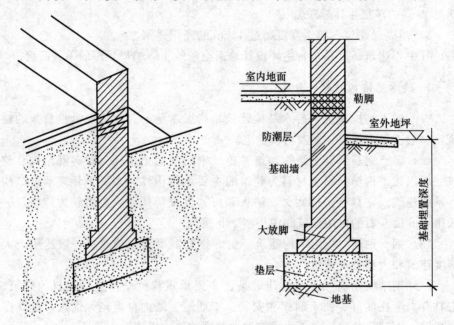

图 1-17　砖基础的构造

（3）防潮层　防潮层是指为防止地下水或室外地面水对墙及室内的浸入而设置的一道防水处理层。防潮层的位置一般设在室内地面以下一皮砖处（并在地面层厚度之内，室外地坪以上）。

（4）基础墙　从构造上讲，基础墙主要是指大放脚顶面至防潮层以下的墙层；而在预算定额中的工程量计算上，一般以室内地坪±0.000为上界，上界以下为基础。

（5）勒脚　勒脚是指外墙接近室外地面部位的加固构造层。

2. 墙体

墙（图 1-18）是建筑物的重要组成部分，其主要作用是承重、围护以及分隔。按其位置不同，可将墙分为外墙和内墙，凡位于房屋四周的墙均称为外墙，其中在房屋两端的墙称为山墙，与屋檐平行的墙称为檐墙。凡位于房屋内部的墙均称为内墙。另外，与房屋长轴方向一致的墙称为纵墙，与房屋短轴方向一致的墙称为横墙。

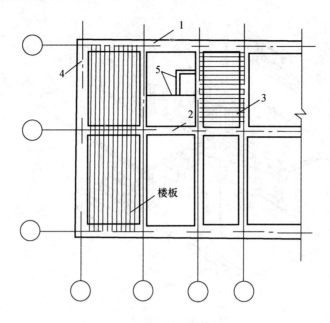

图 1-18　墙的类型

1—纵向承重外墙；2—纵向承重内墙；3—横向承重内墙；

4—横向承重外墙（山墙）；5—隔墙

3．楼地面

楼地面是建筑物的水平承重构件，将所有荷载连同自重传给墙或柱。同时，楼地面将建筑空间在垂直方向上划分为若干层，并对墙或柱起水平支撑作用。地面指底层地面，承受其上荷载并传给地基。

楼地面应有足够的强度和刚度，并满足防水、隔声、隔热等要求。

4．楼梯

楼梯是房屋的重要组成部分，楼梯的主要功能是通行和疏散。建筑物是通过楼梯来实现房屋的竖向交通联系的，因此楼梯是建筑物中主要的垂直交通设施之一。

常见的楼梯有木楼梯、钢筋混凝土楼梯和钢楼梯等。常用的楼梯主要有单跑楼梯、双跑楼梯、三跑楼梯以及圆形楼梯等，其中钢筋混凝土楼梯及双跑楼梯应用最为广泛。楼梯主要由楼梯段、休息平台、栏杆（或栏板）以及扶手三部分组成，双跑楼梯的组成如图 1-19 所示。

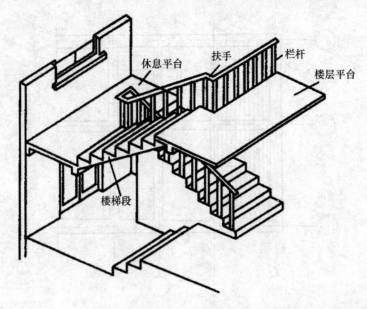

图 1-19 双跑楼梯组成

5. 屋顶

屋顶是房屋顶部的围护结构，其作用主要是避风雨，防寒隔热。屋顶的形式有很多，但从其外形来说主要有平屋顶、坡屋顶、曲面屋顶以及折板屋顶四大类，如图 1-20 所示。使用最多的是平屋顶。

6. 门窗

（1）门 门主要是由门框、门扇、亮子、玻璃以及五金零件等部分组成的，如图 1-21 所示。亮子又称腰头窗（简称腰头、腰窗）；门框又叫门樘子，由边框、上框、中横框等组成；门扇由上冒头、中冒头、下冒头、边挺、门芯板等组成；五金零件主要包括铰链、插销、门锁、风钩、拉手等。

门通常可以按以下几种形式进行分类。

1）按门的所用材料不同主要可分为：木门、钢门、铝合金门、铝塑门、塑钢门等。

2）按门的开启形式可分为：平开门、弹簧门、折叠门、转门、卷帘门等。

3）按门的用料和构造可分为：镶板门、夹板门、玻璃门、纱门、百页门等。

4）按其特殊要求可分为：自动门、隔音门、保温门、防火门、防射线

单坡顶　　　　硬山两坡顶　　　　悬山两坡顶　　　　四坡顶

卷棚顶　　　　庑殿顶　　　　歇山顶　　　　圆攒尖顶

挑檐平屋顶　　　女儿墙平屋顶　　　挑檐女儿墙平屋顶　　　叠顶平屋顶

双曲拱屋顶　　　砖石拱屋顶　　　球形网壳屋顶　　　V形折板屋顶

筒壳屋顶　　　扁壳屋顶　　　车辐形悬索屋顶　　　鞍形悬索屋顶

图 1-20　屋顶的类型

门等。

（2）窗　窗主要由窗框、窗扇以及五金零件组成。窗框为固定部分，由边框、上框、下框、中横框和中竖框构成；窗扇为活动部分，由上冒头，下冒头、边梃、窗芯及玻璃构成；五金零件及附件包括铰链、风钩、插销和窗帘盒、窗台板、筒子板、贴脸板等。

窗通常可以按以下几种形式进行分类。

1）按窗的所用材料不同分为：木窗、钢窗、铝合金窗、铝塑窗、塑钢

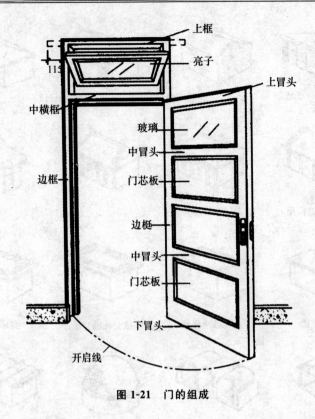

上框

亮子

上冒头

中横框

玻璃

中冒头

门芯板

边框

边梃

中冒头

门芯板

下冒头

开启线

图 1-21　门的组成

窗等。

2）按窗的开启方式可分为：平开窗、中悬窗、上下悬窗、立式转窗、水平或垂直推拉窗、百叶窗、隔音保温窗、固定窗、防火窗、橱窗、防射线观察窗等。

第四节　建筑施工图识读

一、建筑施工图基础知识

1. 建筑施工图定义

建筑施工图是指按照正投影原理和建筑工程施工图的规定画法，把一栋房屋的全貌及各个细微局部完整地表达出来并用于指导施工的图纸。它是将建筑物的平面布置、外形轮廓、尺寸大小、结构构造和材料做法等内容，按照国家标准的规定，用正投影方法详细准确地画出的图纸。建筑施工图是用于组织、指导建筑施工，进行经济核算、工程监理，完成整个建筑建造的一套图纸。它不仅表示建筑物在规划用地范围内的总体布局，还清楚地表达出建筑物本身的外部造型、内部布置、细部构造和施工要求等。

2. 建筑施工图分类

建筑工程施工图按照内容和专业分工的不同分为以下几种：

（1）建筑施工图　建筑施工图简称"建施"，建筑施工图是为了满足建设单位的使用功能需要而设计的施工图纸，是表达建筑总体布局及单体建筑的形体、构造情况的图纸，包括建筑设计说明书、建筑总平面图、各层平面图、各个立面图、必要的剖面图和建筑施工详图等。

（2）结构施工图　结构施工图简称"结施"，结构施工图是为了保障建筑的使用安全而设计的施工图纸，是表达建筑物承重结构构造情况的图纸，包括结构设计说明书、基础平面图、结构基础平面图、基础详图、结构平面图、楼梯结构图和结构构件详图等。

（3）设备施工图　设备施工图简称"设施"。设备施工图是为了满足建筑的给排水、电气、采暖通风的需要而设计的图纸。设备施工图包括设计说明书，给水排水、采暖通风、电气照明等设备的平面布置图、系统图和施工详图等。

这些施工图都是表达各个专业的管道（或线路）和设备的布置及安装构造情况的图纸。在建筑工程设计中，建筑是主导专业，而结构和设备是配合专业，因此在施工图的设计中，结构施工图和设备施工图必须与建筑施工图协调一致。

3. 建筑施工图内容

建筑施工图主要包括以下部分：图纸目录、门窗表、建筑设计总说明、建筑总平面图、一层至屋顶平面图、正立面图、背立面图、左侧立面图、右侧立面图、剖面图（根据工程需要可能有几个剖面图）、节点大样图以及门窗大样图、楼梯大样图（根据功能需要可能有多个楼梯及电梯）。

（1）图纸目录及门窗表　图纸目录是了解整个建筑设计整体情况的目录，从中可以明确图纸数量及出图大小和工程号，还有建筑单位及整个建筑物的主要功能。如果图纸目录与实际图纸有出入，必须与建筑设计部门核对情况。门窗表包括门窗编号、门窗尺寸及其做法，这在计算结构荷载时是必不可少的。

（2）建筑设计总说明　建筑设计总说明主要用来说明图纸的设计依据和施工要求，这对结构设计是非常重要的，因为建筑设计总说明中会提到很多做法及许多结构设计中要使用的数据，如建筑物所处位置（结构中用以确定抗震设防烈度及风载、雪载)、黄海标高(用以计算基础大小及埋深桩顶标高等，没有黄海标高，施工中根本无法施工)及墙体做法、地面做法、楼面做法等(用以确定各部分荷载)。总之，看建筑设计总说明时不能草率，这是检验结构设计正确与否非常重要的一个环节。

(3) 建筑总平面图 建筑总平面图表明新建工程在基底范围内的总体布置。其主要表示原有和新建房屋的位置、标高、道路布置、构筑物、地形、地貌等，是新建房屋定位、施工放线、土方施工以及水、电、暖、煤气等管线施工总平面布置的依据。

(4) 建筑平面图 建筑平面图是将房屋从门窗洞口处水平剖切后，俯视剖切平面以下部分，在水平投影面所得到的图形，比较直观，主要信息就是柱网布置、每层房间功能墙体布置、门窗布置、楼梯位置等。一层平面图在进行上部结构建模中是不需要的(有架空层及地下室等除外)，一层平面图在做基础时使用，至于如何真正地做结构设计本文不详述，这里只讲如何看建筑施工图。作为结构设计师，在看平面图的同时，需要考虑建筑的柱网布置是否合理，不当之处应讲出理由并说服建筑设计人员进行修改。看建筑平面图，了解了各部分建筑功能，对结构上活荷载的取值心中就有大致的值了，了解了柱网及墙体门窗的布置，对柱截面大小、梁高以及梁的布置也差不多有数了。墙的下面一定有梁，除非是甲方自理的隔断，轻质墙也最好是立在梁上。值得一提的是，对屋面平面图，通常现代建筑为了外立面的效果，都有层面构架，比较复杂，需要仔细地理解建筑的构思，必要的时候还要咨询建筑设计人员或索要效果图，力求使自己明白整个构架的三维形成是什么样子的，这样才不会出错。另外，层面是结构找坡还是建筑找坡也需要了解清楚。

(5) 建筑立面图 建筑立面图是建筑物在与外墙面平行的投影面上的投影，一般是从建筑物的四个方向所得到的投影图。根据具体情况可以增加或减少。对建筑立面的描述，主要是外观上的效果；提供给结构师的信息，主要是门窗在立面上的标高布置、立面布置、立面装饰材料及其凹凸变化。屋顶的外形、详图索引符号中，通常有线的地方就有面的变化，再就是层高等信息，这也是对结构荷载的取定起作用的数据。

(6) 建筑剖面图 建筑剖面图是建筑物沿垂直方向向下的剖面图。画建筑剖面图时，常用一个剖切平面剖切，必要时可用两个平行的剖切平面剖切。剖切部位应选在能反映房屋全貌和构造特征以及有代表性的地方。剖切符号一般绘制在底层平面图中，常通过门窗洞和楼梯进行剖切。它的作用是对无法在平面图或立面图中表述清楚的局部进行剖切，以表述清楚建筑设计师对建筑物内部的处理。结构工程师能够在剖面图中得到更为准确的层高信息和局部地方的高低变化，剖面信息直接决定了剖切处梁相对于楼面标高的下沉或抬起，又或有错层梁、夹层梁、短柱等；同时对窗顶是用框架梁充当过梁还是需要另设过梁有一个清晰的概念。

建筑剖面图与建筑立面图、建筑平面图相互配合，表示房屋的全局。建筑平、立、剖面图是建筑施工中最基本的图纸。

（7）节点大样图及门窗大样图　为表明细部的详细构造和尺寸，用较大比例画出的图纸，称为详图、大样图或节点图。

建筑设计师为了更为清晰地表述建筑物的各部分做法，以便施工人员了解设计意图，需要对构造复杂的节点绘制大样图以说明其详细做法，不仅要通过节点图进一步了解建筑师的构思，更要分析节点画法是否合理，能否在结构上实现，然后通过计算验算各构件尺寸是否满足要求，配出钢筋用量。当然，有些节点是不需要结构师配筋的，但结构师也需要确定该节点能否在整个结构中实现。门窗大样图对于结构师来说作用不是太大，但对于个别的门窗，结构师需绘制立面上的过梁布置图，以便于施工人员对此种特殊的门窗过梁有一个确定的做法，避免施工人员产生理解上的错误。

（8）楼梯大样图　楼梯大样图表示楼梯的组成结构、各部位尺寸和装饰做法，一般包括楼梯间平面详图、剖视大样图及栏杆、扶手大样图。这些大样图尽可能画在同一张图纸上。另外，楼梯大样图一般分建筑详图和建筑结构图两种，分别绘制，编入建施和结施中。

楼梯是每一个多层建筑必不可少的部分，多采用预制、现浇混凝土楼梯，楼梯大样图又分为楼梯各层平面图和楼梯剖面图，结构师需要仔细分析楼梯各部分是否能够构成一个整体。在进行楼梯计算时，楼梯大样图就是唯一的依据，所有的计算数据都来源于楼梯大样图。所以，在看楼梯大样图时必须将梯梁、梯板厚度和楼梯结构考虑清楚。

（9）外墙节点大样图　外墙节点大样图是建筑墙身的局部放大图，详尽地表达了墙身从局部防潮层到屋顶的各个主要节点的构造和做法，一般使用标准图集。

4. 建筑施工图识读方法和步骤

（1）建筑施工图识读方法　看建筑施工图时，必须掌握看图的方法。看图的主要顺序是："从上往下看，从左向右看，由外向里看，由大向小看，由粗到细看，图纸与说明对照看，建施与结施结合看。"必要时候，还可以结合设备施工图参照着看，这样才能收到较好的效果。

（2）建筑施工图识图的步骤

1）看施工图首先应看图纸的标题栏和目录，了解工程的名称、承建单位、设计单位、图纸页数等，从而对建筑图纸及建筑类型有一个初步的了解。

2）按照图纸目录检查各类图纸是否齐全，图纸编号与图名是否相符，经确认图纸齐全后，方可按图纸顺序看图。

3）看图顺序是先看设计总说明，以了解建筑的概况，然后按照目录的排列顺序向下看，先看总平面图，确定建筑的位置、朝向、坐标、高程等；接着看一下立面图，大致明白建筑的层数、外观；想要知道得更详细，可以看建筑说明及建筑施工图目录，这些都看过之后，相信已对建筑有个初步的了解。这时，就可以按照平面、立面、剖面、详图的顺序继续看下去。

当然，要想熟练地识读建筑施工图，除了要掌握必要的投影原理，熟悉国家制图标准外，还必须掌握各专业施工图的图示内容以及表达方法。此外，经常到施工现场，对照图纸，观察实物，也是提高识图能力的方法之一。

二、首页图和总平面图

1. 首页图

首页图主要由以下两部分组成：

（1）图纸目录 图纸目录主要起组织编排图纸的作用。从图纸目录中可以看出该工程是由哪些专业图纸组成以及每类图纸的图别编号和页数、每张图纸的图名、图幅大小等。若采用标准设计图，则应说明所使用标准设计图的名称、标准设计图所在的标准设计图集名以及图号或页次。

（2）施工总说明 施工总说明也叫设计说明，主要是用来反映新建房屋工程的总体要求说明。施工总说明一般包括：工程概况（工程名称、位置、建筑规模、建筑技术经济指标、建筑物的绝对标高和相对标高等），结构类型，主要结构的施工方法，对在图纸上未能详细注写的用料、做法或可以统一说明的问题进行详细说明以及构件使用或套用的标准图集代号等。

2. 总平面图

总平面图是指在画有等高线或坐标方格网的地形图上，画有新建工程及其周围原有建筑物、构筑物及拆除房屋的外轮廓的水平投影以及场地、道路、绿化等的平面布置图形。

建筑总平面图是表达一个建筑工程的建筑群体总体布局的水平投影图，主要表示新建房屋基地范围内的地形、地貌、道路以及原有及新建建筑物、构筑物等。建筑总平面图是拟建工程项目施工定位、放样、土方工程、施工现场规划布置的主要依据，也是给排水、供电以及暖通等专业管线总平面图规划布置和施工放样的依据。

（1）总平面图的内容

1）原有基地的地形图（等高线、地面标高等），若地形变化较大，还应画出相应的等高线。

2）周围已有的建筑物、构筑物、道路以及地面附属物。通过周围建筑概况了解新建建筑对已建建筑造成的影响和作用，离相邻原有建筑物、拆除建筑物的距离或位置。

3）指北针或风向频率玫瑰图。

① 指北针。主要是用来表明建筑物的朝向，指北针的形状如图 1-22a 所示，其外圆直径应为 24mm，用细实线绘制，指针尾部的尺寸宜为 3mm。指针的头部应注明"北"或"N"字样。若需要使用较大尺寸绘制指北针，指针尾部的宽度宜为圆直径的 1/8。

② 风向频率玫瑰图。在总平面图中通常画有带指向北的风向频率玫瑰图（风玫瑰），是用来表示该地区常年的风向频率和风速的，如图 1-22b 所示。

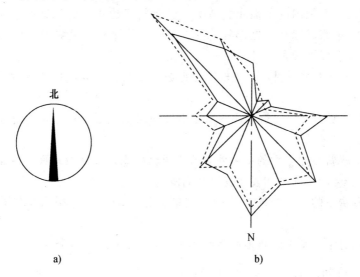

a) b)

图 1-22 指北针和风玫瑰

a）指北针 b）风向频率玫瑰图

4）新建建筑物、构筑物的布置。新建建筑物的定位方式主要有以下几种。

① 利用新建建筑物和原有建筑物之间的距离定位。

② 利用施工坐标确定新建建筑物的位置。

③ 利用新建建筑物与周围道路之间的距离确定新建建筑物的位置。

此外，还需注明新建房屋底层室内地坪和室外整平地坪的绝对标高。

5）周围环境。主要包括：建筑附近的地形、地物等（如道路、河流、水沟等），并且还应注明道路的起点、变坡、转折点、终点以及道路中心线的标高和坡向等。

6）绿化及道路。在总平面图中，绿化及道路反映的范围较大，通常使用的比例有 1∶300、1∶500、1∶1000、1∶2000 等。

（2）总平面图的识读方法

1）对总平面图进行识读时，首先要了解图纸名称、比例以及文字说明，对图纸的大概情况做一个初步的了解。

2）熟悉总平面图上的各种图例。由于总平面图的绘制比例较小，许多物体不可能按原状绘出，通常采用图例符号来表示。

3）在总平面图上，都有一个指北针或风向频率玫瑰图，它标明了建筑物的朝向及该地区的全年风向、频率以及风速。

4）了解新建房屋的平面位置、标高、层数及其外围尺寸等。看新建建筑物在规划用地范围内的平面布置情况，了解新建建筑物的位置及平面轮廓形状与层数、道路、绿化、地形等情况。新建房屋平面位置在总平面图上的标定方法主要有以下两种。

① 对小型工程项目，一般根据邻近原有永久性建筑物的位置为依据，引出相对位置。

② 对大型的公共建筑，往往用城市规划网的测量坐标来确定建筑物转折点的位置。

5）了解新建建筑物的室内外高差、道路标高、坡度及地面排水情况；了解绿化、美化的要求和布置情况以及周围的环境。

6）看房屋的道路交通与管线走向的关系，确定管线引入建筑物的具体位置。

7）在总平面图上还可能画有给排水、采暖、电气施工图。

三、建筑平面图

1. 建筑平面图的形成

建筑平面图是指用一个假想的水平面把一栋房屋略高于窗台以上的部分切掉，将剩余部分正投影而得到的水平投影图。

建筑平面图实质上就是房屋各层的水平剖面图。通常，有几层房屋就应画出几个平面图，并且应在平面图的下方注明相应的图名、比例等。

底层平面图是指沿房屋底层窗洞口剖切所得到的平面图，而最上面一层的平面图称为顶层平面图。由于顶层平面图是屋面在水平面上的投影，因此不需剖切。若中间各层平面布置相同，可只画一个平面图表示，称为标准层平面图。但对于工业厂房类的建筑，层高较高，通常还有一层高窗，此时，则需采用多个平面图来表达不同标高位置处的情况。

图 1-23 所示为一栋单层房屋建筑的平面图。为了表明屋面构造，一般还要画出屋顶平面图。该平面图不是剖面图，而是俯视屋顶时的水平投影图，主要用来表示屋面的形状及排水情况以及突出屋面的构造位置。

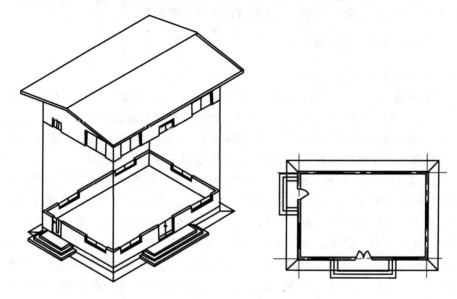

图 1-23 单层房屋建筑的平面图

2. 建筑平面图的内容

1）承重墙、柱及其定位轴线和编号，内外窗的位置、编号、定位尺寸，门开启方向，房间名称或编号，轴线总尺寸（或外包总尺寸）、轴线间尺寸（柱距、跨度）、门窗洞口尺寸、分段尺寸等。

2）墙身厚度（包括承重墙、非承重墙，必要时标注柱与壁柱宽、深尺寸）及其与轴线的关系。

3）变形缝的位置、尺寸、做法索引。主要结构和建筑部件（台阶、阳台、雨篷、散水、地沟、上人孔、坑槽、设备基座等）的位置、尺寸、做法索引。

4）主要建筑设备（例如卫生洁具、雨水管）和固定家具（例如隔断、台、橱）的位置、做法索引，电梯、扶梯、楼梯的位置、上下方向示意和编号索引。

5）楼、地面预留孔洞和通气管道、管井、烟囱、垃圾道等位置、尺寸和做法索引，墙体（填充墙、承重砌体墙）预留洞的位置、尺寸、标高或高度。

6）车库的停车位和通行线路，特殊工艺要求的土建配合尺寸。

7）室外地面标高、底层地面标高、各楼层标高，剖切线位置及编号（底层平面及需要剖切的平面位置）。

8）平面节点详图及详图索引号，放大平面图及索引号。

9）指北针（画在底层平面上），防火分区面积和分隔示意图，图纸名称、比例。

10）屋面平面图应有女儿墙、坡度、坡向、雨水口、分水线、变形缝、楼梯间、上人孔、检修梯等，必要的详图索引号和标高。

3. 建筑平面图的识读方法

1）首先了解图名、比例。

2）看房屋平面外形以及内部墙的分隔情况，了解房屋平面形状和房间分布、用途、数量及相互间联系，如入口、走廊、楼梯和房间的位置等。

3）看图中定位轴线的编号及其间距尺寸，从中了解各承重墙（或柱）的平面定位与布置及房间大小，以便于施工时定位放线和查阅图纸。

4）看门窗的分布及其编号。了解门窗的位置、类型及其数量。图纸中窗的名称代号用 C 表示，门的名称代号用 M 表示。由于一幢房屋的门窗较多，其规格大小和材料组成又各不相同，因此，对各种不同的门窗除用各自的代号表示外，还需分别在代号后面写上编号如 M-1、M-2……和 C-1、C-2……同一编号表示同一类型的门或窗，它们的构造尺寸和材料都一样。从所写的编号可知门窗共有多少种。通常，在首页图上或在本平面图内，附有一个门窗表，列出门窗的编号、名称、尺寸、数量及其所选标准图集的编号等内容。至于门窗的详细构造，则要看门窗的构造详图。

5）看平面图的各部尺寸，平面图中的尺寸分为外部尺寸和内部尺寸。从各道尺寸的标注，可知各房间的开间、进深、门窗及室内设备的大小位置。

6）看标高，标高注明了平面上各主要位置的相对标高值，从中可以看出房屋各处的高度变化，如房间、走廊、厨房、卫生间、阳台及楼梯平台等处的标高，这些标高均标注到完成装修后的建筑标高。

7）在底层平面图上看剖面的剖切符号，了解剖切部位及编号，以便与有关剖面图对照阅读。看室外台阶、花池、散水坡（或明沟）及雨水管的大小和位置，看指北针，了解房屋朝向。

8）查看平面图中的索引符号，当某些构造细部或构件，需另画比例较大的详图或引用有关标准图时，则须标注出索引符号，以便与有关详图符号对照查阅。

9）看楼梯，包括楼梯的主入口、楼梯间的位置，梯段上下走向、休息平台位置等。

4. 建筑平面图识读举例

现以图 1-24 为例说明建筑平面图图示内容和识读步骤。

1) 了解图名、比例以及文字说明，图 1-24 表示为一楼房的首层平面图，绘图比例为 1∶100。

2) 了解平面图的总长、总宽的尺寸，以及内部房间的功能关系、布置方式等，如图 1-24 所示房屋的总长为 19400mm，总宽为 8900mm。

3) 了解纵横定位轴线及其编号；主要房间的开间、进深尺寸；墙（或柱）的平面布置，如图 1-24 所示，水平方向轴线编号为①～⑪，竖直方向轴线编号为Ⓐ～Ⓓ。

4) 了解平面各部分的尺寸，如图 1-24 所示。

5) 了解门窗的布置、数量以及型号。门的代号是 M，窗的代号是 C。在代号后面写上编号，同一编号表示同一类型的门窗。例如 M1、C1。

6) 了解房屋室内设备配备等情况。

7) 了解房屋外部的设施，例如散水、雨水管以及台阶等的位置及尺寸。

8) 了解房屋的朝向以及剖面图的剖切位置、索引符号等，图 1-24 中指北针尖端指向北方，有 1 和 2 两个剖切符号以及编号。

9) 注出室内外的有关尺寸以及室内楼、地面的标高，图 1-24 中首层的室内地面标高为±0.000，南阳台地面标高为－0.020。

10) 表示电梯、楼梯位置及上下方向和主要尺寸，如图 1-24 所示的箭头表示上楼梯的方向。

四、建筑立面图

1. 建筑立面图的形成

在与建筑立面平行的铅直投影面上所作的正投影图称为建筑立面图，简称立面图，如图 1-25 所示。

2. 建筑立面图的内容

1) 立面外轮廓线及主要结构和建筑构造部件的位置（例如女儿墙顶、檐口、柱、变形缝、室外楼梯和垂直爬梯、室外空调机搁板、阳台、栏杆、台阶、坡道、雨篷、烟囱、室外地面线及房屋的勒脚、花台、门、窗、幕墙、外墙的预留孔洞、门头、雨水管，墙面粉刷分格线、线脚或其他装饰构件等），关键控制标高的标注（例如屋面或女儿墙顶标高）。外墙的留洞应标注尺寸、标高或高度尺寸。

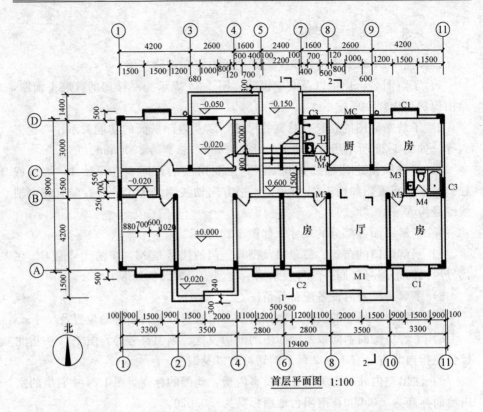

首层平面图 1:100

图 1-24　房屋建筑平面图（单位：mm）

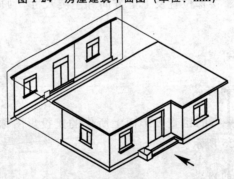

图 1-25　建筑立面图的形成

2）平面图、剖面图未能表示出来的屋顶、檐口、女儿墙、窗台以及其他装饰构件、线脚的标高或高度。平面图上表达不清的窗编号。

3）建筑物两端的轴线编号，立面转折较复杂时可用展开立面表示，但是应注明转角处的轴线编号。

4）各部分构造、装饰节点详图的索引符号。

5）外墙面的装修材料及做法（用图例、文字或列表说明）。

6）图纸名称、比例。

3．建筑立面图的识读方法

1）看图名和比例。了解是房屋哪一立面的投影，绘图比例是多少，以便与平面图对照阅读。

2）看立面图中的标高尺寸，通常立面图中注有室外地坪、出入口地面、勒脚、窗口、大门口及檐口等处标高。

3）看立面图两端的定位轴线及其编号。

4）看房屋立面的外形，以及门窗、屋檐、台阶、阳台、烟囱、雨水管等形状位置。

5）看房屋外墙表面装修的做法和分格形式等，通常用指引线和文字来说明粉刷材料的类型、配合比和颜色等。

4．建筑立面图识读举例

图1-26所示为某别墅建筑立面图，其图示内容和识读步骤如下：

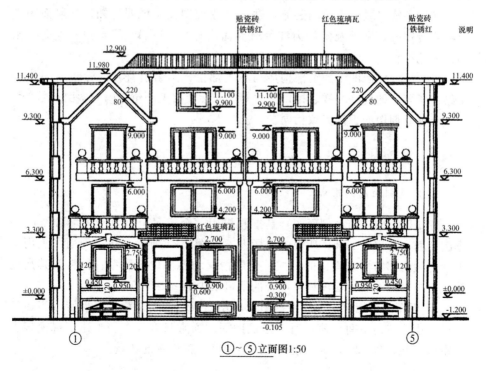

图1-26　某别墅①～⑤立面图（单位：mm）

（1）了解图名及比例　从图名或轴线的编号可知，该图是按首尾轴线编号来命名的，①～⑤立面图，比例 1：50。

（2）了解立面图与平面图的对应关系　对照建筑底层平面图上的指北针或定位轴线编号，可知南立面图的左端轴线编号为①，右端轴线编号为⑤，房屋主入口也在该立面，所以，该图也可称为"南立面图"或"正立面图"。

（3）了解房屋的体形和外貌特征　该别墅楼为三层，其下方有地下室，顶层上部有一层阁楼，立面造型对称布置，局部为斜坡屋顶。入口处有台阶、雨篷、雨篷柱，其他位置门洞处设有阳台，墙面设有雨水管。

（4）了解房屋各部分的高度尺寸及标高数值　立面图上一般应在室内外地坪、阳台、檐口、门、窗、台阶等处标注标高，并宜沿高度方向注写某些部位的高度尺寸。从图 1-26 中所注标高可知，房屋室外地坪比室内地面低1.200m，屋顶最高处标高 12.900m，由此可推算出房屋外墙的总高度为14.100m。其他各主要部位的标高在图中均已注出。

（5）了解门窗的形式、位置及数量　该楼的窗户均为塑钢双扇推拉窗，阳台门为四扇，入户门为双扇带亮子的平开门。可对照平面图及门窗表查阅。

（6）了解房屋外墙面的装修做法　从立面图文字说明可知，外墙面为铁锈红瓷砖贴面，屋顶及雨篷为红色琉璃瓦，所有檐口边、阳台边、墙面线条均刷白色涂料。

（7）了解立面图中的细部构造与有关部位详图索引符号的标注　图 1-26 中绘出了阳台的栏杆式样、檐口尺寸等，未标注有关部位详图的索引符号。

其他立面图的识读大致相同。

五、建筑剖面图

1. 建筑剖面图的形成

建筑剖面图（简称剖面图）是指假想用一个或多个垂直于外墙轴线的铅垂剖切面，将房屋剖开，所得的投影图，如图 1-27 所示。建筑剖面图是用来表示房屋内部结构或构造的形式、分层情况和各部位的联系、材料及其高度等，是与平面图、立面图相互配合的不可缺少的重要图纸之一。

剖面图的剖切部位，应根据图纸的用途或空间复杂程度来确定。当建筑规模较小或室内空间较简单时，建筑剖面图通常只有一个。当建筑规模较大或室内空间较复杂时，则应根据实际需要确定剖面图的数量。

2. 建筑立面图的内容

建筑立面图的内容主要有：

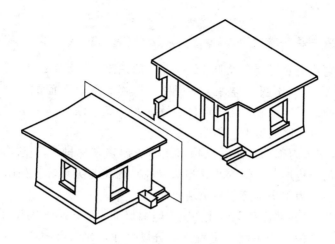

图 1-27 建筑剖面图的形成

1) 反映建筑竖向空间分隔及组合的情况。

2) 表示剖切位置墙身线及轴线、编号。

3) 表示出各层窗台、门窗过梁标高。

4) 表示室内地面、各层楼地层及屋顶构造做法。

5) 表示楼梯的位置及楼梯踏步级数和尺寸。

6) 表示阳台、雨篷、台阶等构造做法及尺寸。

7) 表示室内外地面、各层楼地面、檐口、屋顶标高。

8) 表示有关部位的详细构造及标准通用图集的索引等。

3. 建筑立面图的识读方法

（1）看图名、轴线编号和绘图比例 与底层平面图对照，确定剖切平面的位置及投影方向，从中了解它所画出的是房屋哪一部分的投影。

（2）看房屋各部位的高度 如房屋总高、室外地坪、门窗顶、窗台、檐口等处标高，室内底层地面、各层楼面及楼梯平台面标高等。

（3）看房屋内部构造和结构形式 如各层梁板、楼梯、屋面的结构形式、位置及其与柱的相互关系等。

（4）看楼地面、屋面的构造 在剖面图中表示楼地面、屋面的构造时，通常用一引出线指着需说明的部位，并按其构造层次顺序地列出材料等说明。有时将这一内容放在墙身剖面详图中表示。

（5）看图中有关部位坡度的标注 如屋面、散水、排水沟与坡道等处，需要作成斜面时，都标有坡度符号，如 3% 等。

（6）看图中的索引符号 剖面图尚不能表示清楚的地方，还注有详图索引，说明另有详图表示。

4. 建筑立面图识读举例

以某住宅楼剖面图为例说明建筑平面图的识读，如图 1-28 所示。

1) 了解图名、比例，与各层平面图对照确定剖切平面的位置及投影方向。剖面图的绘图比例通常与平面图、立面图一致。图 1-28 所示为某住宅楼的Ⅲ—Ⅲ剖面图，比例为 1:100。

2) 了解房屋内部的构造、结构形式和所用建筑材料等，反映各层梁板、楼梯、屋面的结构形式、位置及其与墙（柱）的相互关系等。如图 1-28 中梁板、楼梯、屋面为现浇钢筋混凝土结构。

3) 了解房屋各部位竖向尺寸。图中竖向尺寸主要包括高度尺寸和标高尺寸，高度尺寸应标出房屋墙身垂直方向分段尺寸，如门窗洞口、窗间墙等的高度尺寸，标高尺寸了解室内外地面、各层楼面、阳台、楼梯平台、檐口、屋脊、女儿墙、雨篷、门窗、台阶等处的标高。该建筑的层数为六层，屋顶形式为坡屋顶。

4) 了解楼地面、屋面的构造。在剖面图中表示楼地面、屋面的构造时，通常用多层引出线，按其构造顺序加文字说明来表示。有时将这一内容放在墙身剖面详图中表示。如剖面图没有表明地面、楼面、屋顶的做法，这些内容可在墙身剖面详图中表示。

六、建筑详图

1. 建筑详图的形成

由于建筑平、立、剖面图一般采用较小比例绘制，许多细部构造、材料和做法等内容很难表达清楚。为了能够指导施工，通常把这些局部构造用较大比例绘制详细的图纸，这种图纸称为建筑详图（又称大样图或节点图）。常用比例包括 1:2、1:5、1:10、1:20、1:50。

2. 墙身详图

墙身详图是在建筑剖面图上从上至下连续放大的节点详图。通常多取建筑物的外墙部位，以便于完整、清楚地表达房屋的屋面、楼层、地面和檐口构造，楼板与墙面的连接、门窗顶、窗台和勒脚、散水等处构造的情况，所以墙身详图是建筑剖面图的局部放大图。

多层房屋中，当各层的构造情况一样时，可以只画底层、顶层、中间层来表示。往往在窗洞中间处用折断线断开，通过剖面图直接索引出。有时也

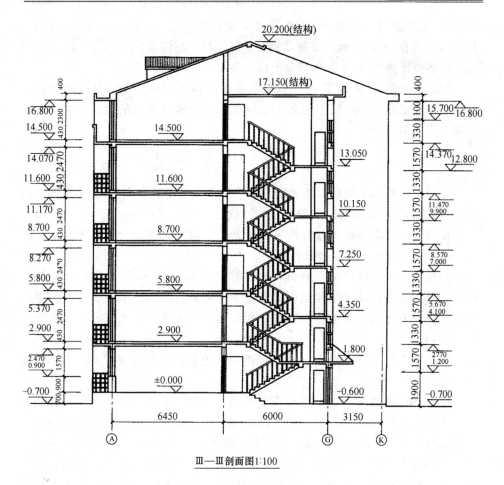

Ⅲ—Ⅲ剖面图1:100

图1-28　建筑剖面图（单位：mm）

可不画整个墙身的详图，而是把各个节点详图分别单独绘制，这时的各个节点详图应当按顺序依次排在同一张图上，以便读图。

（1）檐口节点剖面详图　檐口节点剖面详图主要表达顶层窗过梁、遮阳或者雨篷、屋顶（根据实际情况画出它的构造与构配件，例如屋面梁、屋面板、室内顶棚、天沟、雨水管、架空隔热层、女儿墙及其压顶）等的构造和做法。该屋面的承重层是钢筋混凝土板，按照30°角来砌坡，上面有防水卷材层和保温层，从而防水和隔热。女儿墙高500mm，是钢筋混凝土材料。

（2）窗洞节点剖面详图　窗台节点剖面详图主要表达窗台的构造，及内外墙面的做法。该房屋窗台的材料为钢筋混凝土，外表面出挑(250-120)mm＝130mm，厚150mm。

窗顶节点剖面详图主要表达窗顶过梁处的构造，内、外墙面的做法以及

33

楼板层的构造情况。该房屋窗顶过梁为矩形，出挑（250－120）mm＝130mm，厚度为400mm。楼板是钢筋混凝土材料现浇板。

墙体厚度为240mm，各层窗洞口均为1500mm高。

（3）识读举例 现以图1-29所示的某房屋外墙详图为例，进行简单的介绍。墙身详图包括外墙面上的各个节点详图，有檐口节点剖面详图和窗洞节点剖面详图两部分。

3. 楼梯详图

房屋中的楼梯主要是由楼梯段（简称梯段，包括踏步或斜梁）、平台（包括平台板和梁）以及栏杆（或栏板）等组成。

楼梯详图是楼梯施工放样的主要依据，主要是用来表示楼梯的类型、结构形式、各部位的尺寸以及装修做法。

楼梯详图一般由楼梯平面图、剖面图及踏步、栏杆等详图组成。楼梯详图通常可以分为建筑详图和结构详图，并分别进行绘制。但对于比较简单的楼梯，也可将建筑详图与结构详图合并绘制，列入建筑施工图或者结构施工图中均可。

现以图1-30、图1-31所示住宅楼的楼梯为例，说明楼梯详图的内容与阅读方法：

（1）楼梯平面图 楼梯平面图是采用水平剖切面作出的楼梯间水平全剖图，通常底层和顶层是不可少的。若中间层楼梯构造都一样，则可以只画一个平面并标明"×－×层平面"或"标准层平面图"即可，否则要分别画出。

该楼梯位于③～④轴内，从图1-30中可见一屋到夹层是三个梯段，夹层到二层是两个梯段。第一个梯段的标注是7×280＝1960。说明，这个梯段是8个踏步，踏面宽280mm，梯段水平投影长1960mm。从投影特性可知，8个踏步从梯段的起步地面到梯段的顶端地面，其投影只能反映出7个踏面宽（即7×280），而踢面积聚成直线8条（即踏步的分格线）；而第二个梯段的标注是8×280＝2240。说明，这个梯段是9个踏步，踏面宽280mm，梯段水平投影长2240mm。第三个梯段及以上各梯段的标注均与第二个梯段相同。由此看出，一到夹层共36个踏步。夹层到二层设两个梯段，共18个踏步。梯段上的箭头指示上下楼的方向。

楼梯平面图对平面尺寸和地面标高作了详细标注，如开间进深尺寸为2400mm和5000mm，梯段宽1190mm，梯段水平投影长1960mm及2240mm，平台宽1180mm。入口地面标高为－0.150m，楼面标高为3.600m，平台标高为0.900m、2.250m等。该平面图还对楼梯剖面图的剖切位置作了标志及编号，如图1-30所示。

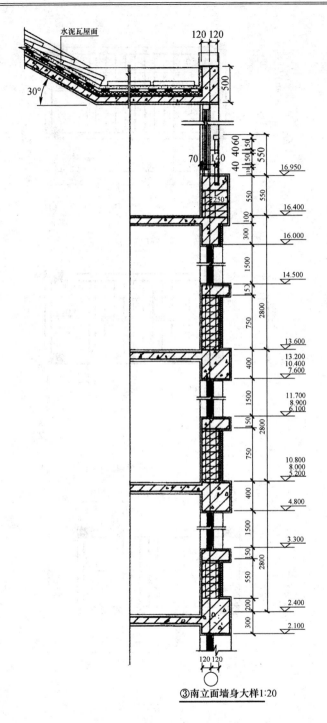

③南立面墙身大样1:20

图 1-29　外墙详图（单位：mm）

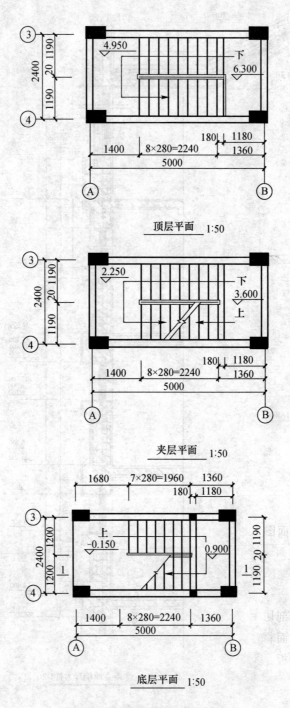

顶层平面 1:50

夹层平面 1:50

底层平面 1:50

图 1-30　楼梯平面图（单位：mm）

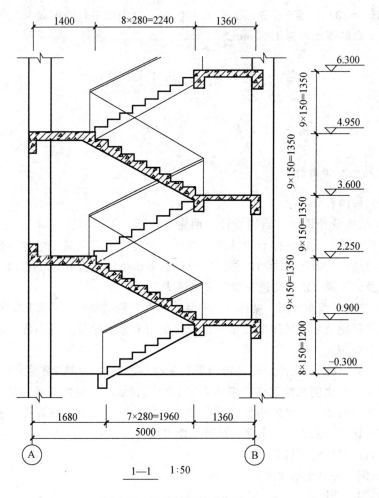

图 1-31　楼梯剖面图（单位：mm）

（2）楼梯剖面图　楼梯剖面图同房屋剖面图的形成一样，也是采用一假想的铅垂剖切平面，沿着各层楼梯段、平台及窗（门）洞口的位置剖切，向未被剖切梯段方向所作的正投影图。楼梯剖面图能够完整地表示出各层梯段、栏杆与地面、平台和楼板等的构造及相互组合关系。剖面图 1-31 是图 1-30 所示楼梯平面图的剖切图。该剖面图是从楼梯间的外门经过入室内的第二梯段剖切的，即剖切面将二、四梯段剖切，向一、三、五梯段作投影。被剖切的二、四梯段和楼板、梁、地面和墙等，都用粗实线表示，一、三、五梯段是作外形投影，用中实线表示。

从剖面图可见，一到夹层是三跑楼梯，夹层到二楼是两跑楼梯，第一跑（梯段）是 8×150＝1200，即 8 个踏步，高为 150mm。其余每跑（梯段）都

37

是 $9×150＝1350$，即 9 个踏步，高为 150mm。地面到平台的距离为 1200mm，楼面到平台的距离均为 1350mm。

第五节 结构施工图识读

一、结构施工图分类与内容

1. 结构施工图的分类

（1）按内容分

1）结构设计说明。结构设计说明主要包括：工程的设计依据、工程概况、建筑材料、选用的标准构件图集以及一些构造要求和施工中的注意事项等，是对结构平面布置图和构件详图中表达不清楚的地方和该工程通用的建筑材料及施工要点所作的进一步的文字说明。

2）结构平面布置图。结构平面布置图主要包括基础平面布置图、楼层结构平面布置图及屋顶结构平面布置图。它是用来表示建筑结构中各承重构件的总体平面布置。

3）构件详图。构件详图是指为了把一些重要构件的结构情况表达清楚，从而采用较大比例来绘制的图纸。它主要用来表示单个构件形状、尺寸、材料、配筋、构造。常见的构件详图主要有：梁、板、柱及基础详图，楼梯详图，其他详图（如天窗、雨篷、过梁等详图）。

（2）按使用的材料分

1）钢筋混凝土结构图。

2）钢结构图。

3）木结构图。

4）砖石结构图等。

2. 结构施工图的内容

（1）图纸目录　图纸目录是结构施工图按一定顺序排序的要目，通常情况下一栋建筑物的各专业设计图纸合编成一个图纸目录，根据图纸目录可直接查找到所要求的图纸内容。

（2）结构设计说明　内容主要包括设计依据、工程自然条件、基础类型、平面布置说明、使用主要材料、荷载标准值等。

（3）结构设计图纸

1）结构平面图。结构平面图主要包括：

① 基础平面图，采用桩基时还应有桩基平面布置图。

② 楼层结构平面布置图。

③ 屋面结构平面布置图。

2）构件详图。构件详图主要包括：

① 梁、板、柱以及基础结构详图。

② 楼梯结构详图。

③ 其他详图（地梁、过梁详图等）。

结构施工图的内容必须符合现行《建筑工程设计文件编制深度规定》中的有关要求。

二、基础结构施工图识读

1. 基础的分类

基础是建筑物的下部结构，其作用主要是把上部荷载传给地基。常见的基础形式主要有以下几种：

（1）独立基础　钢筋混凝土独立基础主要用于柱下，其平面形状大部分为矩形，也可采用圆形等。通常有现浇台阶形基础、现浇锥形基础和预制杯口基础等，如图 1-32a 所示。

（2）条形基础　是指其基础长度远大于基础宽度的一种基础形式。条形基础通常适用于承重墙下，也有采用柱下条形基础的，如图 1-32b 所示。

（3）筏形基础　把基础的底板做成一个整体等厚度的钢筋混凝土连续板，形成无梁式筏板基础；当在柱间设有梁时则为梁板式筏板基础，如图 1-32c 所示。

（4）箱形基础　是指由钢筋混凝土底板、顶板、侧墙及纵横交叉的隔墙组成的基础，如图 1-32d 所示。

（5）桩基　由埋置于土中的桩和承接上部结构的承台组成，桩顶埋入承台中，一般用于高层建筑或软弱地基中，如图 1-32e 所示。

2. 基础图的组成

（1）基础平面布置图　基础平面布置图是指假想用一个水平面将建筑物的上部结构和基础剖开后向下俯视所看到的水平剖面图。基础平面布置图的主要内容包括：

1）图名、比例。

2）定位轴线及编号，轴线间尺寸及总尺寸。

3）基础构件（包括基础板、基础梁、桩基）的位置、尺寸、底标高与定

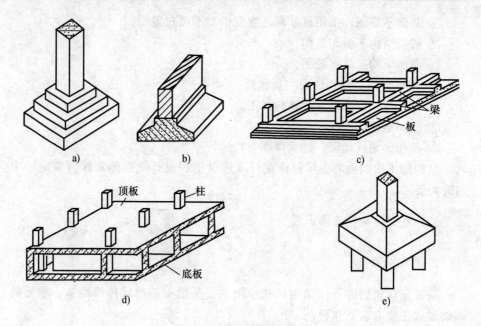

图 1-32 常见的基础类型

a）独立基础 b）条形基础 c）筏形基础 d）箱形基础 e）桩基

位尺寸。

4）基础构件的代号名称。

5）基础详图在平面上的编号。

6）基础与上部结构的关系。

7）桩基应绘出桩位平面位置及桩承台的平面尺寸、桩的入土深度、沉桩的施工要求、试桩要求和基桩的检测要求，注明单桩的允许极限承载力值。

8）基础施工说明，有时需另外说明地基处理方法。当在结构设计总说明中已表示清楚时，此处可不再重复。

（2）基础详图 基础详图的内容主要包括：

1）图名（或详图的代号、独立基础的编号）和比例。

2）涉及的轴线及编号（若为通用详图，圈内可不标注编号）。

3）基础断面形状、尺寸、材料及配筋等。

4）基础底面标高及与室内外地面的标高位置关系。

5）防潮层或基础圈梁的断面形状、位置尺寸、配筋和材料做法。

3. 基础图识读实例

图 1-33 所示为某学校宿舍楼条形基础详图。

图 1-33 所绘制的是条形基础详图，图 1-33a 为 240 墙下基础。地圈梁顶

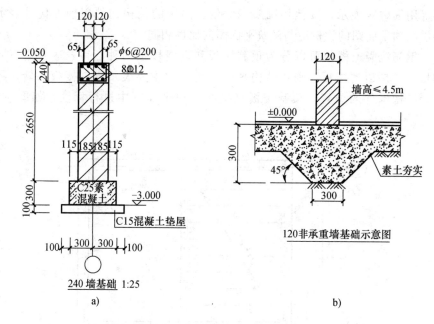

图 1-33 某学校宿舍楼条形基础详图（单位：mm）

标高为 -0.050mm，基础底面标高 -3.000mm，下面有 100mm 厚 C15 混凝土垫层，地圈梁截面尺寸为 370mm×240mm，内配 8 根直径 12mm 的Ⅲ级纵向钢筋，箍筋为直径 6mm 的一级钢，间距 200mm。地圈梁下的基础墙厚 370mm，基础墙下部是 300mm 厚的 C25 素混凝土基础，两边距基础墙 115mm。基础下边的垫层宽度比基础宽度宽 200mm，材料也为混凝土。为了与之上的混凝土基础相区分，此处混凝土垫层只作文字说明，没有用混凝土图例表示。图 1-33b 为 120 非承重墙下基础示意图，基础厚 300mm，底部宽 300mm，按 45°方向渐变到室内地面高度范围。

三、结构平面图识读

1. 楼层结构平面图的形成

用一个假想的水平剖切平面从各层楼板层中间剖切楼板层，得到的水平剖面图，称为楼层结构平面图。楼层结构平面图是建筑结构施工时构件布置、安装的重要依据，其主要是用来表示各楼层结构构件（如墙、梁、板、柱等）的平面位置。

2. 楼层结构平面图

在楼层结构平面图中外轮廓线用中粗实线表示，被楼板遮挡的墙、柱、梁等用细虚线表示，其他用细实线表示。图中的结构构件用构件代号表示。楼层结构平面图的比例应与建筑平面图的比例相同。

　　钢筋混凝土楼板可以分为预制楼板和现浇楼板两种，其表达方式不同。如楼板层是预制楼板，则在结构平面布置图中主要表示支撑楼板的墙、梁、柱等结构构件的位置，预制楼板直接在结构平面图中进行标注，如图 1-34 所示。

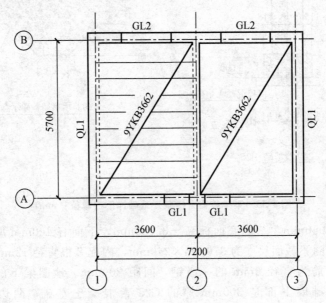

图 1-34　预制楼板的表示方法（单位：mm）

　　图中 9YKB3662 各代号的含义表示如下：

　　9——构件的数量；

　　Y——预应力；

　KB——空心楼板；

　36——板的长度 3600mm；

　6——板的宽度 600mm；

　2——板的荷载等级为 2 级。

　　3. 楼层结构平面图识读方法

　　1）了解图名与比例。楼层结构平面布置图的比例通常与建筑平面图、基础平面图的比例一致。

　　2）与建筑平面图相对照，了解楼层结构平面图的定位轴线。

　　3）通过结构构件代号了解该楼层中结构构件的位置与类型。

4）了解现浇板的配筋情况及板的厚度。在楼层结构图中，将所有的现浇板进行编号，形状、大小、配筋相同的楼板编号相同，只在每种楼板的一块楼板中进行配筋。为了突出钢筋的位置和规格，钢筋应采用粗实线表示。

5）了解各部位的标高情况，并与建筑标高对照，了解装修层的厚度。

6）如有预制板，了解预制板的规格、数量等级和布置情况。

四、钢筋混凝土构件结构详图识读

钢筋混凝土构件有现浇、预制两种。由于预制构件有图集，可不画构件的安装位置及其与周围构件的关系。而现浇构件则应在现场支模板、绑钢筋、浇混凝土处，需画出梁的位置、支座情况。

1. 现浇钢筋混凝土梁、柱结构详图

梁、柱的结构详图主要包括：

（1）立面图（纵剖面）立面图主要用来表示梁、柱的轮廓与配筋情况，由于是现浇，通常只画出支承情况、轴线编号。梁、柱的立面图纵横比例可以不一样，以尺寸数字为准。图上还有剖切线符号，表示剖切位置。

（2）截面图　通过截面图可以了解到沿梁、柱长、高方向钢筋的所在位置、箍筋的支数。

（3）钢筋表

2. 预制构件详图

为加快设计速度，对通用、常用构件常选用标准图集。标准图集有国标、省标及各院自设的标准。通常施工图上只注明标准图集的代号及详图的编号，不绘出详图。查找标准图时，先要弄清是哪个设计单位编的图集，看总说明，了解编号方法，再按目录页次查阅。

第二章 建筑工程造价理论

第一节 建筑工程造价确定的原理

一、建设项目

建设项目是指按照总体设计范围内进行建设的一切工程项目的总称。建设项目主要包括如下内容：

1）在厂区总图布置上表示的所有拟建工程。

2）与厂区外各协作点相连接的所有相关工程，如输电线路、给水排水工程、铁路、公路专用线、通信线路。

3）与生产相配套的厂外生活区内的一切工程。

建设单位是指为了使列入国家计划的建设项目迅速而有秩序地进行施工工作，由建设项目投资主管部门指定或组建一个承担组织建设项目的筹备和实施的法人及其组织机构。建设单位在行政上具有独立的组织形式，经济上实行独立核算，有权与其他经济实体建立经济往来关系，有批准的可行性研究和总体设计文件，能单独编制建设工程计划，并通过各种发包承建形式将建设项目付诸实践。

建设项目和建设单位是两个含义不同的概念，通常，建设项目的含义是指总体建设工程的物质内容，而建设单位的含义是指该总体建设工程的组织者代表。新建项目及其建设单位一般都是同一个名称，例如工业建设中××化工厂、××机械厂、××造纸厂，民用建设中的××工业大学、××商业大厦、××住宅小区等；对于扩建、改建、技术改造项目，则常常以老企业名称作为建设单位，以××扩建工程、××改建工程作为建设项目的名称，如上海××化工厂氟制冷剂扩建工程等。

一个建设项目的工程造价（投资）在初步设计或技术设计阶段，通常是由承担设计任务的设计单位编制设计总概算或修正概算来确定的。

二、单项工程

单项工程（工程项目）是指具有独立的设计文件，竣工后可以独立发挥生产能力、使用效益的工程。单项工程是建设项目的组成部分，如工业建设中的各种生产车间、仓库、构筑物等；民用建设中的综合办公楼、住宅楼、影剧院等，都是能够发挥设计规定效益的单项工程。单项工程造价是通过编制综合概预算确定的。

单项工程是具有独立存在意义的一个完整工程，也是一个极为复杂的综合组成体。通常，单项工程都是由多个单位工程所构成。

三、单位工程

单位工程是指具有独立设计，可以单独组织施工，但竣工后不能独立发挥效益的工程。

为了便于组织施工，通常根据工程的具体情况和独立施工的可能性，可以把一个单项工程划分为若干个单位工程。这样的划分，便于按设计专业计算各单位工程的造价。建筑工程中的"一般土建"工程、"室内给水排水"工程、"室内采暖"工程、"通风空调"工程、"电气照明"工程等，均各属一个单位工程。单位工程造价是通过编制单位工程概预算书来确定的，它是编制单项工程综合概预算和考核建筑工程成本的依据。

四、分部工程

分部工程是指在单位工程中，按部位、材料和工种进一步分解出来的工程。若建筑工程中的一般土建工程，按照部位、材料结构和工种的不同，大体可划分为：土石方工程、桩基工程、砖石工程、混凝土及钢筋混凝土工程、金属结构工程、木作工程、楼地面工程、屋面工程、装饰工程等，则其中的每一部分均称为一个分部工程。分部工程是由许许多多的分项工程构成的。分部工程费用是单位工程造价的组成部分，是通过计算各个分项直接工程费来确定的，即：

分部工程费＝∑（分项工程费）－∑（分项工程量×相应分项工程单价）

$$(2-1)$$

五、分项工程

分项工程是分部工程的组成部分。分项工程没有独立存在的意义，它只是为了便于计算建筑工程造价而分解出来的假定"产品"。在不同的建筑物与构筑物工程中，完成相同计量单位的分项工程，所需要的人工、材料和机械等的消耗量，基本上是相同的。因此，分项工程单位，是最基本的计算单位。分项工程单位价值是通过该分项工程工、料、机消耗数量与其三种消耗量的相应单价的乘积之和确定的，即：人工费＋材料费＋施工机械使用费，或∑

（三种消耗量×相应三种价）。

因此，从通过对一个庞大的建筑工程由大到小的逐步分解，找出最容易计算工程造价的计量单位，然后分别计算其工程量及价值［即∑（工程量×单价）］。通过一定的计价程序计算出来的价值总和，就是建筑工程的直接工程费。接着，再按照国家或地区（部门）规定的应取费用标准，以直接工程费（或其中的人工费）为基础，计算出间接费、利润和税金。直接工程费＋措施费＋间接费＋利润和税金的四项费用之和，就是拟建建筑工程的造价。各个单位建筑工程（如采暖工程、给水排水及卫生工程、电气照明工程等）造价相加之和，就是一个"工程项目"的造价，各个工程项目造价相加之和，再加上国家规定的其他必要费用，就可得到欲知的建设项目总造价。因此，建筑工程造价的确定原理是：将一个庞大的建设项目，先由大一小一大，层层分解，逐项计算，逐个汇总而求得。

第二节　建筑安装工程造价构成与计算

根据中华人民共和国住房和城乡建设部、财政部颁布的建标［2013］44号文件《建筑安装工程费用项目组成》规定，建筑安装工程费用项目按费用构成要素组成划分为人工费、材料费、施工机具使用费、企业管理费、利润、规费和税金。为指导工程造价专业人员计算建筑安装工程造价，将建筑安装工程费用按工程造价形成顺序划分为分部分项工程费、措施项目费、其他项目费、规费和税金。

一、建筑安装工程造价构成

1. 按费用构成要素划分建筑安装工程费用项目

建筑安装工程费按照费用构成要素划分：由人工费、材料（包含工程设备，下同）费、施工机具使用费、企业管理费、利润、规费和税金组成。其中人工费、材料费、施工机具使用费企业管理费和利润包含在分部分项工程费、措施项目费、其他项目费中，如图 2-1 所示。

（1）人工费　人工费指按工资总额构成规定，支付给从事建筑安装工程施工的生产工人和附属生产单位工人的各项费用。内容包括：

1）计时工资或计件工资。计时工资或计件工资是指按计时工资标准和工作时间或对已做工作按计件单价支付给个人的劳动报酬。

2）奖金。奖金是指对超额劳动和增收节支支付给个人的劳动报酬。如节约奖、劳动竞赛奖等。

3）津贴补贴。津贴补贴是指为了补偿职工特殊或额外的劳动消耗和因其他特殊原因支付给个人的津贴，以及为了保证职工工资水平不受物价影响支付给个人的物价补贴。如流动施工津贴、特殊地区施工津贴、高温（寒）作业临时津贴、高空津贴等。

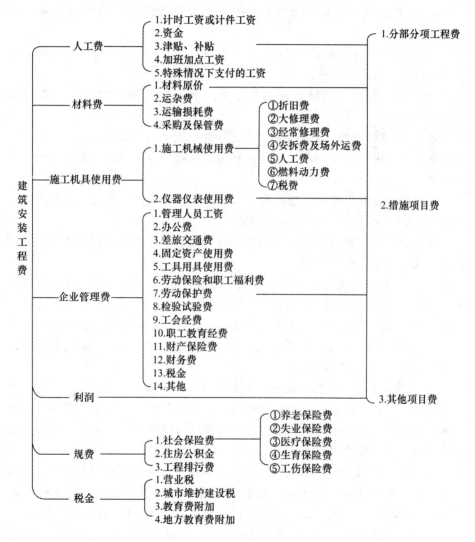

图 2-1 建筑安装工程费用项目组成（按费用构成要素划分）

4）加班加点工资。加班加点工资是指按规定支付的在法定节假日工作的加班工资和在法定日工作时间外延时工作的加点工资。

5）特殊情况下支付的工资。特殊情况下支付的工资是指根据国家法律、法规和政策规定，因病、工伤、产假、计划生育假、婚丧假、事假、探亲假、定期休假、停工学习、执行国家或社会义务等原因按计时工资标准或计时工资标准的一定比例支付的工资。

（2）材料费 材料费指施工过程中耗费的原材料、辅助材料、构配件、零件、半成品或成品、工程设备的费用。其内容主要包括以下几点。

1）材料原价。材料原价是指材料、工程设备的出厂价格或商家供应价格。

2）运杂费。运杂费是指材料、工程设备自来源地运至工地仓库或指定堆放地点所发生的全部费用。

3）运输损耗费。运输损耗费是指材料在运输装卸过程中不可避免的损耗。

4）采购及保管费。采购及保管费是指为组织采购、供应和保管材料、工程设备的过程中所需要的各项费用。包括采购费、仓储费、工地保管费、仓储损耗。

工程设备是指构成或计划构成永久工程一部分的机电设备、金属结构设备、仪器装置及其他类似的设备和装置。

（3）施工机具使用费 施工机具使用费指施工作业所发生的施工机械、仪器仪表使用费或其租赁费。

1）施工机械使用费。以施工机械台班耗用量乘以施工机械台班单价表示，施工机械台班单价应由下列七项费用组成。

① 折旧费：指施工机械在规定的使用年限内，陆续收回其原值的费用。

② 大修理费：指施工机械按规定的大修理间隔台班进行必要的大修理，以恢复其正常功能所需的费用。

③ 经常修理费：指施工机械除大修理以外的各级保养和临时故障排除所需的费用。包括为保障机械正常运转所需替换设备与随机配备工具附具的摊销和维护费用，机械运转中日常保养所需润滑与擦拭的材料费用及机械停滞期间的维护和保养费用等。

④ 安拆费及场外运费：安拆费指施工机械（大型机械除外）在现场进行安装与拆卸所需的人工、材料、机械和试运转费用以及机械辅助设施的折旧、搭设、拆除等费用；场外运费指施工机械整体或分体自停放地点运至施工现场或由一施工地点运至另一施工地点的运输、装卸、辅助材料及架线等费用。

⑤ 人工费：指机上驾驶员（司炉）和其他操作人员的人工费。

⑥ 燃料动力费：指施工机械在运转作业中所消耗的各种燃料及水、电等。

⑦ 税费：指施工机械按照国家规定应缴纳的车船使用税、保险费及年检费等。

2）仪器仪表使用费。仪器仪表使用费是指工程施工所需使用的仪器仪表的摊销及维修费用。

（4）企业管理费　企业管理费指建筑安装企业组织施工生产和经营管理所需的费用。其内容主要包括：

1）管理人员工资。管理人员工资是指按规定支付给管理人员的计时工资、奖金、津贴补贴、加班加点工资及特殊情况下支付的工资等。

2）办公费。办公费是指企业管理办公用的文具、纸张、账表、印刷、邮电、书报、办公软件、现场监控、会议、水电、烧水和集体取暖降温（包括现场临时宿舍取暖降温）等费用。

3）差旅交通费。差旅交通费是指职工因公出差、调动工作的差旅费，住勤补助费，市内交通费和误餐补助费，职工探亲路费，劳动力招募费，职工退休、退职一次性路费，工伤人员就医路费，工地转移费以及管理部门使用的交通工具的油料、燃料等费用。

4）固定资产使用费。固定资产使用费是指管理和试验部门及附属生产单位使用的属于固定资产的房屋、设备、仪器等的折旧、大修、维修或租赁费。

5）工具用具使用费。工具用具使用费是指企业施工生产和管理使用的不属于同定资产的工具、器具、家具、交通工具和检验、试验、测绘、消防用具等的购置、维修和摊销费。

6）劳动保险和职工福利费。劳动保险和职工福利费是指由企业支付的职工退职金，按规定支付给离休干部的经费，集体福利费，夏季防暑降温、冬季取暖补贴，上下班交通补贴等。

7）劳动保护费。劳动保护费是企业按规定发放的劳动保护用品的支出。如工作服、手套、防暑降温饮料以及在有碍身体健康的环境中施工的保健费用等。

8）检验试验费。检验试验费是指施工企业按照有关标准规定，对建筑以及材料、构件和建筑安装物进行一般鉴定、检查所发生的费用，包括自设试验室进行试验所耗用的材料等费用。不包括新结构、新材料的试验费，对构件做破坏性试验及其他特殊要求检验试验的费用和建设单位委托检测机构进行检测的费用，对此类检测发生的费用，由建设单位在工程建设其他费用中列支。但对施工企业提供的具有合格证明的材料进行检测不合格的，该检测费用由施工企业支付。

9）工会经费。工会经费是指企业按《工会法》规定的全部职工工资总额比例计提的工会经费。

10）职工教育经费。职工教育经费是指按职工工资总额的规定比例计提，企业为职工进行专业技术和职业技能培训，专业技术人员继续教育、职工职业技能鉴定、职业资格认定以及根据需要对职工进行各类文化教育所发生的费用。

11）财产保险费。财产保险费是指施工管理用财产、车辆等的保险费用。

12）财务费。财务费是指企业为施工生产筹集资金或提供预付款担保、履约担保、职工工资支付担保等所发生的各种费用。

13）税金。税金是指企业按规定缴纳的房产税、车船使用税、土地使用税、印花税等。

14）其他。其他主要包括技术转让费、技术开发费、投标费、业务招待费、绿化费、广告费、公证费、法律顾问费、审计费、咨询、保险费等。

（5）利润 利润指施工企业完成所承包工程获得的盈利。

（6）规费 规费指按国家法律、法规规定，由省级政府和省级有关权力部门规定必须缴纳或计取的费用。其主要包括以下几项。

1）社会保险费：

① 养老保险费。养老保险费是指企业按照规定标准为职工缴纳的基本养老保险费。

② 失业保险费。失业保险费是指企业按照规定标准为职工缴纳的失业保险费。

③ 医疗保险费。医疗保险费是指企业按照规定标准为职工缴纳的基本医疗保险费。

④ 生育保险费。生育保险费是指企业按照规定标准为职工缴纳的生育保险费。

⑤ 工伤保险费。工伤保险费是指企业按照规定标准为职工缴纳的工伤保险费。

2）住房公积金。住房公积金是指企业按规定标准为职工缴纳的住房公积金。

3）工程排污费。工程排污费是指按规定缴纳的施工现场工程排污费。

其他应列而未列入的规费，按实际发生计取。

（7）税金 税金指国家税法规定的应计入建筑安装工程造价内的营业税、城市维护建设税、教育费附加以及地方教育附加。

2. 按造价形式划分建筑安装工程费用项目

建筑安装工程费按照工程造价形式划分，由分部分项工程费、措施项目费、其他项目费、规费、税金组成，分部分项工程费、措施项目费、其他项目费中包含人工费、材料费、施工机具使用费、企业管理费和利润，如图 2-2 所示。

（1）分部分项工程费 分部分项工程费指各专业工程的分部分项工程应

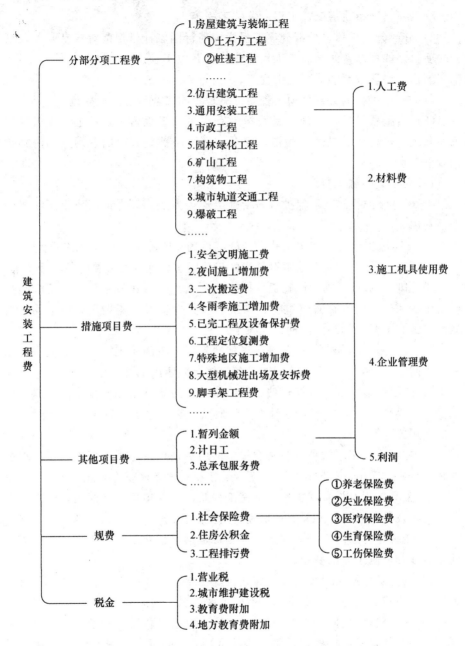

图 2-2 建筑安装工程费用项目组成（按造价形式划分）

予列支的各项费用。

1）专业工程。专业工程是指按现行国家计量规范划分的房屋建筑与装饰工程、仿古建筑工程、通用安装工程、市政工程、园林绿化工程、矿山工程、构筑物工程、城市轨道交通工程、爆破工程等。

2）分部分项工程。分部分项工程指按现行国家计量规范对各专业工程划分的项目。如房屋建筑与装饰工程划分的土石方工程、地基处理与桩基工程、砌筑工程、钢筋及钢筋混凝土工程等。

各类专业工程的分部分项工程划分见现行国家或行业计量规范。

（2）措施项目费　措施项目费指为完成建设工程施工，发生于该工程施工前和施工过程中的技术、生活、安全、环境保护等方面的费用。其内容包括以下几点。

1）安全文明施工费。

① 环境保护费。环境保护费是指施工现场为达到环保部门要求所需要的各项费用。

② 文明施工费。文明施工费是指施工现场文明施工所需要的各项费用。

③ 安全施工费。安全施工费是指施工现场安全施工所需要的各项费用。

④ 临时设施费。临时设施费是指施工企业为进行建设工程施工所必须搭设的生活和生产用的临时建筑物、构筑物和其他临时设施费用。包括临时设施的搭设、维修、拆除、清理费或摊销费等。

2）夜间施工增加费。夜间施工增加费是指因夜间施工所发生的夜班补助费、夜间施工降效、夜间施工照明设备摊销及照明用电等费用。

3）二次搬运费。二次搬运费是指因施工场地条件限制而发生的材料、构配件、半成品等一次运输不能到达堆放地点，必须进行二次或多次搬运所发生的费用。

4）冬雨季施工增加费。冬雨季施工增加费是指在冬季或雨季施工需增加的临时设施、防滑、排除雨雪，人工及施工机械效率降低等费用。

5）已完工程及设备保护费。已完工程及设备保护费是指竣工验收前，对已完工程及设备采取的必要保护措施所发生的费用。

6）工程定位复测费。工程定位复测费是指工程施工过程中进行全部施工测量放线和复测工作的费用。

7）特殊地区施工增加费。特殊地区施工增加费是指工程在沙漠或其边缘地区、高海拔、高寒、原始森林等特殊地区施工增加的费用。

8）大型机械设备进出场及安拆费。大型机械设备进出场及安拆费是指机械整体或分体自停放地运至施工现场或由一个施工地点运至另一个施工地点，所发生的机械进出场运输及转移费用及机械在施工现场进行安装、拆卸所需的人工费、材料费、机械费、试运转费和安装所需的辅助设施的费用。

9）脚手架工程费。脚手架工程费是指施工需要的各种脚手架搭、拆、运输费用以及脚手架购置费的摊销（或租赁）费用。

措施项目及其包含的内容详见各类专业工程的现行国家或行业计量规范。

（3）其他项目费

1）暂列金额。暂列金额是指建设单位在工程量清单中暂定并包括在工程合同价款中的一笔款项。用于施工合同签订时尚未确定或者不可预见的所需材料、工程设备、服务的采购，施工中可能发生的工程变更、合同约定调整因素出现时的工程价款调整以及发生的索赔、现场签证确认等的费用。

2）计日工。计日工是指在施工过程中，施工企业完成建设单位提出的施工图纸以外的零星项目或工作所需的费用。

3）总承包服务费。总承包服务费是指总承包人为配合、协调建设单位进行的专业工程发包，对建设单位自行采购的材料、工程设备等进行保管以及施工现场管理、竣工资料汇总整理等服务所需的费用。

（4）规费　规费定义同本节"建筑安装工程造价构成"中第1条的（6）。

（5）税金　税金定义同本节"建筑安装工程造价构成"中第1条的（7）。

二、建筑安装工程费用参考计算方法

1. 各费用构成要素参考计算方法

（1）人工费

$$人工费 = \sum （工日消耗量 \times 日工资单价） \tag{2-2}$$

$$日工资单价 = \frac{生产工人平均月工资（计时计件） + 平均月（资金 + 津贴补贴 + 特殊情况下支付的工资）}{年平均每月法定工作日} \tag{2-3}$$

注：公式（2-2）主要适用于施工企业投标报价时自主确定人工费，也是工程造价管理机构编制计价定额确定定额人工单价或发布人工成本信息的参考依据。

$$人工费 = \sum （工程工日消耗量 \times 日工资单价） \tag{2-4}$$

日工资单价是指施工企业平均技术熟练程度的生产工人在每工作日（国家法定工作时间内）按规定从事施工作业应得的日工资总额。

工程造价管理机构确定日工资单价应通过市场调查，根据工程项目的技术要求，参考实物工程量人工单价综合分析确定，最低日工资单价不得低于工程所在地人力资源和社会保障部门所发布的最低工资标准的：普工为1.3倍、一般技工为2倍、高级技工为3倍。

工程计价定额不可只列一个综合工日单价，应根据工程项目技术要求和工种差别适当划分多种日人工单价，确保各分部工程人工费的合理构成。

注：公式（2-4）适用于工程造价管理机构编制计价定额时确定定额人工费，是施工企业投标报价的参考依据。

（2）材料费

1) 材料费：

$$材料费＝\sum（材料消耗量×材料单价）\tag{2-5}$$

$$材料单价＝\{（材料原价＋运杂费）×[1＋运输损耗率（\%）]\}$$
$$×[1＋采购保管费率（\%）]\tag{2-6}$$

2) 工程设备费：

$$工程设备费＝\sum（工程设备量×工程设备单价）\tag{2-7}$$

$$工程设备单价＝（设备原价＋运杂费）×[1＋采购保管费率（\%）]$$
$$\tag{2-8}$$

（3）施工机具使用费

1) 施工机械使用费：

$$施工机械使用费＝\sum（施工机械台班消耗量×机械台班单价）\tag{2-9}$$

$$机械台班单价＝台班折旧费＋台班大修费＋台班经常修理费＋台班安拆费$$
$$及场外运费＋台班人工费＋台班燃料动力费＋台班车船税费\tag{2-10}$$

注：工程造价管理机构在确定计价定额中的施工机械使用费时，应根据《建筑施工机械台班费用计算规则》结合市场调查编制施工机械台班单价。施工企业可以参考工程造价管理机构发布的台班单价，自主确定施工机械使用费的报价，如租赁施工机械，公式为：施工机械使用费＝$\sum$（施工机械台班消耗量×机械台班租赁单价）

2) 仪器仪表使用费：

$$仪器仪表使用费＝工程使用的仪器仪表摊销费＋维修费\tag{2-11}$$

（4）企业管理费费率

1) 以分部分项工程费为计算基础：

$$企业管理费费率（\%）＝\frac{生产工人年平均管理费}{年有效施工天数×人工单价}×$$
$$人工费占分部分项目工程费比例（\%）\tag{2-12}$$

2) 以人工费和机械费合计为计算基础：

$$企业管理费费率（\%）＝\frac{生产工人平均管理费}{\begin{array}{c}年有效施工天数×\\（人工单价＋每一工日机械使用费）\end{array}}×100\%$$
$$\tag{2-13}$$

3) 以人工费为计算基础：

$$企业管理费费率（\%）＝\frac{生产工人年平均管理费}{年有效施工天数×人工单价}×100\%\tag{2-14}$$

注：上述公式适用于施工企业投标报价时自主确定管理费，是工程造价管理机构编制计价定额确定企业管理费的参考依据。

工程造价管理机构在确定计价定额中企业管理费时，应以定额人工费或

（定额人工费＋定额机械费）作为计算基数，其费率根据历年工程造价积累的资料，辅以调查数据确定，列入分部分项工程和措施项目中。

（5）利润

1）施工企业根据企业自身需求并结合建筑市场实际自主确定，列入报价中。

2）工程造价管理机构在确定计价定额中利润时，应以定额人工费或（定额人工费＋定额机械费）作为计算基数，其费率根据历年工程造价积累的资料，并结合建筑市场实际确定，以单位（单项）工程测算，利润在税前建筑安装工程费的比重可按不低于5％且不高于7％的费率计算。利润应列入分部分项工程和措施项目中。

（6）规费

1）社会保险费和住房公积金：社会保险费和住房公积金应以定额人工费为计算基础，根据工程所在地省、自治区、直辖市或行业建设主管部门规定费率计算。

$$社会保险费和住房公积金＝\sum（工程定额人工费×$$
$$社会保险费和住房公积金费率）\tag{2-15}$$

式中：社会保险费和住房公积金费率可以每万元发承包价的生产工人人工费和管理人员工资含量与工程所在地规定的缴纳标准综合分析取定。

2）工程排污费：工程排污费等其他应列而未列入的规费应按工程所在地环境保护等部门规定的标准缴纳，按实取列入。

（7）税金　税金计算公式：

$$税金＝税前造价×综合税率（％）\tag{2-16}$$

综合税率：

1）纳税地点在市区的企业：

$$综合税率（％）=\frac{1}{1-3％-（3％×7％）-（3％×3％）-（3％×2％）}-1\tag{2-17}$$

2）纳税地点在县城、镇的企业：

$$综合税率（％）=\frac{1}{1-3％-（3％×5％）-（3％×3％）-（3％×2％）}-1\tag{2-18}$$

3）纳税地点不在市区、县城、镇的企业：

$$综合税率（％）=\frac{1}{1-3％-（3％×1％）-（3％×3％）-（3％×2％）}-1\tag{2-19}$$

4）实行营业税改增值税的，按纳税地点现行税率计算。

2. 建筑安装工程计价

(1) 分部分项工程费

分部分项工程费 $=\sum$ （分部分项工程量×综合单价）　　　(2-20)

式中：综合单价包括人工费、材料费、施工机具使用费、企业管理费和利润以及一定范围的风险费用（下同）。

(2) 措施项目费

1) 国家计量规范规定应予计量的措施项目，其计算公式为：

措施项目费 $=\sum$ （措施项目工程量×综合单价）　　　(2-21)

2) 国家计量规范规定不宜计量的措施项目计算方法如下：

① 安全文明施工费：

安全文明施工费 $=$ 计算基数×安全文明施工费费率（%）　　(2-22)

计算基数应为定额基价（定额分部分项工程费＋定额中可以计量的措施项目费）、定额人工费或（定额人工费＋定额机械费），其费率由工程造价管理机构根据各专业工程的特点综合确定。

② 夜间施工增加费：

夜间施工增加费 $=$ 计算基数×夜间施工增加费费率（%）　　(2-23)

③ 二次搬运费：

二次搬运费 $=$ 计算基数×二次搬运费费率（%）　　(2-24)

④ 冬雨季施工增加费：

冬雨季施工增加费 $=$ 计算基数×冬雨季施工增加费费率（%）　　(2-25)

⑤ 已完工程及设备保护费：

已完工程及设备保护费 $=$ 计算基数×已完工程及设备保护费费率（%）

(2-26)

上述②～⑤项措施项目的计费基数应为定额人工费或（定额人工费＋定额机械费），其费率由工程造价管理机构根据各专业工程特点和调查资料综合分析后确定。

(3) 其他项目费

1) 暂列金额由建设单位根据工程特点，按有关计价规定估算，施工过程中由建设单位掌握使用、扣除合同价款调整后如有余额，归建设单位。

2) 计日工由建设单位和施工企业按施工过程中的签证计价。

3) 总承包服务费由建设单位在招标控制价中根据总包服务范围和有关计价规定编制，施工企业投标时自主报价，施工过程中按签约合同价执行。

(4) 规费和税金　建设单位和施工企业均应按照省、自治区、直辖市或行业建设主管部门发布标准计算规费和税金，不得作为竞争性费用。

3．相关问题的说明

1）各专业工程计价定额的编制及其计价程序，均按上述计算方法实施。

2）各专业工程计价定额的使用周期原则上为 5 年。

3）工程造价管理机构在定额使用周期内，应及时发布人工、材料、机械台班价格信息，实行工程造价动态管理，如遇国家法律、法规、规章或相关政策变化以及建筑市场物价波动较大时，应适时调整定额人工费、定额机械费以及定额基价或规费费率，使建筑安装工程费能反映建筑市场实际。

4）建设单位在编制招标控制价时，应按照各专业工程的计量规范和计价定额以及工程造价信息编制。

5）施工企业在使用计价定额时除不可竞争费用外，其余仅作参考，由施工企业投标时自主报价。

三、建筑安装工程计价程序

建设单位工程招标控制价计价程序见表 2-1。

表 2-1　建设单位工程招标控制价计价程序

工程名称：　　　　　　　　　　标段：

序号	内容	计算方法	金额/元
1	分部分项工程费	按计价规定计算	
1.1			
1.2			
1.3			
1.4			
1.5			
2	措施项目费	按计价规定计算	
2.1	其中：安全文明施工费	按规定标准计算	
3	其他项目费		
3.1	其中：暂列金额	按计价规定估算	
3.2	其中：专业工程暂估价	按计价规定估算	
3.3	其中：计日工	按计价规定估算	
3.4	其中：总承包服务费	按计价规定估算	
4	规费	按规定标准计算	
5	税金（扣除不列入计税范围的工程设备金额）	（1+2+3+4）×规定税率	
招标控制价合计＝1+2+3+4+5			

施工企业工程投标报价计价程序见表 2-2。

表 2-2　施工企业工程投标报价计价程序

工程名称：　　　　　　　　　　　　标段：

序号	内容	计算方法	金额/元
1	分部分项工程费	自主报价	
1.1			
1.2			
1.3			
1.4			
1.5			
2	措施项目费	自主报价	
2.1	其中：安全文明施工费	按规定标准计算	
3	其他项目费		
3.1	其中：暂列金额	按招标文件提供金额计列	
3.2	其中：专业工程暂估价	按招标文件提供金额计列	
3.3	其中：计日工	自主报价	
3.4	其中：总承包服务费	自主报价	
4	规费	按规定标准计算	
5	税金（扣除不列入计税范围的工程设备金额）	（1＋2＋3＋4）×规定税率	
	投标报价合计＝1＋2＋3＋4＋5		

竣工结算计价程序见表 2-3。

表 2-3　竣工结算计价程序

工程名称：　　　　　　　　　　　　标段：

序号	内容	计算方法	金额/元
1	分部分项工程费	按合约约定计算	
1.1			
1.2			
1.3			
1.4			
1.5			
2	措施项目	按合约约定计算	

续表

序号	内容	计算方法	金额/元
2.1	其中：安全文明施工费	按规定标准计算	
3	其他项目		
3.1	其中：专业工程结算价	按合约约定计算	
3.2	其中：计日工	按计日工签证计算	
3.3	其中：总承包服务费	按合约约定计算	
3.4	索赔与现场签证	按发承包双方确认数额计算	
4	规费	按规定标准计算	
5	税金（扣除不列入计税范围的工程设备金额）	（1＋2＋3＋4）×规定税率	
投标报价合计＝1＋2＋3＋4＋5			

第三节　建筑工程造价计价特征

一、计价的单件性

由于建筑产品（工程）通常都是按照规定的地点、特定的设计内容进行施工建造的，因此，建筑产品（工程）的生产价格，只能按照设计图纸规定的内容、规模、结构特征以及建设地点的地形、地质、水文等自然条件，通过编制工程概预算的方式进行单个核算，单个计价。

二、计价的多次性

建筑产品（工程）的施工建造生产活动是一个周期长、环节多、程序要求严格以及生产耗费数量大的过程。国家制度规定，任何一个建设项目都要经过酝酿规划、决策立项、勘察设计、施工建造、试车验收、交付使用等几个大的阶段，每个阶段又包含许多环节。因此，为了适应项目建设各有关方面的要求，国家对工程建设管理制度作出如下规定。

1）在编制项目建议书及可行性研究报告书阶段要进行投资估算。

2）在初步设计或扩大初步设计阶段要有概算（实行三段设计的技术设计阶段还应编制修正概算）。

3）在施工图设计阶段，设计部门要编制施工图预算。

4）在施工建造阶段，施工单位还应编制施工预算。

5）在工程竣工验收阶段，由建设单位、施工单位共同编制出竣工结（决）算。

因此，投资控制估算→设计概算→施工图预算→施工预算→竣工结（决）算的过程，是一个由粗到细、由预先到事后的造价信息的展开和反馈过程，是一个造价信息的动态过程。只有及时掌握上述过程中发生的一切造价变化因素，并对其作出合理的调整和控制，方能加强对建筑产品造价的管理，方能提高工程造价管理水平，方能使有限的建设资金获得最理想的经济效果。

三、计价的组合性

建筑工程造价的确定是由分部分项合价组合而成的。一个建设项目是由许多工程项目组成的庞大综合体，它可以分解为许多有内在联系的工程。从计价和管理的角度来说，建设项目的组合性决定了建筑工程造价确定的过程是一个逐步组合的过程。这一过程在概预算造价确定的过程中尤为明显，即：分部分项工程合价→单位工程造价→单项工程造价→建设项目总造价，逐项计算、层层汇总而成。该计价过程是一个由小到大，由局部到总体的计价过程。

四、计价方法的多样性

建筑工程的多次性计价各有不同的计价依据，而每一次计价的精确程度也各不相同，由此也就决定了计价方法具有多样性的特征。例如，建设项目前期工作的投资估算造价确定的方法主要有：单位生产能力估算法、生产能力指标法、系数估算法和比例估算法等；初步设计概算造价确定方法主要有：概算指标法、定额法；施工图预算造价确定主要有：工料单价法和综合单价法。不同的方法，都具有其相应的适应条件，精确程度也就各不同，但其实质上并没有什么不同，而仅是按工程建设程序的要求，由粗到细，由浅到深的一种计价方法。

五、计价方法的动态性

我国基本建设管理制度规定：决算不能超过预算，预算不能超过概算，概算不能突破投资控制额。然而在现实工作中"三算三超"的情况是普遍存在的。造成这种状况的原因是多方面的，然而形成"三超"的主要因素则是建筑材料、设备价格常有变化。为适应我国改革开放的纵深发展和社会主义市场经济的建立，目前，我国各省、自治区、直辖市基本建设主管部门对工程建设造价的管理实行动态管理。

所谓动态管理就是指依据各自现行的预算定额价格水平，结合时下设备、材料、人工工资、机械台班单价上涨或下降的幅度以及有关应取费用项目的增加或取消、某种费用标准的提高或降低等，采用"加权法"计算出一定时期内工程综合或单项价格指数，并且定期发布；同时，还规定了本地区所有的在建项目都要贯彻执行的一种计价方法，称为动态计价。

第三章　建筑工程定额计价

第一节　建筑工程消耗量定额

建筑工程消耗量定额，是指在正常的施工生产条件下，为完成一定计量单位合格的建筑产品（工程），而必须消耗的人工、材料、机械台班的数量标准。按照反映的生产要素消耗内容的不同，可划分为劳动消耗定额、材料消耗定额和机械消耗定额三种。

一、劳动定额

1. 劳动定额的概念

劳动定额（又称人工定额）是建筑安装工人在正常的施工（生产）条件下、在一定的生产技术和生产组织条件下、在平均先进水平的基础上制定的。劳动定额是用来表明每个建筑安装工人生产单位合格产品所必须消耗的劳动时间或在单位时间所生产的合格产品的数量。

劳动定额的作用主要表现在组织生产和按劳分配两个方面。通常，组织生产和按劳分配二者是相辅相成的，即生产决定分配，分配促进生产。当前对企业基层推行的各种形式的经济责任制的分配形式，无一不是以劳动定额作为核算基础的。

2. 劳动定额的表现形式

劳动定额按其表现形式有时间定额和产量定额两种。它们可分别用计算式表示如下：

（1）时间定额

$$单位产品时间定额 = \frac{1}{每日产量} \qquad (3-1)$$

即表明单位产品必需的劳动（工日＝8h）。

（2）产量定额

$$每工产量 = \frac{1}{单位产品时间定额（工日）} \qquad (3-2)$$

即表明单位时间（工日）内生产的合格产品数量（m³、m²、m、kg、台、组、件等）。

为了便于核算，在实际工作中，劳动定额通常采用工作时间消耗量来计算劳动消耗的数量。

时间定额和产量定额互为倒数，只要确定了时间定额便能够直接求得产量定额，即

$$时间定额 \times 产量定额 = 1$$

或 　　　$$时间定额 = \frac{1}{产量定额}；产量定额 = \frac{1}{时间定额} \qquad (3-3)$$

例如挖 1m³ 的二类土，需要 0.13 工日（时间定额），则：

$$每工产量 = \frac{1}{0.13} = 7.69 \approx 7.7 （m³）$$

3. 确定劳动定额消耗量的方法

时间定额是在拟定基本工作时间、辅助工作时间、不可避免中断时间、准备与结束的工作时间以及休息时间的基础上制定的。

（1）确定工序作业时间　通过对计时观察资料的分析和选择，即可获得各种产品的基本工作时间和辅助工作时间，这两种时间合起来称为工序作业时间。工序作业时间是产品主要的必须消耗的工作时间，是各种因素的集中反映，决定着整个产品的定额时间。

1）拟定基本工作时间。基本工作时间在必须消耗的工作时间中占的比重最大。基本工作时间消耗通常应根据计时观察资料来进行确定。首先确定工作过程每一组成部分的工时消耗，然后再综合出工作过程的工时消耗。若组成部分的产品计量单位和工作过程的产品计量单位不符，就需先求出不同计量单位的换算系数，进行产品计量单位的换算，然后再相加，求得工作过程的工时消耗。

① 各组成部分与最终产品单位一致时的基本工作时间计算。计算公式为：

$$T_1 = \sum_{i=1}^{n} t_i \qquad (3-4)$$

式中　T_1——单位产品基本工作时间；

　　　t_i——各组成部分的基本工作时间；

　　　n——各组成部分的个数。

② 各组成部分与最终产品单位不一致时的基本工作时间计算。计算公式为：

$$T_1 = \sum_{i=1}^{n} k_i t_i \qquad (3-5)$$

式中 k_i——对应于 t_i 的换算系数。

2）拟定辅助工作时间。辅助工作时间的确定方法与基本工作时间相同。若在计时观察时不能取得足够的资料，也可采用工时规范或经验数据来确定。例如具有现行的工时规范，可以直接利用工时规范中规定的辅助工作时间的百分比来计算。

（2）确定规范时间 规范时间内容包括工序作业时间以外的准备与结束时间、不可避免中断时间以及休息时间。

1）确定准备与结束时间。准备与结束工作时间分为工作日和任务两种。任务的准备与结束时间通常不能集中在某一个工作日中，而要采取分摊计算的方法，分摊在单位产品的时间定额里。

若在计时观察资料中不能取得足够的准备与结束时间的资料，也可根据工时规范或经验数据来确定。

2）确定不可避免的中断时间。在确定不可避免中断时间的定额时，必须注意由工艺特点所引起的不可避免中断才可列入工作过程的时间定额。

不可避免中断时间也需要根据测时资料通过整理分析获得，也可以根据经验数据或工时规范，以占工作日的百分比表示此项工时消耗的时间定额。

3）拟定休息时间。休息时间应根据工作班作息制度、经验资料、计时观察资料，以及对工作的疲劳程度作全面分析来确定。同时，应考虑尽可能利用不可避免中断时间作为休息时间。

（3）拟定定额时间 确定的基本工作时间、辅助工作时间、准备与结束工作时间、不可避免中断时间与休息时间之和，即为劳动定额的时间定额。根据时间定额可计算出产量定额，时间定额和产量定额互成倒数。

利用工时规范，可以计算劳动定额的时间定额。计算公式是：

$$工序作业时间＝基本工作时间＋辅助工作时间 \qquad (3\text{-}6)$$

$$规范时间＝准备与结束工作时间＋不可避免的中断时间＋休息时间 \qquad (3\text{-}7)$$

$$工序作业时间＝基本工作时间＋辅助工作时间$$

$$＝基本工作时间/[1-辅助时间（\%）] \qquad (3\text{-}8)$$

$$定额时间＝\frac{工序作业时间}{1-规范时间（\%）} \qquad (3\text{-}9)$$

【例 3-1】 通过计时观察资料得知：人工挖二类土 $1m^3$ 的基本工作时间为 6h，辅助工作时间占工序作业时间的 2%。准备与结束工作时间、不可避免的中断时间、休息时间分别占工作日的 3%、2%、18%。则该人工挖二类土的时间定额是多少？

【解】

基本工作时间＝6h＝0.75 工日/m^3

工序作业时间＝0.75/（1－2％）≈0.765（工日/m³）

时间定额＝0.765/（1－3％－2％－18％）≈0.994（工日/m³）

二、材料定额

1. 材料消耗定额的概念

材料消耗定额是在正常的施工（生产）条件下，在节约和合理使用材料的情况下，生产单位合格产品所必须消耗的一定品种、规格的材料、半成品、配件等的数量标准。

材料消耗定额是编制材料需要量计划、运输计划、供应计划、计算仓库面积、签发限额领料单和经济核算的根据。制定合理的材料消耗定额，是组织材料的正常供应，保证生产顺利进行，以及合理利用资源，减少积压、浪费的必要前提。

2. 施工中材料消耗的组成

施工中材料的消耗，可分为必须消耗的材料和损失的材料两类性质。

必须消耗的材料，是在合理用料的条件下，生产合格产品所需消耗的材料。它包括：直接用于建筑和安装工程的材料；不可避免的施工废料；不可避免的材料损耗。

必须消耗的材料属于施工正常消耗，是确定材料消耗定额的基本数据。其中：直接用于建筑和安装工程的材料，编制材料净用量定额；不可避免的施工废料和材料损耗，编制材料损耗定额。

材料各种类型的损耗量之和称为材料损耗量，除去损耗量之后净用于工程实体上的数量称为材料净用量，材料净用量与材料损耗量之和称为材料总消耗量，损耗量与总消耗量之比称为材料损耗率，总消耗量也可用下式计算：

$$总消耗量＝\frac{净用量}{1－损耗率} \qquad (3-10)$$

为了简便，通常将损耗量与净用量之比，作为损耗率。即：

$$损耗率＝\frac{损耗量}{净用量}×100\% \qquad (3-11)$$

$$总消耗量＝净用量×（1＋损耗率） \qquad (3-12)$$

3. 材料消耗定额的制定方法

材料消耗定额必须在充分研究材料消耗规律的基础上制定。科学的材料消耗定额应当是材料消耗规律的正确反映。材料消耗定额是通过施工生产过程中对材料消耗进行观测、试验以及根据技术资料的统计与计算等方法制定的。

（1）观测法 观测法也称现场测定法，是在合理使用材料的条件下，在施工现场按一定程序对完成合格产品的材料耗用量进行测定，通过分析、整理，最后得出一定的施工过程单位产品的材料消耗定额。

利用现场测定法主要是编制材料损耗定额，也可以提供编制材料净用量定额的数据。其优点是能通过现场观察、测定，取得产品产量和材料消耗的情况，为编制材料定额提供技术根据。

观测法的首要任务是选择典型的工程项目，其施工技术、组织及产品质量均要符合技术规范的要求，材料的品种、型号、质量也应符合设计要求，产品检验合格，操作工人能合理使用材料和保证产品质量。

在观测前要充分做好准备工作，例如选用标准的运输工具和衡量工具，采取减少材料损耗措施等。

观测的结果，要取得材料消耗的数量和产品数量的数据资料。

观测法是在现场实际施工中进行的。观测法的优点是真实可靠，能发现一些问题，也能消除一部分消耗材料不合理的浪费因素。但是，用这种方法制定材料消耗定额，由于受到一定的生产技术条件和观测人员的水平等限制，仍然不能把所消耗材料不合理的因素全部揭露出来；同时，也有可能把生产和管理工作中的某些与消耗材料有关的缺点保存下来。

对观测取得的数据资料要进行分析研究，区分哪些是合理的，哪些是不合理的，哪些是不可避免的，以制定出在一般情况下都可以达到的材料消耗定额。

（2）试验法 试验法是在材料试验室中进行试验和测定数据。例如，以各种原材料为变量因素，求得不同强度等级混凝土的配合比，从而计算出每立方米混凝土的各种材料耗用量。

利用试验法，主要是编制材料净用量定额。通过试验，能够对材料的结构、化学成分和物理性能以及按强度等级控制的混凝土、砂浆配比作出科学的结论，为编制材料消耗定额提供有技术根据的、比较精确的计算数据。

但是，试验法不能取得在施工现场实际条件下，由于各种客观因素对材料耗用量影响的实际数据。

试验室试验必须符合国家有关标准规范，计量要使用标准容器和称量设备，质量要符合施工与验收规范要求，以保证获得可靠的定额编制依据。

（3）统计法 统计法是通过对现场进料、用料的大量统计资料进行分析计算，获得材料消耗的数据。该方法由于不能分清材料消耗的性质，因而不能作为确定材料净用量定额和材料损耗定额的精确依据。

对积累的各分部分项工程结算的产品所耗用材料的统计分析，是根据各分部分项工程拨付材料数量、剩余材料数量及总共完成产品数量来进行计算。

采用统计法，必须保证统计和测算的耗用材料和相应产品一致。在施工现场中的某些材料，往往难以区分用在各个不同部位上的准确数量。所以，要有意识地加以区分，才能得到有效的统计数据。

用统计法制定材料消耗定额通常采用以下两种方法。

1）经验估算法：指以有关人员的经验或以往同类产品的材料实耗统计资料为依据，通过研究分析并考虑有关影响因素的基础上制定材料消耗定额的方法。

2）统计法：是对某一确定的单位工程拨付一定的材料，待工程完工后，根据已完产品数量和领退材料的数量，进行统计和计算的一种方法。该方法的优点是不需要专门人员测定和实验。由统计得到的定额有一定的参考价值，但其准确程度较差，应对其分析研究后才能采用。

（4）理论计算法 理论计算法是根据施工图，运用一定的数学公式，直接计算材料耗用量。计算法只能计算出单位产品的材料净用量，材料的损耗量仍要在现场通过实测取得。采用这种方法必须对工程结构、图纸要求、材料特性和规格、施工及验收规范、施工方法等先进行了解和研究。计算法适宜于不易产生损耗，且容易确定废料的材料，例如木材、钢材、砖瓦、预制构件等材料。因为这些材料根据施工图纸和技术资料从理论上都可以计算出来，不可避免的损耗也有一定的规律可寻。

理论计算法是材料消耗定额制定方法中比较先进的方法。但是，用该方法制定材料消耗定额，要求掌握一定的技术资料和各方面的知识，以及有较丰富的现场施工经验。

4. 周转性材料消耗量的计算

在编制材料消耗定额时，某些工序定额、单项定额和综合定额中涉及周转材料的确定和计算。例如劳动定额中的架子工程、模板工程等。

周转性材料在施工过程中不属于通常的一次性消耗材料，而是可多次周转使用，经过修理、补充才逐渐消耗尽的材料。例如模板、钢板桩、脚手架等，实际上它也是一种施工工具和措施。在编制材料消耗定额时，应按多次使用、分次摊销的办法确定。

周转性材料消耗的定额量是每使用一次摊销的数量，其计算必须考虑一次使用量、周转使用量、回收价值和摊销量之间的关系。

【例 3-2】 用 1∶1 水泥砂浆贴 160mm×160mm×5mm 瓷砖墙面，结合层厚度为 10mm，灰缝宽为 2mm，试计算每 100m² 瓷砖墙面中瓷砖和砂浆的消耗量（假设瓷损耗率为 1.5%，砂浆损耗率为 1%）。

【解】

$$每 100\text{m}^2 瓷砖墙面中瓷砖的净用量 = \frac{100}{(0.16+0.002) \times (0.16+0.02)}$$
$$= 3810.39 （块）$$

每 100m² 瓷砖墙面中瓷砖的总消耗量 $= 3810.39 \times (1+1.5\%)$
$$\approx 3867.55 （块）$$

每 100m² 瓷砖墙面中结合层砂浆净用量 $= 100 \times 0.01 = 1 （\text{m}^3）$

每 100m² 瓷砖墙面中灰缝砂浆净用量 $= [100 - (3810.39 \times 0.16$
$$\times 0.16)] \times 0.005$$
$$\approx 0.012 （\text{m}^3）$$

每 100m² 瓷砖墙面中水泥砂浆净用量 $= (1+0.012) \times (1+1\%)$
$$\approx 1.02 （\text{m}^3）$$

三、机械台班定额

1. 机械台班使用定额的概念

机械台班使用定额是在正常施工条件下，合理的劳动组合和使用机械，完成单位合格产品或某项工作所必需的机械工作时间，包括准备与结束时间、基本工作时间、辅助工作时间、不可避免的中断时间以及使用机械的工人生理需要与休息时间。

2. 机械台班使用定额的表现形式

机械台班使用定额的形式按其表现形式不同，可分为时间定额和产量定额。

（1）机械时间定额 指在合理劳动组织与合理使用机械条件下，完成单位合格产品所必需的工作时间，包括有效工作时间（正常负荷下的工作时间和降低负荷下的工作时间）、不可避免的中断时间、不可避免的无负荷工作时间。机械时间定额以"台班"表示，即一台机械工作一个作业班时间。一个作业班时间为 8h。

$$单位产品机械时间定额（台班）= \frac{1}{台班产量} \qquad (3\text{-}13)$$

由于机械必须由工人小组配合，所以完成单位合格产品的时间定额，同时列出人工时间定额。即：

$$单位产品人工时间定额（工日）= \frac{小组成员总人数}{台班产量} \qquad (3\text{-}14)$$

（2）机械产量定额 指在合理劳动组织与合理使用机械条件下，机械在每个台班时间内应完成合格产品的数量。机械时间定额和机械产量定额互为倒数关系。

复式表示法有如下形式：

$$\frac{人工时间定额}{机械台班产量} 或 \frac{人工时间定额}{机械台班产量} \bigg| 台班车次 \tag{3-15}$$

3. 机械台班使用定额的编制

（1）确定正常的施工条件 拟定机械工作正常条件，主要是拟定工作地点的合理组织和合理的工人编制。

工作地点的合理组织，就是对施工地点机械和材料的放置位置、工人从事操作的场所，作出科学合理的平面布置和空间安排。它要求施工机械和操纵机械的工人在最小范围内移动，但是又不阻碍机械运转和工人操作；应使机械的开关和操纵装置尽可能集中地装置在操纵工人的近旁，以节省工作时间和减轻劳动强度；应最大限度发挥机械的效能，减少工人的手工操作。

拟定合理的工人编制，就是根据施工机械的性能和设计能力，工人的专业分工和劳动工效，合理确定操纵机械的工人和直接参加机械化施工过程的工人的编制人数。它应要求保持机械的正常生产率和工人正常的劳动工效。

（2）确定机械 1h 纯工作正常生产率 确定机械正常生产率时，必须首先确定出机械纯工作 1h 的正常生产率。

机械纯工作时间是机械必须消耗的时间。机械 1h 纯工作正常生产率，是在正常施工组织条件下，具有必需的知识和技能的技术工人操纵机械 1h 的生产率。

根据机械工作特点的不同，机械 1h 纯工作正常生产率的确定方法，也有所不同。对于循环动作机械，确定机械纯工作 1h 正常生产率的计算公式如下：

$$机械一次循环的正常延续时间 = \sum \begin{pmatrix} 循环各组成部分 \\ 正常延续时间 \end{pmatrix} - 交叠时间 \tag{3-16}$$

$$机械纯工作 1h 循环次数 = \frac{60 \times 60 （s）}{一次循环的正常延续时间} \tag{3-17}$$

$$机械纯工作 1h 正常生产率 = \frac{机械纯工作 1h}{正常循环次数} \times \frac{一次循环生产}{的产品数量} \tag{3-18}$$

对于连续动作机械，确定机械纯工作 1h 正常生产率要根据机械的类型和结构特征，以及工作过程的特点来进行。计算公式如下：

$$连续动作机械纯工作 1h 正常生产率 = \frac{工作时间内生产的产品数量}{工作时间（h）}$$

$$(3-19)$$

工作时间内的产品数量和工作时间的消耗，要通过多次现场观察和机械说明书来取得数据。

对于同一机械进行作业属于不同的工作过程，例如挖掘机所挖土壤的类别不同，碎石机所破碎的石块硬度和粒径不同，均需分别确定其纯工作 1h 的正常生产率。

（3）确定施工机械的正常利用系数　它是机械在工作班内对工作时间的利用率。机械的利用系数和机械在工作班内的工作状况有着密切的关系。所以，要确定机械的正常利用系数。首先要拟定机械工作班的正常工作状况，保证合理利用工时。

确定机械正常利用系数，要计算工作班正常状况下准备与结束工作，机械启动、机械维护等工作所必须消耗的时间，以及机械有效工作的开始与结束时间，从而进一步计算出机械在工作班内的纯工作时间和机械正常利用系数。机械正常利用系数的计算公式如下：

$$机械正常利用系数 = \frac{机械在一个工作班内纯工作时间}{一个工作班延续时间（8h）} \quad (3-20)$$

（4）计算施工机械台班定额　它是编制机械定额工作的最后一步。在确定了机械工作正常条件、机械 1 小时纯工作正常生产率和机械正常利用系数之后，采用下列公式计算施工机械的产量定额：

$$施工机械台班产量定额 = 机械 1h 纯工作正常生产率 × 工作班纯工作时间$$

$$(3-21)$$

或者

$$施工机械台班产量定额 = 机械 1h 纯工作正常生产率 × 工作班延续时间$$
$$× 机械正常利用系数 \quad (3-22)$$

$$施工机械时间定额 = \frac{1}{机械台班产量定额指标} \quad (3-23)$$

【例 3-3】　某工程现场采用出料容量 600L 的混凝土搅拌机，每一次循环中，装料、搅拌、卸料、中断需要的时间分别为 1 分钟、3 分钟、1 分钟、1 分钟，机械正常利用系数为 0.95，求该机械的台班产量定额。

【解】

该搅拌机一次循环的正常延续时间 = 1 + 3 + 1 + 1 = 6（min）= 0.1（h）

该搅拌机纯工作 1h 循环次数 = 10 次

该搅拌机纯工作 1h 正常生产率 = 10 × 600 = 6000（L）= 6（m³）

该搅拌机台班产量定额 = 6 × 8 × 0.95 = 45.6（m³/台班）

第二节 建筑工程预算定额

一、预算定额的编制依据

编制预算定额要以施工定额为基础，并且和现行的各种规范、技术水平、管理方法相匹配，主要的编制依据包括以下几方面。

1) 现行的劳动定额和施工定额。预算定额以现行的劳动定额和施工定额为基础编制。预算定额中人工、材料和机械台班的消耗水平需要根据劳动定额或施工定额取定。预算定额计量单位的选择，也要以施工定额为参考，从而保证两者的协调性和可比性。

2) 现行设计规范、施工及验收规范、质量评定标准和安全操作规程。在确定预算定额的人工、材料和机械台班消耗时，必须考虑上述法规的要求和影响。

3) 具有代表性的典型工程施工图及有关标准图。通过对这些图纸的分析研究和工程量的计算，作为定额编制时选择施工方法、确定消耗的依据。

4) 新技术、新结构、新材料和先进的施工方法等。

5) 有关试验、技术测定和统计、经验资料。

6) 现行预算定额、材料预算价格及有关文件规定等，也包括过去定额编制过程中积累的基础资料。

二、预算定额的编制步骤

预算定额的编制通常是按照以下几个步骤进行。

1. 准备阶段

准备阶段主要是根据收集到的有关资料以及国家政策性文件，拟定编制方案，对编制过程中一些重大的原则问题作出统一规定。

2. 编制预算定额初稿，测算预算定额水平

(1) 编制预算定额初稿 在此阶段，根据确定的定额项目和基础资料，进行反复分析和测算，编制定额项目劳动力计算表、材料及机械台班计算表，并附注有关计算说明，然后汇总编制预算定额项目表，即预算定额初稿。

(2) 预算定额水平测算 新定额编制成稿，必须与原定额进行对比测算，分析水平升降原因。通常，新编定额的水平应不低于历史上已经达到过的水平，并略有提高。在定额水平测算前，必须先编出同一工人工资、材料价格、

机械台班费的新旧两套定额的工程单价。

3. 修改定稿、整理资料阶段

(1) 印发征求意见 定额编制初稿完成后，需要征求各有关方面意见和组织讨论，反馈意见。在意见统一的基础上进行整理分类，制订修改方案。

(2) 修改整理报批 按修改方案的决定，将初稿按照定额的顺序进行修改，并经审核无误后形成报批稿，经批准后交付印刷。

(3) 撰写编制说明 为顺利地贯彻执行定额，需要撰写新定额编制说明。其内容主要应包括：项目、子目数量；人工、材料、机械的内容范围；资料的依据和综合取定情况；定额中允许换算和不允许换算规定的计算资料；工人、材料、机械单价的计算和资料；施工方法、工艺的选择及材料运距的考虑；各种材料损耗率的取定资料；调整系数的使用；其他应该说明的事项与计算数据、资料。

(4) 立档、成卷 定额编制资料是贯彻执行定额中需查对资料的唯一依据，也为修编定额提供历史资料数据，应作为技术档案永久保存。

三、预算定额的编制方法

1. 确定定额项目名称及工作内容

预算定额项目的划分是以施工定额为基础，进一步综合确定预算定额的名称、工作方法以及施工方法，同时还应使施工定额和预算定额两者之间协调，并可比较，以减轻预算定额的编制工作量。在划分定额项目的同时，应将各个工程项目工作内容范围予以确定。其主要应按以下两个方面进行考虑：

(1) 项目划分 合理应做到项目齐全、粗细适度、步距大小适当、文字简明、便于使用。

(2) 工作内容 全面根据施工定额确定的施工方法和综合后施工方法确定工作内容。

2. 确定施工方法

不同的施工方法将会直接影响到预算定额中的人工、材料、机械台班的消耗指标，因此，在编制预算定额的过程中，必须以该地区的施工（生产）技术组织条件、施工验收规范、安全操作规程以及已经成熟和推广的新工艺、新结构、新材料和新的操作方法等为依据，合理确定施工方法，使其能够正确反映当前社会生产力水平。

3. 确定定额项目计量单位

预算定额和施工定额的计量单位往往不同。施工定额的计量单位通常按工序或工作过程来确定，而预算定额的计量单位主要根据分部分项工程的形体和结构构件特征及其变化规律来确定。预算定额的计量单位具有综合的性质，所选择计量单位要根据工程量计算规则规定量，并便于使用和计算。

预算定额的计量单位按公制或自然计量单位进行确定。通常，结构的三个度量都经常发生变化时，选"m³"作为计量单位，如砖石工程和混凝土工程；当结构的三个度量中有两个度量经常发生变化，选用"m²"为计量单位，如地面、屋面工程等；当物体截面形状基本固定或无规律性变化，采用"延长米""延长千米"作为计量单位，如管道、线路安装工程等；当工程量主要取决于设备或材料的质量时，还可将"t""kg"作为计量单位。

预算定额中各项人工、机械和材料计量单位的选择相对比较固定。人工和机械按"工日"、"台班"计量（国外多按"小时"、"台时"计量），各种材料计量单位应与产品的计量单位相一致。

预算定额中的小数位数的取定，主要取决于定额的计算单位和精确度的要求，通常的取定如下。

1）人工以"工日"为单位，取两位小数。

2）机械以"台班"为单位，取两位小数。

3）主要材料及半成品：

① 木材以"m³"为单位，取三位小数。

② 钢材及钢筋以"t"为单位，取三位小数。

③ 水泥以"kg"为单位，取整数。

④ 标准砖以"千块"为单位，取两位小数。

⑤ 砂浆、混凝土和玛琋脂等半成品以"m³"为单位，取两位小数。

4. 计算工程量

计算工程量的目的主要是通过计算出典型设计图纸所包括的施工过程的工程量，以便在编制预算定额时，有可能利用施工定额或劳动定额的劳动、机械以及材料消耗指标确定预算定额所含工序的消耗量。

预算定额应包括完成某一分项工程的全部工作内容。如砖墙定额中，其综合的内容有：调、运、铺砂浆，运砖；砌窗台虎头砖、腰线、门窗套、砖过梁、附墙烟囱，壁橱安放木砖、铁件等。因此，在确定定额项目中各种消耗量指标时，首先应根据编制方案中所选定的若干份典型工程图纸，计算出单位工程中各种墙体及上述综合内容所占的比重，然后利用这些数据，结合定额资料，综合确定人工和材料消耗净用量。

5. 确定预算定额各消耗指标量

确定预算定额人工、材料、机械台班消耗指标时，必须先按施工定额的分项逐项计算出消耗指标，然后按预算定额的项目加以综合。这种综合并不是简单的合并和相加，而是需要在综合过程中增加两种定额之间的适当的水平差。预算定额的水平首先取决于这些消耗量的合理确定。

人工、材料以及机械台班消耗量指标，应根据定额编制原则和要求，采用理论与实际相结合、图纸计算与施工现场测算相结合、编制人员与现场工作人员相结合等方法进行计算和确定，使定额既符合政策要求又与客观情况一致，以便于贯彻执行。

（1）预算定额人工工日消耗量的计算 人工的工日数可以通过劳动定额为基础来确定，还可以通过现场观察测定资料为基础计算。以现场观察测定资料为基础计算主要用于劳动定额缺项时，采用现场工作日写实等测时方法查定和计算定额的人工耗用量。

预算定额中人工工日消耗量是在正常施工条件下，生产单位合格产品所必须消耗的人工工日数量，是由分项工程所综合的各个工序劳动定额包括的基本用工、其他用工两部分组成的。

1）基本用工。基本用工是指完成一定计量单位的分项工程或结构构件的各项工作过程的施工任务所必须消耗的技术工种用工。按技术工种相应劳动定额工时定额计算，以不同工种列出定额工日。基本用工主要包括：

① 完成定额计量单位的主要用工。按综合取定的工程量和相应劳动定额进行计算。其计算公式如下：

$$基本用工 = \sum （综合取定的工程量 \times 劳动定额） \qquad (3-24)$$

② 按劳动定额规定应增（减）计算的用工量。由于预算定额是在施工定额子目的基础上综合扩大的，包括的工作内容较多，施工的工效视具体部位而不一样，所以需要另外增加人工消耗，而这种人工消耗也可以列入基本用工内。

2）其他用工。其他用工是辅助基本用工消耗的工日。它包括以下几项用工。

① 超运距用工。超运距是劳动定额中已包括的材料、半成品场内水平搬运距离与预算定额所考虑的现场材料、半成品堆放地点到操作地点的水平运输距离之差。

$$超运距 = 预算定额取定运距 - 劳动定额已包括的运距 \qquad (3-25)$$

$$超运距用工 = \sum （超运距材料数量 \times 时间定额） \qquad (3-26)$$

实际工程现场运距超过预算定额取定运距时，可另行计算现场二次搬运费。

② 辅助用工。它是不包括在技术工种劳动定额内而在预算定额内又必须考虑的用工。例如机械土方工程配合用工、材料加工（筛砂、洗石、淋化石膏）、电焊点火用工等。计算公式如下：

$$辅助用工＝\sum（材料加工数量\times相应的加工劳动定额）\qquad（3-27）$$

③ 人工幅度差。即预算定额与劳动定额的差额，主要是指在劳动定额中未包括而在正常施工情况下不可避免但又很难准确计量的用工和各种工时损失。内容包括：

a. 各工种间的工序搭接及交叉作业相互配合或影响所发生的停歇用工。

b. 施工机械在单位工程之间转移及临时水电线路移动所造成的停工。

c. 质量检查和隐蔽工程验收工作的影响。

d. 班组操作地点转移用工。

e. 工序交接时对前一工序不可避免的修整用工。

f. 施工中不可避免的其他零星用工。

人工幅度差计算公式如下：

$$人工幅度差＝（基本用工＋辅助用工＋超运距用工）\times人工幅度差系数$$

$$（3-28）$$

人工幅度差系数一般为 $10\%\sim15\%$。在预算定额中，人工幅度差的用工量列入其他用工量中。

（2）预算定额中材料消耗量的计算　材料消耗量计算方法主要有：

1）凡有标准规格的材料，按规范要求计算定额计量单位的耗用量，例如砖、防水卷材、块料面层等。

2）凡设计图纸标注尺寸及下料要求的按设计图纸尺寸计算材料净用量，例如门窗制作用材料、方、板料等。

3）换算法。各种胶结、涂料等材料的配合比用料，可以根据要求条件换算，得出材料用量。

4）测定法。包括实验室试验法和现场观察法。各种强度等级的混凝土及砌筑砂浆配合比的耗用原材料数量的计算，须按照规范要求试配，经试压合格并经过必要的调整后得出水泥、砂子、石子、水的用量。对新材料、新结构又不能用其他方法计算定额消耗用量时，须用现场测定方法来确定，根据不同条件可以采用写实记录法和观察法，得出定额的消耗量。

材料损耗量，指在正常条件下不可避免的材料损耗，如现场内材料运输及施工操作过程中的损耗等。其关系式如下：

$$材料损耗率＝损耗量/净用量\times100\%\qquad（3-29）$$

$$材料损耗量＝材料净用量×损耗率（％） \qquad (3-30)$$

$$材料消耗量＝材料净用量＋损耗量 \qquad (3-31)$$

或 $$材料消耗量＝材料净用量×[1＋损耗率（％）] \qquad (3-32)$$

（3）预算定额中机械台班消耗量的计算 预算定额中的机械台班消耗量是指在正常施工条件下，生产单位合格产品（分部分项工程或结构构件）必须消耗的某种型号施工机械的台班数量。

1）根据施工定额确定机械台班消耗量的计算。这种方法是指用施工定额中机械台班产量加机械幅度差计算预算定额的机械台班消耗量。

机械台班幅度差是指没有包括在施工定额中所规定的范围内，而在实际施工中又不可避免产生的影响机械或使机械停歇的时间。其内容包括：

① 施工机械转移工作面及配套机械相互影响损失的时间。

② 在正常施工条件下，机械在施工中不可避免的工序间歇。

③ 工程开工或收尾时工作量不饱满所损失的时间。

④ 检查工程质量影响机械操作的时间。

⑤ 临时停机、停电影响机械操作的时间。

⑥ 机械维修引起的停歇时间。

大型机械幅度差系数为：土方机械25％，打桩机械33％，吊装机械30％。砂浆、混凝土搅拌机由于按小组配用，以小组产量计算机械台班产量，不另增加机械幅度差。其他分部工程中如钢筋加工、木材、水磨石等各项专用机械的幅度差为10％。

综上所述，预算定额的机械台班消耗量按下式计算：

$$\frac{预算定额机械}{耗用台班}＝\frac{施工定额机械}{耗用台班}×（1＋机械幅度差系数） \qquad (3-33)$$

2）以现场测定资料为基础确定机械台班消耗量。如遇到施工定额缺项，则需要依据单位时间完成的产量测定。

【例3-4】 某一砖墙分项工程，经测定计算，每$10m^3$一砖墙体中梁头、板头体积为$0.28m^3$，预留孔洞体积为$0.063m^3$，突出墙面砌体为$0.0629m^2$，砖过梁为$0.4m^3$，试计算每$10m^3$一砖墙体的砖及砂浆净用量。

【解】

$$标准砖＝\frac{2×墙厚的砖数}{墙厚×（砖长＋灰缝）×（砖厚＋灰缝）}×（10-0.28-0.063+0.0629）$$

$$＝\frac{2×1}{0.24×（0.24+0.01）×（0.053+0.01）}×（10-0.28-0.063+0.0629）$$

$$＝5143（块）$$

砂浆＝（1-每立方米标准砖数×每块砖体积）×（10-0.28）

$$= (1-529.1×0.24×0.115×0.053) ×9.7199$$
$$=2.20 （m^3）$$

在砂浆中有主体砂浆和附加砂浆之分。附加砂浆是指砌钢筋砖过梁、砖碹部位所用强度等级较高的砂浆。除了附加砂浆之外,其余便是砖墙用的主体砂浆。已知每 $10m^3$ 墙体中,砖过梁为 $0.4m^3$,即占墙体的 4%,则：

附加砂浆　$2.2×4\%=0.088$ （m^3）

主体砂浆　$2.2×96\%=2.112$ （m^3）

【例 3-5】　已知某挖土机挖土,一次正常循环工作时间是 40s,每次循环平均挖土量 $0.3m^3$,机械正常利用系数为 0.8,机械幅度差为 25%。求该机械挖土方 $1000m^3$ 的预算定额机械耗用台班量。

【解】

机械纯工作 1h 循环次数 $=3600/40=90$ （次/台时）

机械纯工作 1h 正常生产率 $=90×0.3=27$ （m^3）

施工机械台班产量定额 $=27×8×0.8=17208$ （m^3/台班）

施工机械台班时间定额 $=1/172.28≈0.00579$ （台班/m^3）

预算定额机械耗用台班量 $=0.00579× （1+25\%） ≈0.00723$ （台班/m^3）

挖土方 $1000m^3$ 的预算定额机械耗用台班量 $=1000×0.00723=7.23$ （台班）

第三节　概算定额和概算指标

一、概算定额

1. 概算定额的内容与形式

（1）文字说明部分　文字说明部分包括总说明和分部工程说明。在总说明中,主要阐述概算定额的编制依据、使用范围、包括的内容及作用、应遵守的规则及建筑面积计算规则等。分部工程说明主要阐述本分部工程包括的综合工作内容及分部工程的工程量计算规则等。

（2）定额项目表

1）定额项目的划分。

① 按结构划分：通常是按土方、基础、墙、梁板柱、门窗、楼地面、屋面、装饰、构筑物等工程结构划分。

② 按工程部位（分部）划分：通常是按基础、墙体、梁柱、楼地面、屋盖、其他工程部位等划分,如基础工程中包括了砖、石、混凝土基础等项目。

2）定额项目表。定额项目表是概算定额手册的主要内容,由若干个分节组成。各节定额有工程内容、定额表及附注说明组成。定额表中列有定额编号、计量单位、概算价格、人工、材料、机械台班消耗指标，综合了预算定额的若干项目与数量。建筑工程概算定额项目表见表 3-1、表 3-2。

表 3-1　现浇钢筋混凝土柱概算定额表

工程内容：模板制作、安装、拆除，钢筋制作、安装，混凝土浇捣、抹灰、刷浆。

计量单位：10m³

概算定额编号			4-3		4-4	
项目	单位	单价/元	矩形柱			
			周长在 1.8m 以内		周长在 1.8m 以外	
			数量	合价/元	数量	合价/元
基准价	元	—	13428.76		12947.26	
其中 人工费	元	—	2116.40		1728.76	
材料费	元	—	10272.03		10361.83	
机械费	元	—	1040.33		856.67	
合计人工	工日	22.00	96.20	2116.40	78.58	1728.76
材料 中(粗)砂(天然)	t	35.81	9.494	339.98	8.817	315.74
碎石 5～20mm	t	36.18	12.207	441.65	12.207	441.65
石灰膏	m³	98.89	0.221	20.75	0.155	14.55
普通木成材	m³	1000.00	0.302	302.00	0.187	187.00
圆钢(钢筋)	t	3000.00	2.188	6564.00	2.407	7221.00
组合钢模板	kg	4.00	64.416	257.66	39.848	159.39
钢支撑(钢管)	kg	4.85	34.165	165.70	21.134	102.50
零星卡具	kg	4.00	33.954	135.82	21.004	84.02
铁钉	kg	5.96	3.091	18.42	1.912	11.40
镀锌铁丝 22 号	kg	8.07	8.368	67.53	9.206	74.29
电焊条	kg	7.84	15.644	122.65	17.212	134.94
803 涂料	m³	1.45	22.901	33.21	16.038	23.26
水	kg	0.99	12.700	12.57	12.300	12.21
水泥 42.5 级	kg	0.25	644.459	166.11	517.117	129.28
水泥 52.5 级	kg	0.30	4141.200	1242.36	4141.200	1242.36
脚手架	元	—	—	196.00	—	90.60
其他材料费	元	—	—	185.62	—	117.64
机械 垂直运输费	元	—	—	628.00	—	510.00
其他机械费	元	—	—	412.33	—	346.67

表3-2　现浇钢筋混凝土柱含量表

计量单位：10m²

概算定额编号					4-3		4-4	
基准价					13428.76		12947.26	
估价表编号	名称	单位	单价/元	数量	合价/元	数量	合价/元	
—	柱支模高度3.6m增加费用	元	—	—	49.00	—	31.00	
—	钢筋制作、安装	t	3408.80	2.145	7311.88	2.360	8044.77	
—	组合钢模板	100m²	2155.09	0.957	2062.42	0.592	1275.81	
5-20	C35混凝土矩形梁	10m³	2559.21	1.000	2559.21	1.000	2559.21	
5-283换	刷803涂料	100m²	146.54	0.644	94.37	0.451	66.09	
11-453	柱内侧抹混合砂浆	100m²	819.68	0.664	527.87	0.451	369.68	
11-38换	脚手架	元	—	—	196.00	—	90.60	
	垂直运输机械费	元	—	—	628.00	—	510.00	

2. 概算定额的编制依据

1) 现行的设计规范和建筑工程预算定额。

2) 具有代表性的标准设计图纸和其他设计资料。

3) 现行的人工工资标准、材料预算价格、机械台班预算价格及其他的价格资料。

3. 概算定额的编制步骤

概算定额的编制一般分三阶段进行，即准备阶段、编制初稿阶段和审查定稿阶段。

（1）准备阶段　该阶段主要是确定编制机构和人员组成，进行调查研究，了解现行概算定额执行情况和存在的问题，明确编制的目的，制订概算定额的编制方案和确定概算定额的项目。

（2）编制初稿阶段　该阶段是根据已经确定的编制方案和概算定额项目，收集和整理各种编制依据，对各种资料进行深入细致的测算和分析，确定人工、材料和机械台班的消耗量指标，最后编制概算定额初稿。

（3）审查定稿阶段　该阶段的主要工作是测算定额水平，即测算新编制概算定额与原概算定额及现行预算定额之间的水平。测算的方法既要分项进行测算，又要通过编制单位工程概算以单位工程为对象进行综合测算。概算定额水平与预算定额水平之间有一定的幅度差，幅度差一般在5%以内。

概算定额经测算比较后，可报送国家授权机关审批。

二、概算指标

1. 概算指标的分类和表现形式

(1) 概算指标的分类 概算指标的分类如图 3-1 所示。

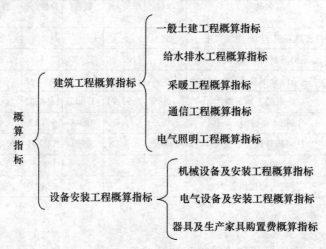

图 3-1 概算指标分类

(2) 概算指标的组成内容及表现形式

1) 概算指标的组成内容。一般分为文字说明和列表两部分，以及必要的附录。

① 总说明和分册说明。其内容一般包括：概算指标的编制范围、编制依据、分册情况、指标包括的内容、指标未包括的内容、指标的使用方法、指标允许调整的范围及调整方法等。

② 列表。建筑工程的列表形式，房屋建筑、构筑物的列表一般是以建筑面积、建筑体积、"座"、"个"等为计算单位，附以必要的示意图，示意图画出建筑物的轮廓示意或单线平面图，列出综合指标：元/100m² 或元/1000m³，自然条件（例如地耐力、地震烈度等），建筑物的类型、结构形式及各部位中结构主要特点，主要工程量。安装工程的列表形式，设备以 "t" 或 "台" 为计算单位，也可以设备购置费或设备原价的百分比（%）表示；工艺管道一般以 "t" 为计算单位；通信电话站安装以 "站" 为计算单位。列出指标编号、项目名称、规格、综合指标（元/计算单位）之后一般还要列出其中的人工费，必要时还要列出主要材料费、辅材费。

总体来讲，建筑工程列表形式分为以下几个部分。

a. 示意图。表明工程的结构、工业项目，还表示出起重机及起重能力等。

b. 工程特征。对采暖工程特征应列出采暖热媒及采暖形式；对电气照明工程特征可列出建筑层数、结构类型、配线方式、灯具名称等；对房屋建筑工程特征主要对工程的结构形式、层高、层数和建筑面积进行说明。见表3-3。

表3-3　内浇外砌住宅结构特征

结构类型	层数	层高	檐高	建筑面积
内浇外砌	六层	2.8m	17.7m	4206m²

c. 经济指标。说明该项目每100m²、每座的造价指标及其中土建、水暖和电照等单位工程的相应造价，见表3-4。

表3-4　内浇外砌住宅经济指标

单位：（100m² 建筑面积）

项目		合计/元	其中/元			
			直接费	间接费	利润	税金
单方造价		30422	21860	5576	1893	1093
其中	土建	26133	18778	4790	1626	939
	水暖	2565	1843	470	160	92
	电照	614	1239	316	107	62

d. 构造内容及工程量指标。说明该工程项目的构造内容和相应计算单位的工程量指标及人工、材料消耗指标。见表3-5、表3-6。

表3-5　内浇外砌住宅构造内容及工程量指标

单位：（100m² 建筑面积）

构造特征		工程量	
		单位	数量
一、土建			
基础	灌注桩	m³	14.64
外墙	二砖墙、清水墙勾缝、内墙抹灰刷白	m³	24.32
内墙	混凝土墙、一砖墙、抹灰刷白	m³	22.70
柱	混凝土柱	m³	0.70
地面	碎砖垫层、水泥砂浆面层	m²	13
楼面	120mm预制空心板、水泥砂浆面层	m²	65
门窗	木门窗	m²	62
屋面	预制空心板、水泥珍珠岩保温、三毡四油卷材防水	m²	21.7
脚手架	综合脚手架	m²	100

续表

构造特征	工程量	
	单位	数量
二、水暖		
采暖方式	集中采暖	
给水性质	生活给水明设	
排水性质	生活排水	
通风方式	自然通风	
三、电照		
配电方式	塑料管暗配电线	
灯具种类	日光灯	

······

表 3-6　内浇外砌住宅人工及主要材料消耗指标

单位：(100m² 建筑面积)

序号	名称及规格	单位	数量
一、土建			
1	人工	工日	506
2	钢筋	t	3.25
3	型钢	t	0.13
4	水泥	t	18.10
5	白灰	t	2.10
6	沥青	t	0.29
7	红砖	千块	15.10
8	木材	m³	4.10
9	砂	m³	41
10	砾石	m³	30.5
11	玻璃	m²	29.2
12	卷材	m²	80.8
二、水暖			
1	人工	工日	39
2	钢管	t	0.18
3	暖气片	m²	20
4	卫生器具	套	2.35
5	水表	个	1.84

续表

序号	名称及规格	单位	数量
三、电照			
1	人工	工日	20
2	电线	m	283
3	钢管	t	0.04
4	灯具	套	8.43
5	电表	个	1.84
6	配电箱	套	6.1
四、机械使用费		%	7.5
五、其他材料费		%	19.57

2）概算指标的表现形式。概算指标的表现形式分综合指标和单项指标两种形式。

① 综合概算指标：是按照工业或民用建筑及其结构类型而制订的概算指标。综合概算指标的概括性较大，其准确性、针对性不如单项指标。

② 单项概算指标：是指为某种建筑物或构筑物而编制的概算指标。单项概算指标的针对性较强，故指标中对工程结构形式要作介绍。只要工程项目的结构形式及工程内容与单项指标中的工程概况相吻合，编制出的设计概算就比较准确。

2. 概算指标的编制依据

1）标准设计图纸和各类工程典型设计。

2）国家颁发的建筑标准、设计规范、施工规范等。

3）各类工程造价资料。

4）现行的概算定额和预算定额及补充定额。

5）人工工资标准、材料预算价格、机械台班预算价格及其他价格资料。

3. 概算指标的编制步骤

1）首先成立编制小组，拟定工作方案，明确编制原则和方法，确定指标的内容及表现形式，确定基价所依据的人工工资单价、材料预算价格、机械台班单价。

2）收集整理编制指标所必需的标准设计、典型设计以及有代表性的工程设计图纸，设计预算等资料，充分利用有使用价值的已经积累的工程造价资料。

3）编制阶段。主要是选定图纸，并根据图纸资料计算工程量和编制单位工程预算书，以及按编制方案确定的指标项目对照人工及主要材料消耗指标，填写概算指标的表格。

每平方米建筑面积造价指标编制方法如下。

① 编写资料审查意见及填写设计资料名称、设计单位、设计日期、建筑面积及构造情况，提出审查和修改意见。

② 在计算工程量的基础上，编制单位工程预算书，据以确定一定构造情况下每 $100m^2$ 建筑面积的人工、材料、机械消耗指标和单位造价等经济指标。

a. 计算工程量，就是根据审定的图纸和预算定额计算出建筑面积及各分部分项工程量，然后按编制方案规定的项目进行归并，并计算出每 $100m^2$ 建筑面积所对应的工程量指标。

b. 根据计算出的工程量和预算定额等资料，编出预算书，求出每 $100m^2$ 建筑面积的预算造价及人工、材料、施工机械费用和材料消耗量指标。

构筑物是以"座"为单位编制概算指标，因此，在计算完工程量，编出预算书后，不必进行换算，预算书确定的价值就是每座构筑物概算指标的经济指标。

4）最后经过核对审核、平衡分析、水平测算、审查定稿。

三、概算定额与概算指标的区别

1. 确定各种消耗量指标的对象不同

概算定额是以单位扩大分项工程或单位扩大结构构件为对象，而概算指标则是以整个建筑物（例如 $100m^2$ 或 $1000m^3$ 建筑物）和构筑物为对象。所以，概算指标比概算定额更加综合与扩大。

2. 确定各种消耗量指标的依据不同

概算定额以现行预算定额为基础，通过计算之后才综合确定出各种消耗量指标，而概算指标中各种消耗量指标的确定，则主要来自各种预算或结算资料。

概算指标和概算定额、预算定额一样，都是与各个设计阶段相适应的多次性计价的产物，它主要用于投资估价、初步设计阶段，其作用主要有以下几点。

　　1）概算指标可以作为编制投资估算的参考。

　　2）概算指标中的主要材料指标可以作为匡算主要材料用量的依据。

　　3）概算指标是设计单位进行设计方案比较、建设单位选址的一种依据。

　　4）概算指标是编制固定资产投资计划，确定投资额和主要材料计划的主要依据。

第四章　建筑工程清单计价

第一节　工程量清单计价基础

一、工程量清单

1. 工程量清单的概念

工程量清单是载明建设工程分部分项工程项目、措施项目、其他项目的名称和相应数量以及规费、税金项目等内容的明细清单。

2. 工程量清单的构成要素

1）分部分项工程量清单　分部分项工程量清单是工程量清单的主体，是指按照《建设工程工程量清单计价规范》GB 50500—2013 的要求，根据拟建工程施工图计算出来的工程实物数量。

2）措施项目清单　措施项目清单是指按照《建设工程工程量清单计价规范》GB 50500—2013 的要求和施工方案及承包商的实际情况编制的，为完成工程施工而发生的各项措施费用。

3）其他项目清单　其他项目清单是上述两部分清单项目的必要补充，是指按照《建设工程工程量清单计价规范》GB 50500—2013 的要求及招标文件和工程实际情况编制的具有预见性或者需要单独处理的费用项目。

4）规费项目清单　规费项目清单是指根据省级政府或省级有关权力部门规定必须缴纳的，应计入建筑安装工程造价的费用。

5）税金项目清单　税金项目清单是根据目前国家税法规定应计入建筑安装工程造价内的税种。

3. 编制工程量清单的步骤

1）根据施工图、招标文件和《建设工程工程量清单计价规范》GB 50500—2013，列出分部分项工程项目名称并计算分部分项清单工程量。

2）将计算出的分部分项清单工程量汇总到分部分项工程量清单表中。

3）根据招标文件、国家行政主管部门的文件和《建设工程工程量清单计价规范》GB 50500—2013列出措施项目清单。

4）根据招标文件、国家行政主管部门的文件和《建设工程工程量清单计价规范》GB 50500—2013及拟建工程实际情况，列出其他项目清单、规费项目清单、税金项目清单。

5）将上述五种清单内容汇总成单位工程工程量清单。

二、工程量清单计价

1. 工程量清单计价的概念

工程量清单计价由投标单位自主确定拟建工程投标价。工程量清单计价是指根据工程量清单、消耗量定额、施工方案、市场价格、施工图、《建设工程工程量清单计价规范》GB 50500—2013编制的，满足招标文件各项要求的工程造价文件。

2. 工程量清单计价的构成要素

（1）分部分项工程量清单费 分部分项工程量清单费是指根据发布的分部分项工程量清单乘以承包商自己确定的综合单价计算出来的费用。

（2）措施项目清单费 措施项目清单费是指根据发布的措施项目清单，由承包商根据招标文件的有关规定自主确定的各项措施费用。

（3）其他项目清单费 其他项目清单费是指根据招标方发布的其他项目清单中招标人的预留金及招标文件要求的有关内容由承包商自主确定的有关费用。

（4）规费 规费是指承包商根据国家行政主管部门规定的项目和费率计算的各项费用。例如，工程排污费、失业保险费等。

（5）税金 税金是指按国家税法等有关规定，计入工程造价的营业税、城市维护建设税、教育费附加。

3. 编制工程量清单计价的主要步骤

1）根据分部分项工程量清单、《建设工程工程量清单计价规范》GB 50500—2013、施工图、消耗量定额等计算计价工程量。

2）根据计价工程量、消耗量定额、工料机市场价、管理费率、利润率和分部分项工程量清单计算综合单价。

3）根据综合单价及分部分项工程量清单计算分部分项工程量清单费。

4）根据措施项目清单、施工图等确定措施项目清单费。

5）根据其他项目清单，确定其他项目清单费。

6）根据规费项目清单和有关费率计算规费项目清单费。

7）根据分部分项工程清单费、措施项目清单费、其他项目清单费、规费项目清单费和税率计算税金。

8）将上述五项费用汇总，即为拟建工程工程量清单计价。

第二节　工程量清单编制

一、一般规定

1）招标工程量清单应由具有编制能力的招标人或受其委托、具有相应资质的工程造价咨询人或招标代理人编制。

2）招标工程量清单必须作为招标文件的组成部分，其准确性和完整性由招标人负责。

3）招标工程量清单是工程量清单计价的基础，应作为编制招标控制价、投标报价、计算工程量、工程索赔等的依据之一。

4）招标工程量清单应以单位（项）工程为单位编制，应由分部分项工程量清单、措施项目清单、其他项目清单、规费和税金项目清单组成。

5）编制工程量清单应依据：

①《房屋建筑与装饰工程工程量计算规范》GB 50854—2013 和现行国家标准《建设工程工程量清单计价规范》GB 50500—2013。

②国家或省级、行业建设主管部门颁发的计价依据和办法。

③建设工程设计文件。

④与建设工程项目有关的标准、规范、技术资料。

⑤拟定的招标文件。

⑥施工现场情况、工程特点及常规施工方案。

⑦其他相关资料。

6）其他项目、规费和税金项目清单应按照现行国家标准《建设工程工程量清单计价规范》GB 50500—2013 的相关规定编制。

7）编制工程量清单出现《房屋建筑与装饰工程工程量计算规范》GB 50854—2013 附录中未包括的项目，编制人应做补充，并报省级或行业工程造价管理机构备案，省级或行业工程造价管理机构应汇总报住房和城乡建设部标准定额研究所。

补充项目的编码由《房屋建筑与装饰工程工程量计算规范》GB 50854—2013 的代码 01 与 B 和三位阿拉伯数字组成，并应从 01B001 起顺序编制，同一招标工程的项目不得重码。

补充的工程量清单需附有补充项目的名称、项目特征、计量单位、工程量计算规则、工作内容。不能计量的措施项目，需附有补充项目的名称、工作内容及包含范围。

二、分部分项工程

1）工程量清单应根据《房屋建筑与装饰工程工程量计算规范》GB 50854—2013 附录规定的项目编码、项目名称、项目特征、计量单位和工程量计算规则进行编制。

2）工程量清单的项目编码，应采用前十二位阿拉伯数字表示，一至九位应按《房屋建筑与装饰工程工程量计算规范》GB 50854—2013 附录的规定设置，十至十二位应根据拟建工程的工程量清单项目名称设置，同一招标工程的项目编码不得有重码。

各位数字的含义是：一、二位为专业工程代码（01—房屋建筑与装饰工程；02—仿古建筑工程；03—通用安装工程；04—市政工程；05—园林绿化工程；06—矿山工程；07—构筑物工程；08—城市轨道交通工程；09—爆破工程。以后进入国标的专业工程代码以此类推）；三、四位为工程分类顺序码；五、六位为分部工程顺序码；七、八、九位为分项工程项目名称顺序码；十至十二位为清单项目名称顺序码。

当同一标段（或合同段）的一份工程量清单中含有多个单位工程且工程量清单是以单位工程为编制对象时，在编制工程量清单时应特别注意对项目编码十至十二位的设置不得有重码的规定。

3）工程量清单的项目名称应按《房屋建筑与装饰工程工程量计算规范》GB 50854—2013 附录的项目名称结合拟建工程的实际确定。

4）分部分项工程量清单项目特征应按《房屋建筑与装饰工程工程量计算规范》GB 50854—2013 附录中规定的项目特征，结合拟建工程项目的实际予以描述。

工程量清单的项目特征是确定一个清单项目综合单价不可缺少的重要依据，在编制工程量清单时，必须对项目特征进行准确和全面的描述。但有些项目特征用文字往往又难以准确和全面地描述清楚，因此，为达到规范、简洁、准确、全面描述项目特征的要求，在描述工程量清单项目特征时应按以下原则进行。

① 项目特征描述的内容应按附录中的规定，结合拟建工程的实际，能满足确定综合单价的需要。

② 若采用标准图集或施工图纸能够全部或部分满足项目特征描述的要求，项目特征描述可直接采用详见××图集或××图号的方式。对不能满足项

特征描述要求的部分，仍应用文字描述。

5）工程量清单中所列工程量应按《房屋建筑与装饰工程工程量计算规范》GB 50854—2013 附录中规定的工程量计算规则计算。

6）分部分项工程量清单的计量单位应按《市政工程工程量计算规范》GB 50857—2013 附录中规定的计量单位确定。

7）现浇混凝土工程项目"工作内容"中包括模板工程的内容，同时又在"措施项目"中单列了现浇混凝土模板工程项目。对此，由招标人根据工程实际情况选用，若招标人在措施项目清单中未编列现浇混凝土模板项目清单，即表示现浇混凝土模板项目不单列，现浇混凝土工程项目的综合单价中应包括模板工程费用。

8）对预制混凝土构件按现场制作编制项目，"工作内容"中包括模板工程，不再另列。若采用成品预制混凝土构件时，构件成品价（包括模板、钢筋、混凝土等所有费用）应计入综合单价中。

9）金属结构构件按成品编制项目，构件成品价应计入综合单价中，若采用现场制作，包括制作的所有费用。

10）门窗（橱窗除外）按成品编制项目，门窗成品价应计入综合单价中。若采用现场制作，包括制作的所有费用。

三、措施项目

1）措施项目清单必须根据相关工程现行国家计量规范的规定编制，应根据拟建工程的实际情况列项。

2）措施项目中列出了项目编码、项目名称、项目特征、计量单位、工程量计算规则的项目。编制工程量清单时，应按照"分部分项工程"的规定执行。

3）措施项目中仅列出项目编码、项目名称，未列出项目特征、计量单位和工程量计算规则的项目，编制工程量清单时，应按第五章第十二节"措施项目"规定的项目编码、项目名称确定。

四、其他项目

1）其他项目清单应按照下列内容列项：

① 暂列金额。招标人暂定并包括在合同价款中的一笔款项。不管采用何种合同形式，其理想的标准是，一份合同的价格就是其最终的竣工结算价格，或者至少两者应尽可能接近。我国规定对政府投资工程实行概算管理，经项目审批部门批复的设计概算是工程投资控制的刚性指标，即使商业性开发项目也有成本的预先控制问题；否则，无法相对准确地预测投资的收益和科学合理地进行投资控制。但工程建设自身的特性决定了工程的设计需要根据工

程进展不断地进行优化和调整，业主需求可能会随工程建设进展而出现变化，工程建设过程还会存在一些不能预见、不能确定的因素。消化这些因素必然会影响合同价格的调整，暂列金额正是因为这类不可避免的价格调整而设立，以便达到合理确定和有效控制工程造价的目的。

有一种错误的观念认为，暂列金额列入合同价格就属于承包人（中标人）所有了。事实上，即便是总价包干合同，也不是列入合同价格的任何金额都属于中标人的，是否属于中标人应得金额取决于具体的合同约定，暂列金额从定义开始就已明确，只有按照合同约定程序实际发生后，才能成为中标人的应得金额，纳入合同结算价款中。扣除实际发生金额后的暂列金额余额仍属于招标人所有。设立暂列金额并不能保证合同结算价格不会再出现超过已签约合同价的情况，是否超出已签约合同价完全取决于对暂列金额预测的准确性，以及工程建设过程是否出现了其他事先未预测到的事件。

② 暂估价。暂估价是指在招标阶段直至签定合同协议时，招标人在招标文件中提供的用于支付必然要发生但暂时不能确定价格的材料以及专业工程的金额。其包括材料暂估价、工程设备暂估单价、专业工程暂估价。

为方便合同管理和计价，需要纳入工程量清单项目综合单价中的暂估价最好只是材料费，以方便投标人组价。对专业工程暂估价一般应是综合暂估价，包括除规费、税金以外的管理费、利润等。

③ 计日工。计日工是为了解决现场发生零星工作的计价而设立的。国际上常见的标准合同条款中，大多数都设立了计日工（Daywork）计价机制。计日工对完成零星工作所消耗的人工工时、材料数量、施工机械台班进行计量，并按照计日工表中填报的适用项目的单价进行计价支付。计日工适用的所谓零星工作一般是指合同约定之外或者因变更而产生的、工程量清单中没有相应项目的额外工作，尤其是那些时间不允许事先商定价格的额外工作。

④ 总承包服务费。总承包服务费是为了解决招标人在法律、法规允许的条件下进行专业工程发包以及自行供应材料、工程设备，并需要总承包人对发包的专业工程提供协调和配合服务，对甲供材料、工程设备提供收、发和保管服务以及进行施工现场管理时发生并向总承包人支付的费用。招标人应预计该项费用，并按投标人的投标报价向投标人支付该项费用。

2）暂列金额应根据工程特点按有关计价规定估算。为保证工程施工建设的顺利实施，应针对施工过程中可能出现的各种不确定因素对工程造价的影响，在招标控制价中估算一笔暂列金额。暂列金额可根据工程的复杂程度、设计深度、工程环境条件（包括地质、水文、气候条件等）进行估算，一般可以分部分项工程费和措施项目费的10％～15％为参考。

3）暂估价的材料、工程设备暂估价应根据工程造价信息或参照市场价格估算，列出明细表；专业工程暂估价应分不同专业，按有关计价规定估算，列出明细表。

4）计日工应列出项目名称、计量单位和暂估数量。

5）综合承包服务费应列出服务项目及其内容等。

6）出现第1）条未列的项目，应根据工程实际情况补充。

五、规费项目

1）规费项目清单应按照下列内容列项：

① 社会保障费：包括养老保险费、失业保险费、医疗保险费、工伤保险费、生育保险费。

② 住房公积金。

③ 工程排污费。

2）出现第1）条未列的项目，应根据省级政府或省级有关部门的规定列项。

六、税金项目

1）税金项目清单应包括下列内容：

① 营业税。

② 城市维护建设税。

③ 教育费附加。

④ 地方教育附加。

2）出现第1）条未列的项目，应根据税务部门的规定列项。

第三节　工程量清单计价编制

一、一般规定

1. 计价方式

1）使用国有资金投资的建设工程发承包，必须采用工程量清单计价。

2）非国有资金投资的建设工程，宜采用工程量清单计价。

3）不采用工程量清单计价的建设工程，应执行《建设工程工程量清单计价规范》GB 50500—2013除工程量清单等专门性规定外的其他规定。

4）工程量清单应采用综合单价计价。

5）措施项目中的安全文明施工费必须按国家、省级或行业建设主管部门的规定计算，不得作为竞争性费用。

6）规费和税金必须按国家、省级或行业建设主管部门的规定计算，不得作为竞争性费用。

2. 发包人提供材料和工程设备

1）发包人提供的材料和工程设备（以下简称甲供材料）应在招标文件中按照《建设工程工程量清单计价规范》GB 50500—2013 附录 L.1 的规定填写《发包人提供材料和工程设备一览表》，写明甲供材料的名称、规格、数量、单价、交货方式、交货地点等。

承包人投标时，甲供材料单价应计入相应项目的综合单价中。签约后，发包人应按合同约定扣除甲供材料款，不予支付。

2）承包人应根据合同工程进度计划的安排，向发包人提交甲供材料交货的日期计划。发包人应按计划提供。

3）发包人提供的甲供材料如规格、数量或质量不符合合同要求，或由于发包人原因发生交货日期延误、交货地点及交货方式变更等情况的，发包人应承担由此增加的费用和（或）工期延误，并应向承包人支付合理利润。

4）发承包双方对甲供材料的数量发生争议不能达成一致的，应按照相关工程的计价定额同类项目规定的材料消耗量计算。

5）若发包人要求承包人采购已在招标文件中确定为甲供材料的，材料价格应由发承包双方根据市场调查确定，并应另行签订补充协议。

3. 承包人提供材料和工程设备

1）除合同约定的发包人提供的甲供材料外，合同工程所需的材料和工程设备应由承包人提供，承包人提供的材料和工程设备均应由承包人负责采购、运输和保管。

2）承包人应按合同约定将采购材料和工程设备的供货人及品种、规格、数量和供货时间等提交发包人确认，并负责提供材料和工程设备的质量证明文件，满足合同约定的质量标准。

3）对承包人提供的材料和工程设备经检测不符合合同约定的质量标准，发包人应立即要求承包人更换，由此增加的费用和（或）工期延误责任应由承包人承担。对发包人要求检测承包人已具有合格证明的材料、工程设备，但经检测证明该项材料、工程设备符合合同约定的质量标准，发包人应承担由此增加的费用和（或）工期延误责任，并向承包人支付合理利润。

4. 计价风险

1）建设工程发承包。必须在招标文件、合同中明确计价中的风险内容及其范围。不得采用无限风险、所有风险或类似语句规定计价中的风险内容及范围。

2）由于下列因素出现，影响合同价款调整的，应由发包人承担。

① 国家法律、法规、规章和政策发生变化。

② 省级或行业建设主管部门发布的人工费调整，但承包人对人工费或人工单价的报价高于发布的除外。

③ 由政府定价或政府指导价管理的原材料等价格进行了调整。

3）由于市场物价波动影响合同价款的，应由发承包双方合理分摊，按《建设工程工程量清单计价规范》GB 50500—2013 中附录 L.2 或 L.3 填写《承包人提供主要材料和工程设备一览表》作为合同附件；当合同中没有约定，发承包双方发生争议时，应按"六、合同价款调整"中"8. 物价变化"的规定调整合同价款。

4）由于承包人使用机械设备、施工技术以及组织管理水平等自身原因造成施工费用增加的，应由承包人全部承担。

5）当不可抗力发生，影响合同价款时，应按"六、合同价款调整"中"10. 不可抗力"的规定执行。

二、招标控制价

1. 一般规定

1）国有资金投资的建设工程招标，招标人必须编制招标控制价。

我国对国有资金投资项目的投资控制实行的是投资概算审批制度，国有资金投资的工程原则上不能超过批准的投资概算。

国有资金投资的工程实行工程量清单招标，为了客观、合理地评审投标报价和避免哄抬标价，避免造成国有资产流失，招标人必须编制招标控制价，规定最高投标限价。

2）招标控制价应由具有编制能力的招标人或受其委托具有相应资质的工程造价咨询人编制和复核。

3）工程造价咨询人接受招标人委托编制招标控制价，不得再就同一工程接受投标人委托编制投标报价。

4）招标控制价应按照以下"2. 编制与复核"中1）规定编制，不应上调或下浮。

5）当招标控制价超过批准的概算时，招标人应将其报原概算审批部门审核。

6）招标人应在发布招标文件时公布招标控制价，同时应将招标控制价及有关资料报送工程所在地或有该工程管辖权的行业管理部门工程造价管理机构备查。

招标控制价的作用决定了招标控制价不同于标底，无须保密。为体现招标的公平、公正性，防止招标人有意抬高或压低工程造价，招标人应在招标文件中如实公布招标控制价，同时，招标人应将招标控制价报工程所在地或有该工程管辖权的行业管理部门的工程造价管理机构备查。

2. 编制与复核

1）招标控制价应根据下列依据编制与复核：

①《建设工程工程量清单计价规范》GB 50500—2013。

② 国家、省级或行业建设主管部门颁发的计价定额和计价办法。

③ 建设工程设计文件及相关资料。

④ 拟定的招标文件及招标工程量清单。

⑤ 与建设项目相关的标准、规范、技术资料。

⑥ 施工现场情况、工程特点及常规施工方案。

⑦ 工程造价管理机构发布的工程造价信息，当工程造价信息没有发布时，参照市场价。

⑧ 其他的相关资料。

2）综合单价中应包括招标文件中划分的应由投标人承担的风险范围及其费用。招标文件中没有明确的，如是工程造价咨询人编制，应提请招标人明确；如是招标人编制，应予明确。

3）分部分项工程和措施项目中的单价项目，应根据拟定的招标文件和招标工程量清单项目中的特征描述及有关要求确定综合单价计算。

4）措施项目中的总价项目应根据拟定的招标文件和常规施工方案按本节"1. 一般规定"中4）、5）的规定计价。

5）其他项目应按下列规定计价。

① 暂列金额应按招标工程量清单中列出的金额填写。

② 暂估价中的材料、工程设备单价应按招标工程量清单中列出的单价计入综合单价。

③ 暂估价中的专业工程金额应按招标工程量清单中列出的金额填写。

④ 计日工应按招标工程量清单中列出的项目根据工程特点和有关计价依据确定综合单价计算。

⑤ 总承包服务费应根据招标工程量清单列出的内容和要求估算。

6）规费和税金应按本节"1. 一般规定"中6）的规定计算。

3. 投诉与处理

1）投标人经复核认为招标人公布的招标控制价未按照《建设工程工程量

清单计价规范》GB 50500—2013 的规定进行编制的，应在招标控制价公布后 5d 内向招投标监督机构和工程造价管理机构投诉。

2）投诉人投诉时，应当提交由单位盖章和法定代表人或其委托人签名或盖章的书面投诉书，投诉书应包括下列内容。

① 投诉人与被投诉人的名称、地址及有效联系方式。

② 投诉的招标工程名称、具体事项及理由。

③ 投诉依据及相关证明材料。

④ 相关的请求及主张。

3）投诉人不得进行虚假、恶意投诉，阻碍投标活动的正常进行。

4）工程造价管理机构在接到投诉书后应在 2 个工作日内进行审查，对有下列情况之一的，不予受理。

① 投诉人不是所投诉招标工程招标文件的收受人。

② 投诉书提交的时间不符合上述 1）规定的；投诉书不符合上述 2）规定的。

③ 投诉事项已进入行政复议或行政诉讼程序的。

5）工程造价管理机构应在不迟于结束审查的次日将是否受理投诉的决定书面通知投诉人、被投诉人以及负责该工程招投标监督的招投标管理机构。

6）工程造价管理机构受理投诉后，应立即对招标控制价进行复查，组织投诉人、被投诉人或其委托的招标控制价编制人等单位人员对投诉问题逐一核对。有关当事人应当予以配合，并应保证所提供资料的真实性。

7）工程造价管理机构应当在受理投诉的 10d 内完成复查，特殊情况下可适当延长，并作出书面结论通知投诉人、被投诉人及负责该工程招投标监督的招投标管理机构。

8）当招标控制价复查结论与原公布的招标控制价误差大于±3％时，应当责成招标人改正。

9）招标人根据招标控制价复查结论需要重新公布招标控制价的，其最终公布的时间至招标文件要求提交投标文件截止时间不足 15d 的，应相应延长投标文件的截止时间。

三、投标报价

1. 一般规定

1）投标价应由投标人或受其委托具有相应资质的工程造价咨询人编制。

2）投标人应依据《建设工程工程量清单计价规范》GB 50500—2013 的规定自主确定投标报价。

3）投标报价不得低于工程成本。

4）投标人必须按招标工程量清单填报价格。项目编码、项目名称、项目特征、计量单位、工程量必须与招标工程量清单一致。

5）投标人的投标报价高于招标控制价的应予以废标。

2. 编制与复核

1）投标报价应根据下列依据编制和复核。

①《建设工程工程量清单计价规范》GB 50500—2013。

② 国家、省级或行业建设主管部门颁发的计价办法。

③ 企业定额，国家、省级或行业建设主管部门颁发的计价定额和计价办法。

④ 招标文件、招标工程量清单及其补充通知、答疑纪要。

⑤ 建设工程设计文件及相关资料。

⑥ 施工现场情况、工程特点及投标时拟定的施工组织设计或施工方案。

⑦ 与建设项目相关的标准、规范等技术资料。

⑧ 市场价格信息或工程造价管理机构发布的工程造价信息。

⑨ 其他的相关资料。

2）综合单价中应包括招标文件中划分的应由投标人承担的风险范围及其费用，招标文件中没有明确的，应提请招标人明确。

3）分部分项工程和措施项目中的单价项目，应根据招标文件和招标工程量清单项目中的特征描述确定综合单价计算。

4）措施项目中的总价项目金额应根据招标文件和投标时拟定的施工组织设计或施工方案按本节"1. 一般规定"中4）的规定自主确定。其中安全文明施工费应按照本节"1. 一般规定"中5）的规定确定。

5）其他项目费应按下列规定报价。

① 暂列金额应按招标工程量清单中列出的金额填写。

② 材料、工程设备暂估价应按招标工程量清单中列出的单价计入综合单价。

③ 专业工程暂估价应按招标工程量清单中列出的金额填写。

④ 计日工应按招标工程量清单中列出的项目和数量，自主确定综合单价并计算计日工金额。

⑤ 总承包服务费应根据招标工程量清单中列出的内容和提出的要求自主确定。

6）规费和税金应按本节"1. 一般规定"中6）的规定确定。

7）招标工程量清单与计价表中列明的所有需要填写单价和合价的项目，

投标人均应填写且只允许有一个报价。未填写单价和合价的项目，可视为此项费用已包含在已标价工程量清单中其他项目的单价和合价之中。当竣工结算时，此项目不得重新组价予以调整。

8）投标总价应当与分部分项工程费、措施项目费、其他项目费和规费、税金的合计金额一致。

四、合同价款约定

1. 一般规定

1）实行招标的工程合同价款应在中标通知书发出之日起 30d 内，由发承包双方依据招标文件和中标人的投标文件在书面合同中约定。

合同约定不得违背招标、投标文件中关于工期、造价、质量等方面的实质性内容。招标文件与中标人投标文件不一致的地方，应以投标文件为准。

2）不实行招标的工程合同价款，应在发承包双方认可的工程价款基础上，由发承包双方在合同中约定。

3）实行工程量清单计价的工程，应采用单价合同；建设规模较小，技术难度较低，工期较短，且施工图设计已审查批准的建设工程可采用总价合同；紧急抢险、救灾以及施工技术特别复杂的建设工程可采用成本加酬金合同。

2. 约定内容

1）发承包双方应在合同条款中对下列事项进行约定：
① 预付工程款的数额、支付时间及抵扣方式。
② 安全文明施工措施的支付计划、使用要求等。
③ 工程计量与支付工程进度款的方式、数额及时间。
④ 工程价款的调整因素、方法、程序、支付及时间。
⑤ 施工索赔与现场签证的程序、金额确认与支付时间。
⑥ 承担计价风险的内容、范围以及超出约定内容、范围的调整办法。
⑦ 工程竣工价款结算编制与核对、支付及时间。
⑧ 工程质量保证金的数额、预留方式及时间。
⑨ 违约责任以及发生合同价款争议的解决方法及时间。
⑩ 与履行合同、支付价款有关的其他事项等。

2）合同中没有按照上述 1）的要求约定或约定不明的，若发承包双方在合同履行中发生争议由双方协商确定；当协商不能达成一致时，应按《建设工程工程量清单计价规范》GB 50500—2013 的规定执行。

五、工程计量

1）工程量计算除依据《房屋建筑与装饰工程工程量计算规范》GB 50854—2013 各项规定外，尚应依据以下文件：

① 经审定通过的施工设计图纸及其说明。

② 经审定通过的施工组织设计或施工方案。

③ 经审定通过的其他有关技术经济文件。

2）工程实施过程中的计量应按照以下几点执行：

① 一般规定。

a. 工程量必须按照相关工程现行国家计量规范规定的工程量计算规则计算。

b. 工程计量可选择按月或按工程形象进度分段计量，具体计量周期应在合同中约定。

c. 因承包人原因造成的超出合同工程范围施工或返工的工程量，发包人不予计量。

d. 成本加酬金合同应按下述"②单价合同的计量"的规定计量。

② 单价合同的计量。

a. 工程量必须以承包人完成合同工程应予计量的工程量确定。

b. 施工中进行工程计量，当发现招标工程量清单中出现缺项、工程量偏差，或因工程变更引起工程量增减时，应按承包人在履行合同义务中完成的工程量计算。

c. 承包人应当按照合同约定的计量周期和时间向发包人提交当期已完工程量报告。发包人应在收到报告后 7d 内核实，并将核实计量结果通知承包人。发包人未在约定时间内进行核实的，承包人提交的计量报告中所列的工程量应视为承包人实际完成的工程量。

d. 发包人认为需要进行现场计量核实时，应在计量前 24h 通知承包人，承包人应为计量提供便利条件并派人参加。当双方均同意核实结果时，双方应在上述记录上签字确认。承包人收到通知后不派人参加计量，视为认可发包人的计量核实结果。发包人不按照约定时间通知承包人，致使承包人未能派人参加计量，计量核实结果无效。

e. 当承包人认为发包人核实后的计量结果有误时，应在收到计量结果通知后的 7d 内向发包人提出书面意见，并应附上其认为正确的计量结果和详细的计算资料。发包人收到书面意见后，应在 7d 内对承包人的计量结果进行复核后通知承包人。承包人对复核计量结果仍有异议的，按照合同约定的争议解决办法处理。

f. 承包人完成已标价工程量清单中每个项目的工程量并经发包人核实无误后，发承包双方应对每个项目的历次计量报表进行汇总，以核实最终结算工程量，并应在汇总表上签字确认。

③ 总价合同的计量。

a. 采用工程量清单方式招标形成的总价合同，其工程量应按照上述"②单价合同的计量"的规定计算。

b. 采用经审定批准的施工图纸及其预算方式发包形成的总价合同，除按照工程变更规定的工程量增减外，总价合同各项目的工程量应为承包人用于结算的最终工程量。

c. 总价合同约定的项目计量应以合同工程经审定批准的施工图纸为依据，发承包双方应在合同中约定工程计量的形象目标或时间节点进行计量。

d. 承包人应在合同约定的每个计量周期内对已完成的工程进行计量，并向发包人提交达到工程形象目标完成的工程量和有关计量资料的报告。

e. 发包人应在收到报告后 7d 内对承包人提交的上述资料进行复核，以确定实际完成的工程量和工程形象目标。对其有异议的，应通知承包人进行共同复核。

3）有两个或两个以上计量单位的，应结合拟建工程项目的实际情况，确定其中一个为计量单位。同一工程项目的计量单位应一致。

4）工程计量时每一项目汇总的有效位数应遵守下列规定：

① 以"t"为单位，应保留小数点后三位数字，第四位小数四舍五入。

② 以"m""m^2""m^3""kg"为单位，应保留小数点后两位数字，第三位小数四舍五入。

③ 以"个""件""根""组""系统"为单位，应取整数。

5）工程量清单项目仅列出了主要工作内容，除另有规定和说明外，应视为已经包括完成该项目所列或未列的全部工作内容。

6）房屋建筑工程涉及电气、给水排水、消防等安装工程的项目，按照现行国家标准《通用安装工程工程量计算规范》GB 50856—2013 的相应项目执行；涉及仿古建筑工程的项目，按现行国家标准《仿古建筑工程工程量计算规范》GB 50855—2013 的相应项目执行；涉及室外地（路）面、室外给水排水等工程的项目，按现行国家标准《市政工程工程量计算规范》GB 50857—2013 的相应项目执行；采用爆破法施工的石方工程按照现行国家标准《爆破工程工程量计算规范》GB 50862—2013 的相应项目执行。

六、合同价款调整

1. 一般规定

1）下列事项（但不限于）发生，发承包双方应当按照合同约定调整合同价款：法律法规变化、工程变更、项目特征不符、工程量清单缺项、工程量偏差、计日工、物价变化、暂估价、不可抗力、提前竣工（赶工补偿）、误期赔偿、索赔、现场签证、暂列金额以及发承包双方约定的其他调整事项。

2）出现合同价款调增事项（不含工程量偏差、计日工、现场签证、索赔）后的14d内，承包人应向发包人提交合同价款调增报告并附上相关资料；承包人在14d内未提交合同价款调增报告的，应视为承包人对该事项不存在调整价款请求。

3）出现合同价款调减事项（不含工程量偏差、索赔）后的14d内，发包人应向承包人提交合同价款调减报告并附相关资料；发包人在14d内未提交合同价款调减报告的，应视为发包人对该事项不存在调整价款请求。

4）发（承）包人应在收到承（发）包人合同价款调增（减）报告及相关资料之日起14d内对其核实，予以确认的应书面通知承（发）包人。当有疑问时，应向承（发）包人提出协商意见。发（承）包人在收到合同价款调增（减）报告之日起14d内未确认也未提出协商意见的，应视为承（发）包人提交的合同价款调增（减）报告已被发（承）包人认可。发（承）包人提出协商意见的，承（发）包人应在收到协商意见后的14d内对其核实，予以确认的应书面通知发（承）包人。承（发）包人在收到发（承）包人的协商意见后14d内既不确认也未提出不同意见的，应视为发（承）包人提出的意见已被承（发）包人认可。

5）发包人与承包人对合同价款调整的不同意见不能达成一致的，只要对发承包双方履约不产生实质影响，双方应继续履行合同义务，直到其按照合同约定的争议解决方式得到处理。

6）经发承包双方确认调整的合同价款，作为追加（减）合同价款，应与工程进度款或结算款同期支付。

2. 法律法规变化

1）招标工程以投标截止日前28d、非招标工程以合同签订前28d为基准日，其后因国家的法律、法规、规章和政策发生变化引起工程造价增减变化的，发承包双方应按照省级或行业建设主管部门或其授权的工程造价管理机构据此发布的规定调整合同价款。

2）因承包人原因导致工期延误的，按 1）规定的调整时间，在合同工程原定竣工时间之后，合同价款调增的不予调整，合同价款调减的予以调整。

3. 工程变更

1）因工程变更引起已标价工程量清单项目或其工程数量发生变化时，应按照下列规定调整：

① 已标价工程量清单中有适用于变更工程项目的，应采用该项目的单价；但当工程变更导致该清单项目的工程数量发生变化，且工程量偏差超过 15％时，该项目单价应按照本节"六、合同价款调整"中"6. 工程量偏差"的规定调整。

② 已标价工程量清单中没有适用但有类似于变更工程项目的，可在合理范围内参照类似项目的单价。

③ 已标价工程量清单中没有适用也没有类似于变更工程项目的，应由承包人根据变更工程资料、计量规则和计价办法、工程造价管理机构发布的信息价格和承包人报价浮动率提出变更工程项目的单价，并应报发包人确认后调整。承包人报价浮动率可按下列公式计算。

招标工程：承包人报价浮动率 $L=$（1－中标价/招标控制价）$\times 100\%$

$$(4-1)$$

非招标工程：承包人报价浮动率 $L=$（1－报价/施工图预算）$\times 100\%$

$$(4-2)$$

④ 已标价工程量清单中没有适用也没有类似于变更工程项目，且工程造价管理机构发布的信息价格缺价的，应由承包人根据变更工程资料、计量规则、计价办法和通过市场调查等取得有合法依据的市场价格提出变更工程项目的单价，并应报发包人确认后调整。

2）工程变更引起施工方案改变并使措施项目发生变化时，承包人提出调整措施项目费的，应事先将拟实施的方案提交发包人确认，并应详细说明与原方案措施项目相比的变化情况。拟实施的方案经发承包双方确认后执行，并应按照下列规定调整措施项目费：

① 安全文明施工费应按照实际发生变化的措施项目依据本节"1. 一般规定"中 5）的规定计算。

② 采用单价计算的措施项目费，应按照实际发生变化的措施项目，按 1）的规定确定单价。

③ 按总价（或系数）计算的措施项目费，按照实际发生变化的措施项目调整，但应考虑承包人报价浮动因素，即调整金额按照实际调整金额乘以 1）规定的承包人报价浮动率计算。

如果承包人未事先将拟实施的方案提交给发包人确认，则应视为工程变更不引起措施项目费的调整或承包人放弃调整措施项目费的权利。

3）当发包人提出的工程变更因非承包人原因删减了合同中的某项原定工作或工程，致使承包人发生的费用或（和）得到的收益不能被包括在其他已支付或应支付的项目中，也未被包含在任何替代的工作或工程中时，承包人有权提出并应得到合理的费用及利润补偿。

4. 项目特征描述不符

1）发包人在招标工程量清单中对项目特征的描述，应被认为是准确的和全面的，并且与实际施工要求相符合。承包人应按照发包人提供的招标工程量清单，根据项目特征描述的内容及有关要求实施合同工程，直到项目被改变为止。

2）承包人应按照发包人提供的设计图纸实施合同工程，若在合同履行期间出现设计图纸（含设计变更）与招标工程量清单任一项目的特征描述不符，且该变化引起该项目工程造价增减变化的，应按照实际施工的项目特征，按"六、合同价款调整"中"3. 工程变更"中相关条款的规定重新确定相应工程量清单项目的综合单价，并调整合同价款。

5. 工程量清单缺项

1）合同履行期间，由于招标工程量清单中缺项，新增分部分项工程清单项目的，应按照本节"六、合同价款调整"中"3. 工程变更"中1）的规定确定单价，并调整合同价款。

2）新增分部分项工程清单项目后，引起措施项目发生变化的，应按照本节"六、合同价款调整"中"3. 工程变更"中2）的规定，在承包人提交的实施方案被发包人批准后调整合同价款。

3）由于招标工程量清单中措施项目缺项，承包人应将新增措施项目实施方案提交发包人批准后，按照本节"六、合同价款调整"中"3. 工程变更"中1）、2）的规定调整合同价款。

6. 工程量偏差

1）合同履行期间，当应予计算的实际工程量与招标工程量清单出现偏差，且符合2）、3）规定时，发承包双方应调整合同价款。

2）对于任一招标工程量清单项目，当因工程量偏差规定的"程量偏差"和"工程变更"规定的工程变更等原因导致工程量偏差超过15％时，可进行调整。当工程量增加15％以上时，增加部分的工程量的综合单价应予以调低；

当工程量减少 15％以上时，减少后剩余部分的工程量的综合单价应予以调高。

上述调整参考如下公式：

① 当 $Q_1 > 1.15 Q_0$ 时

$$S = 1.15 Q_0 P_0 + (Q_1 \sim 1.15 Q_0) P_1 \qquad (4\text{-}3)$$

② 当 $Q_1 < 0.85 Q_0$ 时

$$S = Q_1 P_1 \qquad (4\text{-}4)$$

式中　S——调整后的某一分部分项工程费结算价；

　　　Q_1——最终完成的工程量；

　　　Q_0——招标工程量清单中列出的工程量；

　　　P_1——按照最终完成工程量重新调整后的综合单价；

　　　P_0——承包人在工程量清单中填报的综合单价。

采用上述两式的关键是确定新的综合单价，即 P_1。确定的方法，一是发承包双方协商确定，二是与招标控制价相联系。当工程量偏差项目出现承包人在工程量清单中填报的综合单价与发包人招标控制价相应清单项目的综合单价偏差超过 15％时，工程量偏差项目综合单价的调整可参考以下公式：

③ 当 $P_0 < P_2 \times (1-L) \times (1-15\%)$ 时，该类项目的综合单价

　　　P_1 按照 $P_2 \times (1-L) \times (1-15\%)$ 调整 　　　(4-5)

④ 当 $P_0 > P_2 \times (1+15\%)$ 时，该类项目的综合单价

　　　P_1 按照 $P_2 \times (1+15\%)$ 调整 　　　(4-6)

式中　P_0——承包人在工程量清单中填报的综合单价；

　　　P_2——发包人招标控制价相应项目的综合单价；

　　　L——承包人报价浮动率。

3）当工程量出现 2）的变化，且该变化引起相关措施项目相应发生变化时，按系数或单一总价方式计价的，工程量增加的措施项目费调增，工程量减少的措施项目费调减。

7. 计日工

1）发包人通知承包人以计日工方式实施的零星工作，承包人应予以执行。

2）采用计日工计价的任何一项变更工作，在该项变更的实施过程中，承包人应按合同约定提交下列报表和有关凭证送发包人复核：

① 工作名称、内容和数量。

② 投入该工作所有人员的姓名、工种、级别和耗用工时。

③ 投入该工作的材料名称、类别和数量。

④ 投入该工作的施工设备型号、台数和耗用台时。

⑤ 发包人要求提交的其他资料和凭证。

3）任一计日工项目持续进行时，承包人应在该项工作实施结束后的 24h 内向发包人提交有计日工记录汇总的现场签证报告一式三份。发包人在收到承包人提交现场签证报告后的 2d 内予以确认并将其中一份返还给承包人，作为计日工计价和支付的依据。发包人逾期未确认也未提出修改意见的，应视为承包人提交的现场签证报告已被发包人认可。

4）任一计日工项目实施结束后，承包人应按照确认的计日工现场签证报告核实该类项目的工程数量，并应根据核实的工程数量和承包人已标价工程量清单中的计日工单价计算，提出应付价款；已标价工程量清单中没有该类计日工单价的，由发承包双方按本节"六、合同价款调整"中"3. 工程变更"的规定商定计日工单价计算。

5）每个支付期末，承包人应按照"进度款"的规定向发包人提交本期间所有计日工记录的签证汇总表，并应说明本期间自己认为有权得到的计日工金额，调整合同价款，列入进度款支付。

8. 物价变化

1）合同履行期间，因人工、材料、工程设备、机械台班价格波动影响合同价款时，应根据合同约定，按物价变化合同价款调整方法调整合同价款。物价变化合同价款调整方法主要有以下两种。

① 价格指数调整价格差额。

a. 价格调整公式。因人工、材料和工程设备、施工机械台班等价格波动影响合同价格时，根据招标人提供的《承包人提供主要材料和工程设备一览表（适用于价格指数差额调整法）》，并由投标人在投标函附录中的价格指数和权重表约定的数据，应按下式计算差额并调整合同价款

$$\Delta P = P_0 \left[A + \left(B_1 \frac{F_{t1}}{F_{01}} + B_2 \frac{F_{t2}}{F_{02}} + B_3 \frac{F_{t3}}{F_{03}} + \cdots + B_n \frac{F_{tn}}{F_{0n}} \right) - 1 \right] \quad (4\text{-}7)$$

式中 ΔP——需调整的价格差额；

P_0——约定的付款证书中承包人应得到的已完成工程量的金额，此项金额应不包括价格调整、不计质量保证金的扣留和支付、预付款的支付和扣回，约定的变更及其他金额已按现行价格计价的，也不计在内；

A——定值权重（即不调部分的权重）；

B_1、B_2、B_3、$\cdots$、B_n——各可调因子的变值权重（即可调部分的权重），为各可调因子在投标函投标总报价中所占的比例；

F_{t1}、F_{t2}、F_{t3}、$\cdots$、F_{tn}——各可调因子的现行价格指数，指约定的付款证书相

关周期最后一天的前 42d 的各可调因子的价格指数;

F_{01}、F_{02}、F_{03}、$\cdots$、F_{0n}——各可调因子的基本价格指数,指基准日期的各可调因子的价格指数。

以上价格调整公式中的各可调因子、定值和变值权重,以及基本价格指数及其来源在投标函附录价格指数和权重表中约定。价格指数应首先采用工程造价管理机构提供的价格指数,缺乏上述价格指数时,可采用工程造价管理机构提供的价格代替。

b. 暂时确定调整差额。在计算调整差额时得不到现行价格指数的,可暂用上一次价格指数计算,并在以后的付款中再按实际价格指数进行调整。

c. 权重的调整。约定的变更导致原定合同中的权重不合理时,由承包人和发包人协商后进行调整。

d. 承包人工期延误后的价格调整。由于承包人原因未在约定的工期内竣工的,对原约定竣工日期后继续施工的工程,在使用第 a 条的价格调整公式时,应采用原约定竣工日期与实际竣工日期的两个价格指数中较低的一个作为现行价格指数。

e. 若可调因子包括了人工在内,则不适用"工程造价比较分析"的规定。

② 造价信息调整价格差额。

a. 施工期内,因人工、材料和工程设备、施工机械台班价格波动影响合同价格时,人工、机械使用费按照国家或省、自治区、直辖市建设行政管理部门、行业建设管理部门或其授权的工程造价管理机构发布的人工成本信息、机械台班单价或机械使用费系数进行调整。需要进行价格调整的材料,其单价和采购数应由发包人复核,发包人确认需调整的材料单价及数量,作为调整合同价款差额的依据。

b. 人工单价发生变化且符合本节"1. 一般规定"第 4 条"计价风险"②的规定的条件时,发承包双方应按省级或行业建设主管部门或其授权的工程造价管理机构发布的人工成本文件调整合同价款。

③ 材料、工程设备价格变化按照发包人提供的《承包人提供主要材料和工程设备一览表(适用于造价信息差额调整法)》,由发承包双方约定的风险范围按下列规定调整合同价款:

a. 承包人投标报价中材料单价低于基准单价:施工期间材料单价涨幅以基准单价为基础超过合同约定的风险幅度值,或材料单价跌幅以投标报价为基础超过合同约定的风险幅度值时,其超过部分按实调整。

b. 承包人投标报价中材料单价高于基准单价:施工期间材料单价跌幅以基准单价为基础超过合同约定的风险幅度值,或材料单价涨幅以投标报价为基础超过合同约定的风险幅度值时,其超过部分按实调整。

c. 承包人投标报价中材料单价等于基准单价:施工期间材料单价涨、跌幅以基准单价为基础超过合同约定的风险幅度值时，其超过部分按实调整。

d. 承包人应在采购材料前将采购数量和新的材料单价报送发包人核对，确认用于本合同工程时，发包人应确认采购材料的数量和单价。发包人在收到承包人报送的确认资料后 3 个工作日不予答复的视为已经认可，作为调整合同价款的依据。承包人未报经发包人核对即自行采购材料，再报发包人确认调整合同价款的，如发包人不同意，则不作调整。

e. 施工机械台班单价或施工机械使用费发生变化超过省级或行业建设主管部门或其授权的工程造价管理机构规定的范围时，按其规定调整合同价款。

2）承包人采购材料和工程设备的，应在合同中约定主要材料、工程设备价格变化的范围或幅度；当没有约定，且材料、工程设备单价变化超过 5% 时，超过部分的价格应按照以上两种物价变化合同价款调整方法计算调整材料、工程设备费。

3）发生合同工程工期延误的，应按照下列规定确定合同履行期的价格调整：

① 因非承包人原因导致工期延误的，计划进度日期后续工程的价格，应采用计划进度日期与实际进度日期两者的较高者。

② 因承包人原因导致工期延误的，计划进度日期后续工程的价格，应采用计划进度日期与实际进度日期两者的较低者。

4）发包人供应材料和工程设备不适用 1）、2）规定的，应由发包人按照实际变化调整，列入合同工程的工程造价内。

9. 暂估价

1）发包人在招标工程量清单中给定暂估价的材料、工程设备属于依法必须招标的，应由发承包双方以招标的方式选择供应商，确定价格，并应以此为依据取代暂估价，调整合同价款。

2）发包人在招标工程量清单中给定暂估价的材料、工程设备不属于依法必须招标的，应由承包人按照合同约定采购，经发包人确认单价后取代暂估价，调整合同价款。

3）发包人在工程量清单中给定暂估价的专业工程不属于依法必须招标的，应按照本节"六、合同价款调整"中"3. 工程变更"中相应条款的规定确定专业工程价款，并应以此为依据取代专业工程暂估价，调整合同价款。

4）发包人在招标工程量清单中给定暂估价的专业工程，依法必须招标的，应当由发承包双方依法组织招标选择专业分包人，并接受有管辖权的建设工程招标投标管理机构的监督，还应符合下列要求。

① 除合同另有约定外，承包人不参加投标的专业工程发包招标，应由承

包人作为招标人，但拟定的招标文件、评标工作、评标结果应报送发包人批准。与组织招标工作有关的费用应当被认为已经包括在承包人的签约合同价（投标总报价）中。

② 承包人参加投标的专业工程发包招标，应由发包人作为招标人，与组织招标工作有关的费用由发包人承担。同等条件下，应优先选择承包人中标。

③ 应以专业工程发包中标价为依据取代专业工程暂估价，调整合同价款。

10. 不可抗力

因不可抗力导致的人员伤亡、财产损失及其费用增加，发承包双方应按下列原则分别承担并调整合同价款和工期。

1）合同工程本身的损害、因工程损害导致第三方人员伤亡和财产损失以及运至施工场地用于施工的材料和待安装的设备的损害，应由发包人承担。

2）发包人、承包人人员伤亡由其所在单位负责，并应承担相应费用。

3）承包人的施工机械设备损坏及停工损失，应由承包人承担。

4）停工期间，承包人应发包人要求留在施工场地的必要的管理人员及保卫人员的费用应由发包人承担。

5）工程所需清理、修复费用，应由发包人承担。

11. 提前竣工（赶工补偿）

1）招标人应依据相关工程的工期定额合理计算工期，压缩的工期天数不得超过定额工期的 20%，超过者，应在招标文件中明示增加赶工费用。

2）发包人要求合同工程提前竣工的，应征得承包人同意后与承包人商定采取加快工程进度的措施，并应修订合同工程进度计划。发包人应承担承包人由此增加的提前竣工（赶工补偿）费用。

3）发承包双方应在合同中约定提前竣工每日历天应补偿额度，此项费用应作为增加合同价款列入竣工结算文件中，应与结算款一并支付。

12. 误期赔偿

1）承包人未按照合同约定施工，导致实际进度迟于计划进度的，承包人应加快进度，实现合同工期。

合同工程发生误期，承包人应赔偿发包人由此造成的损失，并应按照合同约定向发包人支付误期赔偿费。即使承包人支付误期赔偿费，也不能免除承包人按照合同约定应承担的任何责任和应履行的任何义务。

2）发承包双方应在合同中约定误期赔偿费，并应明确每日历天应赔额度。误期赔偿费应列入竣工结算文件中，并应在结算款中扣除。

3）在工程竣工之前，合同工程内的某单项（位）工程已通过了竣工验收，且该单项（位）工程接收证书中表明的竣工日期并未延误，而是合同工程的其他部分产生了工期延误时，误期赔偿费应按照已颁发工程接收证书的单项（位）工程造价占合同价款的比例幅度予以扣减。

13. 索赔

1）当合同一方向另一方提出索赔时，应有正当的索赔理由和有效证据，并应符合合同的相关约定。

2）根据合同约定，承包人认为非承包人原因发生的事件造成了承包人损失的，应按下列程序向发包人提出索赔。

① 承包人应在知道或应当知道索赔事件发生后 28d 内，向发包人提交索赔意向通知书，说明发生索赔事件的事由。承包人逾期未发出索赔意向通知书的，丧失索赔的权利。

② 承包人应在发出索赔意向通知书后 28d 内，向发包人正式提交索赔通知书。索赔通知书应详细说明索赔理由和要求，并应附必要的记录和证明材料。

③ 索赔事件具有连续影响的，承包人应继续提交延续索赔通知，说明连续影响的实际情况和记录。

④ 在索赔事件影响结束后的 28d 内，承包人应向发包人提交最终索赔通知书，说明最终索赔要求，并应附必要的记录和证明材料。

3）承包人索赔应按下列程序处理。

① 发包人收到承包人的索赔通知书后，应及时查验承包人的记录和证明材料。

② 发包人应在收到索赔通知书或有关索赔的进一步证明材料后的 28d 内，将索赔处理结果答复承包人，如果发包人逾期未作出答复，视为承包人索赔要求已被发包人认可。

③ 承包人接受索赔处理结果的，索赔款项应作为增加合同价款，在当期进度款中进行支付；承包人不接受索赔处理结果的，应按合同约定的争议解决方式办理。

4）承包人要求赔偿时，可以选择下列一项或几项方式获得赔偿。

① 延长工期。

② 要求发包人支付实际发生的额外费用。

③ 要求发包人支付合理的预期利润。

④ 要求发包人按合同的约定支付违约金。

5）当承包人的费用索赔与工期索赔要求相关联时，发包人在作出费用索赔的批准决定时，应结合工程延期，综合作出费用赔偿和工程延期的决定。

6）发承包双方在按合同约定办理了竣工结算后，应被认为承包人已无权再提出竣工结算前所发生的任何索赔。承包人在提交的最终结清申请中，只限于提出竣工结算后的索赔，提出索赔的期限应自发承包双方最终结清时终止。

7）根据合同约定，发包人认为由于承包人的原因造成发包人损失的，应按承包人索赔的程序进行索赔。

8）发包人要求赔偿时，可以选择下列一项或几项方式获得赔偿。

① 延长质量缺陷修复期限。

② 要求承包人支付实际发生的额外费用。

③ 要求承包人按合同的约定支付违约金。

9）承包人应付给发包人的索赔金额可从拟支付给承包人的合同价款中扣除，或由承包人以其他方式支付给发包人。

14．现场签证

1）承包人应发包人要求完成合同以外的零星项目、非承包人责任事件等工作的，发包人应及时以书面形式向承包人发出指令，并应提供所需的相关资料；承包人在收到指令后，应及时向发包人提出现场签证要求。

2）承包人应在收到发包人指令后的 7d 内向发包人提交现场签证报告，发包人应在收到现场签证报告后的 48h 内对报告内容进行核实，予以确认或提出修改意见。发包人在收到承包人现场签证报告后的 48h 内未确认也未提出修改意见的，应视为承包人提交的现场签证报告已被发包人认可。

3）现场签证的工作如已有相应的计日工单价，现场签证中应列明完成该类项目所需的人工、材料、工程设备和施工机械台班的数量。

如现场签证的工作没有相应的计日工单价，应在现场签证报告中列明完成该签证工作所需的人工、材料设备和施工机械台班的数量及单价。

4）合同工程发生现场签证事项，未经发包人签证确认，承包人便擅自施工的，除非征得发包人书面同意，否则发生的费用应由承包人承担。

5）现场签证工作完成后的 7d 内，承包人应按照现场签证内容计算价款，报送发包人确认后，作为增加合同价款，与进度款同期支付。

6）在施工过程中，当发现合同工程内容因场地条件、地质水文、发包人要求等不一致时，承包人应提供所需的相关资料，并提交发包人签证认可，作为合同价款调整的依据。

15. 暂列金额

1）已签约合同价中的暂列金额应由发包人掌握使用。

2）发包人按照 1～14 条的规定支付后，暂列金额余额应归发包人所有。

七、合同价款期中支付

1. 预付款

1）承包人应将预付款专用于合同工程。

2）包工包料工程的预付款的支付比例不得低于签约合同价（扣除暂列金额）的 10%，不宜高于签约合同价（扣除暂列金额）的 30%。

3）承包人应在签订合同或向发包人提供与预付款等额的预付款保函后向发包人提交预付款支付申请。

4）发包人应在收到支付申请的 7d 内进行核实，向承包人发出预付款支付证书，并在签发支付证书后的 7d 内向承包人支付预付款。

5）发包人没有按合同约定按时支付预付款的，承包人可催告发包人支付；发包人在预付款期满后的 7d 内仍未支付的，承包人可在付款期满后的第 8d 起暂停施工。发包人应承担由此增加的费用和延误的工期，并应向承包人支付合理利润。

6）预付款应从每一个支付期应支付给承包人的工程进度款中扣回，直到扣回的金额达到合同约定的预付款金额为止。

7）承包人预付款保函的担保金额根据预付款扣回的数额相应递减，但在预付款全部扣回之前一直保持有效。发包人应在预付款扣完后的 14d 内将预付款保函退还给承包人。

2. 安全文明施工费

1）安全文明施工费包括的内容和使用范围，应符合国家有关文件和计量规范的规定。

2）发包人应在工程开工后的 28d 内预付不低于当年施工进度计划的安全文明施工费总额的 60%，其余部分应按照提前安排的原则进行分解，并应与进度款同期支付。

3）发包人没有按时支付安全文明施工费的，承包人可催告发包人支付；发包人在付款期满后的 7d 内仍未支付的，若发生安全事故，发包人应承担相应责任。

4）承包人对安全文明施工费应专款专用，在财务账目中应单独列项备查，不得挪作他用，否则发包人有权要求其限期改正；逾期未改正的，造成的损失和延误工期的责任应由承包人承担。

3. 进度款

1）发承包双方应按照合同约定的时间、程序和方法，根据工程计量结果，办理期中价款结算，支付进度款。

2）进度款支付周期应与合同约定的工程计量周期一致。

3）已标价工程量清单中的单价项目，承包人应按工程计量确认的工程量与综合单价计算；综合单价发生调整的，以发承包双方确认调整的综合单价计算进度款。

4）已标价工程量清单中的总价项目和按照本节"五、工程计量"中"③总价合同的计量"中 b 规定形成的总价合同，承包人应按合同中约定的进度款支付分解，分别列入进度款支付申请中的安全文明施工费和本周期应支付的总价项目的金额中。

5）发包人提供的甲供材料金额，应按照发包人签约提供的单价和数量从进度款支付中扣除，列入本周期应扣减的金额中。

6）承包人现场签证和得到发包人确认的索赔金额应列入本周期应增加金额中。

7）进度款的支付比例按照合同约定，按期中结算价款总额计，不低于60%，不高于90%。

8）承包人应在每个计量周期到期后的 7d 内向发包人提交已完工程进度款支付申请一式四份，详细说明此周期认为有权得到的款额，包括分包人已完工程的价款。支付申请应包括下列内容。

① 累计已完成的合同价款。

② 累计已实际支付的合同价款。

③ 本周期合计完成的合同价款。

a. 本周期已完成单价项目的金额。

b. 本周期应支付的总价项目的金额。

c. 本周期已完成的计日工价款。

d. 本周期应支付的安全文明施工费。

e. 本周期应增加的金额。

④ 本周期合计应扣减的金额。

a. 本周期应扣回的预付款。

b. 本周期应扣减的金额。

⑤ 本周期实际应支付的合同价款。

9）发包人应在收到承包人进度款支付申请后的 14d 内，根据计量结果和合同约定对申请内容予以核实，确认后向承包人出具进度款支付证书。若发承包双方对部分清单项目的计量结果出现争议，发包人应对无争议部分的工程计量结果向承包人出具进度款支付证书。

10）发包人应在签发进度款支付证书后的 14d 内，按照支付证书列明的金额向承包人支付进度款。

11）若发包人逾期未签发进度款支付证书，则视为承包人提交的进度款支付申请已被发包人认可，承包人可向发包人发出催告付款的通知。发包人应在收到通知后的 14d 内，按照承包人支付申请的金额向承包人支付进度款。

12）发包人未按照 9）～11）的规定支付进度款的，承包人可催告发包人支付，并有权获得延迟支付的利息；发包人在付款期满后的 7d 内仍未支付的，承包人可在付款期满后的第 8d 起暂停施工。发包人应承担由此增加的费用和延误的工期，向承包人支付合理利润，并应承担违约责任。

13）发现已签发的任何支付证书有错、漏或重复的数额，发包人有权予以修正，承包人也有权提出修正申请。经发承包双方复核同意修正的，应在本次到期的进度款中支付或扣除。

八、竣工结算与支付

1. 一般规定

1）工程完工后，发承包双方必须在合同约定时间内办理工程竣工结算。

2）工程竣工结算应由承包人或受其委托具有相应资质的工程造价咨询人编制，并应由发包人或受其委托具有相应资质的工程造价咨询人核对。

3）当发承包双方或一方对工程造价咨询人出具的竣工结算文件有异议时，可向工程造价管理机构投诉，申请对其进行执业质量鉴定。

4）工程造价管理机构对投诉的竣工结算文件进行质量鉴定，宜按"工程造价鉴定"的相关规定进行。

5）竣工结算办理完毕，发包人应将竣工结算文件报送工程所在地或有该工程管辖权的行业管理部门的工程造价管理机构备案，竣工结算文件应作为工程竣工验收备案、交付使用的必备文件。

2. 编制与复核

1）工程竣工结算应根据下列依据编制和复核。

①《建设工程工程量清单计价规范》GB 50500—2013。

② 工程合同。

③ 发承包双方实施过程中已确认的工程量及其结算的合同价款。

④ 发承包双方实施过程中已确认调整后追加（减）的合同价款。

⑤ 建设工程设计文件及相关资料。

⑥ 投标文件。

⑦ 其他依据。

2）分部分项工程和措施项目中的单价项目应依据发承包双方确认的工程量与已标价工程量清单的综合单价计算；发生调整的，应以发承包双方确认调整的综合单价计算。

3）措施项目中的总价项目应依据已标价工程量清单的项目和金额计算；发生调整的，应以发承包双方确认调整的金额计算，其中安全文明施工费应按本节"一般规定"中 5）的规定计算。

4）其他项目应按下列规定计价。

① 计日工应按发包人实际签证确认的事项计算。

② 暂估价应按"六、合同价款调整"中"9. 暂估价"的规定计算。

③ 总承包服务费应依据已标价工程量清单金额计算；发生调整的，应以发承包双方确认调整的金额计算。

④ 索赔费用应依据发承包双方确认的索赔事项和金额计算。

⑤ 现场签证费用应依据发承包双方签证资料确认的金额计算。

⑥ 暂列金额应减去合同价款调整（包括索赔、现场签证）金额计算，如有余额归发包人。

5）规费和税金应按本节"一般规定"中 6）的规定计算。规费中的工程排污费应按工程所在地环境保护部门规定的标准缴纳后按实列入。

6）发承包双方在合同工程实施过程中已经确认的工程计量结果和合同价款，在竣工结算办理中应直接进入结算。

3. 竣工结算

1）合同工程完工后，承包人应在经发承包双方确认的合同工程期中价款结算的基础上汇总编制完成竣工结算文件，应在提交竣工验收申请的同时向发包人提交竣工结算文件。

承包人未在合同约定的时间内提交竣工结算文件，经发包人催告后 14d 内仍未提交或没有明确答复的，发包人有权根据已有资料编制竣工结算文件，作为办理竣工结算和支付结算款的依据，承包人应予以认可。

2）发包人应在收到承包人提交的竣工结算文件后的 28d 内核对。发包人经核实，认为承包人还应进一步补充资料和修改结算文件，应在上述时限内向承包人提出核实意见，承包人在收到核实意见后的 28d 内应按照发包人提出的合理要求补充资料，修改竣工结算文件，并应再次提交给发包人复核后批准。

3）发包人应在收到承包人再次提交的竣工结算文件后的 28d 内予以复核，将复核结果通知承包人，并应遵守下列规定。

① 发包人、承包人对复核结果无异议的，应在 7d 内在竣工结算文件上签字确认，竣工结算办理完毕。

② 发包人或承包人对复核结果认为有误的，无异议部分按照①规定办理不完全竣工结算；有异议部分由发承包双方协商解决；协商不成的，应按照合同约定的争议解决方式处理。

4）发包人在收到承包人竣工结算文件后的 28d 内，不核对竣工结算或未提出核对意见的，应视为承包人提交的竣工结算文件已被发包人认可，竣工结算办理完毕。

5）承包人在收到发包人提出的核实意见后的 28d 内，不确认也未提出异议的，应视为发包人提出的核实意见已被承包人认可，竣工结算办理完毕。

6）发包人委托工程造价咨询人核对竣工结算的，工程造价咨询人应在 28d 内核对完毕，核对结论与承包人竣工结算文件不一致的，应提交给承包人复核；承包人应在 14d 内将同意核对结论或不同意见的说明提交工程造价咨询人。工程造价咨询人收到承包人提出的异议后，应再次复核；复核无异议的，应按 3）条①的规定办理，复核后仍有异议的，按 3）条②的规定办理。

承包人逾期未提出书面异议的，应视为工程造价咨询人核对的竣工结算文件已经承包人认可。

7）对发包人或发包人委托的工程造价咨询人指派的专业人员与承包人指派的专业人员经核对后无异议并签名确认的竣工结算文件，除非发承包人能提出具体、详细的不同意见，发承包人都应在竣工结算文件上签名确认，如其中一方拒不签认，按下列规定办理。

① 若发包人拒不签认，承包人可不提供竣工验收备案资料，并有权拒绝与发包人或其上级部门委托的工程造价咨询人重新核对竣工结算文件。

② 若承包人拒不签认，发包人要求办理竣工验收备案，承包人不得拒绝提供竣工验收资料，否则，由此造成的损失，承包人承担相应责任。

8）合同工程竣工结算核对完成，发承包双方签字确认后，发包人不得要求承包人与另一个或多个工程造价咨询人重复核对竣工结算。

9）发包人对工程质量有异议，拒绝办理工程竣工结算的，已竣工验收或已竣工未验收但实际投入使用的工程，其质量争议应按该工程保修合同执行，竣工结算应按合同约定办理；已竣工未验收且未实际投入使用的工程以及停工、停建工程的质量争议，双方应就有争议的部分委托有资质的检测鉴定机构进行检测，并应根据检测结果确定解决方案，或按工程质量监督机构的处理决定执行后办理竣工结算，无争议部分的竣工结算应按合同约定办理。

4. 结算款支付

1）承包人应根据办理的竣工结算文件向发包人提交竣工结算款支付申请。申请包括下列内容。

① 竣工结算合同价款总额。

② 累计已实际支付的合同价款。

③ 应预留的质量保证金。

④ 实际应支付的竣工结算款金额。

2）发包人应在收到承包人提交竣工结算款支付申请后 7d 内予以核实，向承包人签发竣工结算支付证书。

3）发包人签发竣工结算支付证书后的 14d 内，应按照竣工结算支付证书列明的金额向承包人支付结算款。

4）发包人在收到承包人提交的竣工结算款支付申请后 7d 内不予核实，不向承包人签发竣工结算支付证书的，视为承包人的竣工结算款支付申请已被发包人认可；发包人应在收到承包人提交的竣工结算款支付申请 7d 后的 14d 内，按照承包人提交的竣工结算款支付申请列明的金额向承包人支付结算款。

5）发包人未按照 3）、4）规定支付竣工结算款的，承包人可催告发包人支付，并有权获得延迟支付的利息。发包人在竣工结算支付证书签发后或者在收到承包人提交的竣工结算款支付申请 7d 后的 56d 内仍未支付的，除法律另有规定外，承包人可与发包人协商将该工程折价，也可直接向人民法院申请将该工程依法拍卖。承包人应就该工程折价或拍卖的价款优先受偿。

5. 质量保证金

1）发包人应按照合同约定的质量保证金比例从结算款中预留质量保证金。

2）承包人未按照合同约定履行属于自身责任的工程缺陷修复义务的，发包人有权从质量保证金中扣除用于缺陷修复的各项支出。经查验，工程缺陷属于发包人原因造成的，应由发包人承担查验和缺陷修复的费用。

3）在合同约定的缺陷责任期终止后，发包人应按照本节"八、竣工结算与支付"中"6. 最终结清"的规定，将剩余的质量保证金返还给承包人。

6. 最终结清

1) 缺陷责任期终止后，承包人应按照合同约定向发包人提交最终结清支付申请。发包人对最终结清支付申请有异议的，有权要求承包人进行修正和提供补充资料。承包人修正后，应再次向发包人提交修正后的最终结清支付申请。

2) 发包人应在收到最终结清支付申请后的 14d 内予以核实，并应向承包人签发最终结清支付证书。

3) 发包人应在签发最终结清支付证书后的 14d 内，按照最终结清支付证书列明的金额向承包人支付最终结清款。

4) 发包人未在约定的时间内核实，又未提出具体意见的，应视为承包人提交的最终结清支付申请已被发包人认可。

5) 发包人未按期最终结清支付的，承包人可催告发包人支付，并有权获得延迟支付的利息。

6) 最终结清时，承包人被预留的质量保证金不足以抵减发包人工程缺陷修复费用的，承包人应承担不足部分的补偿责任。

7) 承包人对发包人支付的最终结清款有异议的，应按照合同约定的争议解决方式处理。

九、合同解除的价款结算与支付

1) 发承包双方协商一致解除合同的，应按照达成的协议办理结算和支付合同价款。

2) 由于不可抗力致使合同无法履行解除合同的，发包人应向承包人支付合同解除之日前已完成工程但尚未支付的合同价款，此外，还应支付下列款项。

① 按"六、合同价款调整"中"11. 提前竣工（赶工补偿）"规定的由发包人承担的费用。

② 已实施或部分实施的措施项目应付价款。

③ 承包人为合同工程合理订购且已交付的材料和工程设备货款。

④ 承包人撤离现场所需的合理费用，包括员工遣送费和临时工程拆除、施工设备运离现场的费用。

⑤ 承包人为完成合同工程而预期开支的任何合理费用，且该项费用未包括在本款其他各项支付之内。

发承包双方办理结算合同价款时，应扣除合同解除之日前发包人应向承包人收回的价款。当发包人应扣除的金额超过了应支付的金额，承包人应在合同解除后的 56d 内将其差额退还给发包人。

3）因承包人违约解除合同的，发包人应暂停向承包人支付任何价款。发包人应在合同解除后 28d 内核实合同解除时承包人已完成的全部合同价款以及按施工进度计划已运至现场的材料和工程设备货款，按合同约定核算承包人应支付的违约金以及造成损失的索赔金额，并将结果通知承包人。发承包双方应在 28d 内予以确认或提出意见，并应办理结算合同价款。如果发包人应扣除的金额超过了应支付的金额，承包人应在合同解除后的 56d 内将其差额退还给发包人。发承包双方不能就解除合同后的结算达成一致的，按照合同约定的争议解决方式处理。

4）因发包人违约解除合同的，发包人除应按照 2）的规定向承包人支付各项价款外，应按合同约定核算发包人应支付的违约金以及给承包人造成损失或损害的索赔金额费用。该笔费用应由承包人提出，发包人核实后应与承包人协商确定后的 7d 内向承包人签发支付证书。协商不能达成一致的，应按照合同约定的争议解决方式处理。

十、合同价款争议的解决

1. 监理或造价工程师暂定

1）若发包人和承包人之间就工程质量、进度、价款支付与扣除、工期延期、索赔、价款调整等发生任何法律上、经济上或技术上的争议，首先应根据已签约合同的规定，提交合同约定职责范围内的总监理工程师或造价工程师解决，并应抄送另一方。总监理工程师或造价工程师在收到此提交件后 14d 内应将暂定结果通知发包人和承包人。发承包双方对暂定结果认可的，应以书面形式予以确认，暂定结果成为最终决定。

2）发承包双方在收到总监理工程师或造价工程师的暂定结果通知之后的 14d 内未对暂定结果予以确认也未提出不同意见的，应视为发承包双方已认可该暂定结果。

3）发承包双方或一方不同意暂定结果的，应以书面形式向总监理工程师或造价工程师提出，说明自己认为正确的结果，同时抄送另一方，此时该暂定结果成为争议。在暂定结果对发承包双方当事人履约不产生实质影响的前提下，发承包双方应实施该结果，直到按照发承包双方认可的争议解决办法被改变为止。

2. 管理机构的解释或认定

1）合同价款争议发生后，发承包双方可就工程计价依据的争议以书面形式提请工程造价管理机构对争议以书面文件进行解释或认定。

2）工程造价管理机构应在收到申请的 10 个工作日内就发承包双方提请的争议问题进行解释或认定。

3）发承包双方或一方在收到工程造价管理机构书面解释或认定后仍可按照合同约定的争议解决方式提请仲裁或诉讼。除工程造价管理机构的上级管理部门作出不同的解释或认定，或在仲裁裁决或法院判决中不予采信的外，工程造价管理机构作出的书面解释或认定应为最终结果，并应对发承包双方均有约束力。

3. 协商和解

1）合同价款争议发生后，发承包双方任何时候都可以进行协商。协商达成一致的，双方应签订书面和解协议，和解协议对发承包双方均有约束力。

2）如果协商不能达成一致协议，发包人或承包人都可以按合同约定的其他方式解决争议。

4. 调解

1）发承包双方应在合同中约定或在合同签订后共同约定争议调解人，负责双方在合同履行过程中发生争议的调解。

2）合同履行期间，发承包双方可协议调换或终止任何调解人，但发包人或承包人都不能单独采取行动。除非双方另有协议，在最终结清支付证书生效后，调解人的任期应即终止。

3）如果发承包双方发生了争议，任何一方可将该争议以书面形式提交调解人，并将副本抄送另一方，委托调解人调解。

4）发承包双方应按照调解人提出的要求，给调解人提供所需要的资料、现场进入权及相应设施。调解人应被视为不是在进行仲裁人的工作。

5）调解人应在收到调解委托后 28d 内或由调解人建议并经发承包双方认可的其他期限内提出调解书，发承包双方接受调解书的，经双方签字后作为合同的补充文件，对发承包双方均具有约束力，双方都应立即遵照执行。

6）当发承包双方中任一方对调解人的调解书有异议时，应在收到调解书后 28d 内向另一方发出异议通知，并应说明争议的事项和理由。但除非并直到调解书在协商和解或仲裁裁决、诉讼判决中作出修改，或合同已经解除，承包人应继续按照合同实施工程。

7）当调解人已就争议事项向发承包双方提交了调解书，而任一方在收到调解书后 28d 内均未发出表示异议的通知时，调解书对发承包双方应均具有约束力。

5. 仲裁、诉讼

1）发承包双方的协商和解或调解均未达成一致意见，其中的一方已就此争议事项根据合同约定的仲裁协议申请仲裁，应同时通知另一方。

2）仲裁可在竣工之前或之后进行，但发包人、承包人、调解人各自的义务不得因在工程实施期间进行仲裁而有所改变。当仲裁是在仲裁机构要求停止施工的情况下进行时，承包人应对合同工程采取保护措施，由此增加的费用应由败诉方承担。

3）在1）～4）的期限之内，暂定或和解协议或调解书已经有约束力的情况下，当发承包中一方未能遵守暂定或和解协议或调解书时，另一方可在不损害其可能具有的任何其他权利的情况下，将未能遵守暂定或不执行和解协议或调解书达成的事项提交仲裁。

4）发包人、承包人在履行合同时发生争议，双方不愿和解、调解或者和解、调解不成，又没有达成仲裁协议的，可依法向人民法院提起诉讼。

十一、工程造价鉴定

1. 一般鉴定

1）在工程合同价款纠纷案件处理中，需作工程造价司法鉴定的，应委托具有相应资质的工程造价咨询人进行。

2）工程造价咨询人接受委托时提供工程造价司法鉴定服务，应按仲裁、诉讼程序和要求进行，并应符合国家关于司法鉴定的规定。

3）工程造价咨询人进行工程造价司法鉴定时，应指派专业对口、经验丰富的注册造价工程师承担鉴定工作。

4）工程造价咨询人应在收到工程造价司法鉴定资料后10d内，根据自身专业能力和证据资料判断能否胜任该项委托，如不能，应辞去该项委托。工程造价咨询人不得在鉴定期满后以上述理由不作出鉴定结论，影响案件处理。

5）接受工程造价司法鉴定委托的工程造价咨询人或造价工程师如是鉴定项目一方当事人的近亲属或代理人、咨询人以及其他关系可能影响鉴定公正的，应当自行回避；未自行回避，鉴定项目委托人以该理由要求其回避的，必须回避。

6）工程造价咨询人应当依法出庭接受鉴定项目当事人对工程造价司法鉴定意见书的质询。如确因特殊原因无法出庭，经审理该鉴定项目的仲裁机关或人民法院准许，可以以书面形式答复当事人的质询。

2. 取证

1) 工程造价咨询人进行工程造价鉴定工作时，应自行收集以下（但不限于）鉴定资料。

① 适用于鉴定项目的法律、法规、规章、规范性文件以及规范、标准、定额。

② 鉴定项目同时期同类型工程的技术经济指标及其各类要素价格等。

2) 工程造价咨询人收集鉴定项目的鉴定依据时，应向鉴定项目委托人提出具体书面要求，其内容包括：

① 与鉴定项目相关的合同、协议及其附件。

② 相应的施工图纸等技术经济文件。

③ 施工过程中的施工组织、质量、工期和造价等工程资料。

④ 存在争议的事实及各方当事人的理由。

⑤ 其他有关资料。

3) 工程造价咨询人在鉴定过程中要求鉴定项目当事人对缺陷资料进行补充的，应征得鉴定项目委托人同意，或者协调鉴定项目各方当事人共同签认。

4) 根据鉴定工作需要现场勘验的，工程造价咨询人应提请鉴定项目委托人组织各方当事人对被鉴定项目所涉及的实物标的进行现场勘验。

5) 勘验现场应制作勘验记录、笔录或勘验图表，记录勘验的时间、地点、勘验人、在场人、勘验经过、结果，由勘验人、在场人签名或者盖章确认。绘制的现场图应注明绘制的时间、测绘人姓名、身份等内容。必要时应采取拍照或摄像取证，留下影像资料。

6) 鉴定项目当事人未对现场勘验图表或勘验笔录等签字确认的，工程造价咨询人应提请鉴定项目委托人决定处理意见，并在鉴定意见书中作出表述。

3. 鉴定

1) 工程造价咨询人在鉴定项目合同有效的情况下应根据合同约定进行鉴定，不得任意改变双方合法的合意。

2) 工程造价咨询人在鉴定项目合同无效或合同条款约定不明确的情况下应根据法律法规、相关国家标准和《建设工程工程量清单计价规范》GB 50500—2013 的规定，选择相应专业工程的计价依据和方法进行鉴定。

3) 工程造价咨询人出具正式鉴定意见书之前，可报请鉴定项目委托人向鉴定项目各方当事人发出鉴定意见书征求意见稿，并指明应书面答复的期限及其不答复的相应法律责任。

4) 工程造价咨询人收到鉴定项目各方当事人对鉴定意见书征求意见稿的

书面复函后，应对不同意见认真复核，修改完善后再出具正式鉴定意见书。

5）工程造价咨询人出具的工程造价鉴定书应包括下列内容。

① 鉴定项目委托人名称、委托鉴定的内容。

② 委托鉴定的证据材料。

③ 鉴定的依据及使用的专业技术手段。

④ 对鉴定过程的说明。

⑤ 明确的鉴定结论。

⑥ 其他需说明的事宜。

⑦ 工程造价咨询人盖章及注册造价工程师签名盖执业专用章。

6）工程造价咨询人应在委托鉴定项目的鉴定期限内完成鉴定工作，如确因特殊原因不能在原定期限内完成鉴定工作，应按照相应法规提前向鉴定项目委托人申请延长鉴定期限，并应在此期限内完成鉴定工作。

经鉴定项目委托人同意等待鉴定项目当事人提交、补充证据的，质证所用的时间不应计入鉴定期限。

7）对于已经出具的正式鉴定意见书中有部分缺陷的鉴定结论，工程造价咨询人应通过补充鉴定作出补充结论。

十二、工程计价资料与档案

1. 计价资料

1）发承包双方应当在合同中约定各自在合同工程中现场管理人员的职责范围，双方现场管理人员在职责范围内签字确认的书面文件是工程计价的有效凭证，但有其他有效证据或经实证证明其是虚假的除外。

2）发承包双方不论在何种场合对与工程计价有关的事项所给予的批准、证明、同意、指令、商定、确定、确认、通知和请求，或表示同意、否定、提出要求和意见等，均应采用书面形式，口头指令不得作为计价凭证。

3）任何书面文件送达时，应由对方签收，通过邮寄应采用挂号、特快专递传送，或以发承包双方商定的电子传输方式发送，交付、传送或传输至指定的接收人的地址。如接收人通知了另外地址，随后通信信息应按新地址发送。

4）发承包双方分别向对方发出的任何书面文件，均应将其抄送现场管理人员，如是复印件应加盖合同工程管理机构印章，证明与原件相同。双方现场管理人员向对方所发任何书面文件，也应将其复印件发送给发承包双方，复印件应加盖合同工程管理机构印章，证明与原件相同。

5）发承包双方均应当及时签收另一方送达其指定接收地点的来往信函，

拒不签收的，送达信函的一方可以采用特快专递或者公证方式送达，所造成的费用增加（包括被迫采用特殊送达方式所发生的费用）和延误的工期由拒绝签收一方承担。

6）书面文件和通知不得扣压，一方能够提供证据证明另一方拒绝签收或已送达的，应视为对方已签收并应承担相应责任。

2. 计价档案

1）发承包双方以及工程造价咨询人对具有保存价值的各种载体的计价文件，均应收集齐全，整理立卷后归档。

2）发承包双方和工程造价咨询人应建立完善的工程计价档案管理制度，并应符合国家和有关部门发布的档案管理相关规定。

3）工程造价咨询人归档的计价文件，保存期不宜少于五年。

4）归档的工程计价成果文件应包括纸质原件和电子文件，其他归档文件及依据可为纸质原件、复印件或电子文件。

5）归档文件应经过分类整理，并应组成符合要求的案卷。

6）归档可以分阶段进行，也可以在项目竣工结算完成后进行。

7）向接受单位移交档案时，应编制移交清单，双方应签字、盖章后方可交接。

第五章　建筑工程工程量计算

第一节　建筑面积计算

一、建筑面积计算规则

《建筑工程建筑面积计算规范》GB/T 50353—2005 对建筑工程建筑面积的计算作出了具体的规定和要求，其主要内容包括：

1）单层建筑物的建筑面积，应按其外墙勒脚以上结构外围水平面积计算，并应符合下列规定：

① 单层建筑物高度在 2.20m 及以上者应计算全部面积；高度不足 2.20m 者应计算 1/2 面积。

② 利用坡屋顶内空间时净高超过 2.10m 的部位应计算全面积；净高 1.20～2.10m 的部位应计算 1/2 面积；净高不足 1.20m 的部位不应计算面积。

> 注：建筑面积的计算是以勒脚以上外墙结构外边线计算，勒脚是墙根部很矮的一部分墙体加厚，不能代表整个外墙结构，所以要扣除勒脚墙体加厚的部分。

2）单层建筑物内设有局部楼层者，局部楼层的 2 层及以上楼层，有围护结构的应按其围护结构外围水平投影面积计算，无围护结构的应按其结构底板水平投影面积计算。层高在 2.20m 及以上者应计算全面积；层高不足 2.20m 者应计算 1/2 面积。

> 注：1. 单层建筑物应按不同的高度确定其面积的计算。其高度指室内地面标高至屋面板板面结构标高之间的垂直距离。遇有以屋面板找坡的平屋顶单层建筑物，其高度指室内地面标高至屋面板最低处板面结构标高之间的垂直距离。
>
> 2. 坡屋顶内空间建筑面积计算，可参照《住宅设计规范》GB 50096—2011 有关规定，将坡屋顶的建筑按不同净高确定其面积的计算。净高指楼面或地面至上部楼板底面或吊顶底面之间的垂直距离。

3）多层建筑物首层应按其外墙勒脚以上结构外围水平投影面积计算；2 层及以上楼层应按其外墙结构外围水平投影面积计算。层高在 2.20m 及以上者应计算全面积；层高不足 2.20m 者应计算 1/2 面积。

> 注：多层建筑物的建筑面积应按不同的层高分别计算。层高是指上下两层楼面结构标高之间的垂直距离。建筑物最底层的层高，有基础底板的指基础底板上表面结构

标高至上层楼面的结构标高之间的垂直距离；没有基础底板的指地面标高至上层楼面结构标高之间的垂直距离。最上一层的层高是指楼面结构标高至屋面板板面结构标高之间的垂直距离，遇有以屋面板找坡的屋面，层高指楼面结构标高至屋面板最低处板面结构标高之间的垂直距离。

4）多层建筑坡屋顶内和场馆看台下，当设计加以利用时净高超过 2.10m 的部位应计算全面积；净高在 1.20～2.10m 的部位应计算 1/2 面积；当设计不利用或室内净高不足 1.20m 时不应计算面积。

注：多层建筑坡屋顶内和场馆看台下的空间应视为坡屋顶内的空间，设计加以利用时，应按其净高确定其面积的计算。设计不利用的空间，不应计算建筑面积。

5）地下室、半地下室（车间、商店、车站、车库、仓库等），包括相应的有永久性顶盖的出入口，应按其外墙上口（不包括采光井、外墙防潮层及其保护墙）外边线所围水平面积计算。层高在 2.20m 及以上者应计算全面积；层高不足 2.20m 者应计算 1/2 面积。

注：地下室、半地下室应以其外墙上口外边线所围水平面积计算。原计算规则规定按地下室、半地下室上口外墙外围水平面积计算，文字上不甚严密，"上口外墙"容易理解为地下室、半地下室的上一层建筑的外墙，由于上一层建筑外墙与地下室墙的中心线不一定完全重叠，多数情况是凸出或凹进地下室外墙中心线。

6）坡地的建筑物吊脚架空层（图 5-1）、深基础架空层，设计加以利用并有围护结构的，层高在 2.20m 及以上的部位应计算全面积；层高不足 2.20m 的部位应计算 1/2 面积。设计加以利用、无围护结构的建筑吊脚架空层，应按其利用部位水平面积的 1/2 计算；设计不利用的深基础架空层、坡地吊脚架空层、多层建筑坡屋顶内、场馆看台下的空间不应计算面积。

7）建筑物的门厅、大厅按一层计算建筑面积。门厅、大厅内设有回廊时，应按其结构底板水平面积计算。层高在 2.20m 及以上者应计算全面积；层高不足 2.20m 者应计算 1/2 面积。

8）建筑物间有围护结构的架空走廊，应按其围护结构外围水平面积计算。层高在 2.20m 及以上者应计算全面积；层高不足 2.20m 者应计算 1/2 面积。有永久性顶盖无围护结构的应按其结构底板水平面积的 1/2 计算。

9）立体书库、立体仓库、立体车库，无结构层的应按一层计算，有结构层的应按其结构层面积分别计算。层高在 2.20m 及以上者应计算全面积；层高不足 2.20m 者应计算 1/2 面积。

注：立体车库、立体仓库、立体书库不规定是否有围护结构，均按是否有结构层计算，应区分不同的层高确定建筑面积计算的范围，改变过去按书架层和货架层计算面积的规定。

10）有围护结构的舞台灯光控制室，应按其围护结构外围水平面积计

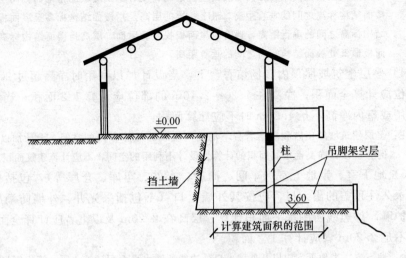

图 5-1　坡地建筑吊脚架空层

算。层高在 2.20m 及以上者应计算全面积；层高不足 2.20m 者应计算 1/2 面积。

11）建筑物外有围护结构的落地橱窗、门斗、挑廊、走廊、檐廊，应按其围护结构外围水平面积计算。层高在 2.20m 及以上者应计算全面积；层高不足 2.20m 者应计算 1/2 面积。有永久性顶盖无围护结构的应按其结构底板水平面积的 1/2 计算。

12）有永久性顶盖无围护结构的场馆看台应按其顶盖水平投影面积的 1/2 计算。

注："场馆"实质上是指"场"（例如：足球场、网球场等）看台上有永久性顶盖部分。"馆"应是有永久性顶盖和围护结构的，应按单层或多层建筑相关规定计算面积。

13）建筑物顶部有围护结构的楼梯间、水箱间、电梯机房等，层高在 2.20m 及以上者应计算全面积；层高不足 2.20m 者应计算 1/2 面积。

注：如遇建筑物屋顶的楼梯间是坡屋顶，应按坡屋顶的相关规定计算面积。

14）设有围护结构不垂直于水平面而超出底板外沿的建筑物，应按其底板面的外围水平面积计算。层高在 2.20m 及以上者应计算全面积；层高不足 2.20m 者应计算 1/2 面积。

注：设有围护结构不垂直于水平面而超出底板外沿的建筑物是指向建筑物外倾斜的墙体，若遇有向建筑物内倾斜的墙体，应视为坡屋顶，应按坡屋顶有关规定计算面积。

15）建筑物内的室内楼梯间、电梯井、观光电梯井、提物井、管道井、通风排气竖井、垃圾道、附墙烟囱应按建筑物的自然层计算。

> 注：室内楼梯间的面积计算，应按楼梯依附的建筑物的自然层数计算并在建筑物面积内。遇跃层建筑，其共用的室内楼梯应按自然层计算面积；上下两错层户室共用的室内楼梯，应选上一层的自然层计算面积（图 5-2）。

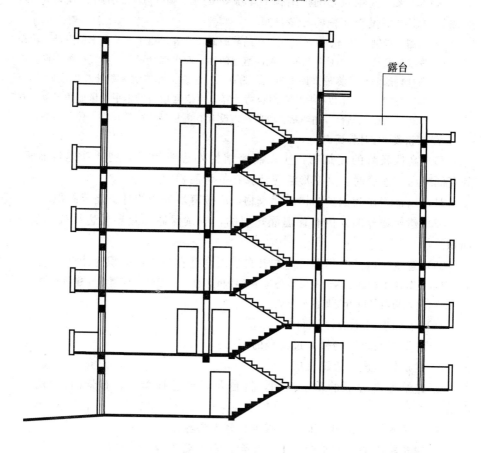

图 5-2　建筑错层剖面示意图

16）雨篷结构的外边线至外墙结构外边线的宽度超过 2.10m 者，应按雨篷结构板水平投影面积的 1/2 计算。

> 注：雨篷均以其宽度超过 2.10m 或不超过 2.10m 衡量，超过 2.10m 者应按雨篷的结构板水平投影面积的 1/2 计算。有柱雨篷和无柱雨篷计算应一致。

17）有永久性顶盖的室外楼梯，应按建筑物自然层水平投影面积的 1/2 计算。

> 注：室外楼梯，最上层楼梯无永久性顶盖，或不能完全遮盖楼梯的雨篷，上层楼梯不计算面积，上层楼梯可视为下层楼梯的永久性顶盖，下层楼梯应计算面积。

18）建筑物的阳台均应按其水平投影面积的 1/2 计算。

注：建筑物的阳台，凹阳台、挑阳台、封闭阳台、不封闭阳台均按其水平投影面积的
一半计算。

19）有永久性顶盖无围护结构的车棚、货棚、站台、加油站、收费站等，
应按其顶盖水平投影面积的 1/2 计算。

注：车棚、货棚、站台、加油站、收费站等的面积计算。由于建筑技术的发展，出现
许多新型结构，如柱不再是单纯的直立的柱，而出现 V 形柱、Λ 形柱等不同类型
的柱，给面积计算带来许多争议。为此，《建筑工程建筑面积计算规范》GB/T
50353—2005 中不以柱来确定面积的计算，而依据顶盖的水平投影面积计算。在
车棚、货棚、站台、加油站、收费站内设有围护结构的管理室、休息室等，另
按相关规定计算面积。

20）高低联跨的建筑物，应以高跨结构外边线为界分别计算建筑面积；
其高低跨内部连通时，其变形缝应计算在低跨面积内。

21）以幕墙作为围护结构的建筑物，应按幕墙外边线计算建筑面积。

22）建筑物外墙外侧有保温隔热层的，应按保温隔热层外边线计算建筑
面积。

23）建筑物内的变形缝，应按其自然层合并在建筑物面积内计算。

注：此处所指建筑物内的变形缝是与建筑物相连通的变形缝，即暴露在建筑物内，在
建筑物内可以看得见的变形缝。

24）下列项目不应计算面积：

① 建筑物通道（骑楼、过街楼的底层）。

② 建筑物内设备管道夹层。

③ 建筑物内分隔的单层房间，舞台及后台悬挂幕布、布景的天桥、挑
台等。

④ 屋顶水箱、花架、凉棚、露台、露天游泳池。

⑤ 建筑物内的操作平台、上料平台、安装箱和罐体的平台。

⑥ 勒脚、附墙柱、垛、台阶、墙面抹灰、装饰面、镶贴块料面层、装饰
性幕墙、空调室外机搁板（箱）、飘窗、构件、配件、宽度在 2.10m 及以内的
雨篷以及与建筑物内不相连通的装饰性阳台、挑廊。

注：突出墙外的勒脚、附墙柱垛、台阶、墙面抹灰、装饰面、镶贴块料面层、装饰性
幕墙、空调室外机搁板（箱）、飘窗、构件、配件、宽度在 2.10m 及以内的雨篷
以及与建筑物内不相连通的装饰性阳台、挑廊等均不属于建筑结构，不应计算建
筑面积。

⑦ 无永久性顶盖的架空走廊、室外楼梯和用于检修、消防等的室外钢楼
梯、爬梯。

⑧ 自动扶梯、自动人行道。

注：自动扶梯（斜步道滚梯），除两端固定在楼层板或梁之外，扶梯本身属于设备，为此扶梯不宜计算建筑面积。水平步道（滚梯）属于安装在楼板上的设备，不应单独计算建筑面积。

⑨ 独立烟囱、烟道、地沟、油（水）罐、气柜、水塔、贮油（水）池、贮仓、栈桥、地下人防通道、地铁隧道。

二、建筑面积计算实例

【例5-1】　如图5-3所示，有一个250mm墙厚的两层楼平顶房屋，试计算建筑面积。

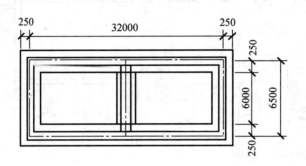

图5-3　平顶房屋平面图

【解】

建筑面积 $F=$（中心线长＋2×半砖墙厚）×（中心线宽＋2×半砖墙厚）×2层

　　　　＝（32＋0.25）×（6.5＋0.25）×2＝435.38（m²）

【例5-2】　某建筑物尺寸如图5-4所示，计算该建筑物的建筑面积（墙厚为240mm）。

【解】

二层及二层以上楼层部分建筑面积，仍按其二层以上外墙外围水平投影面积计算。带有部分楼层的单层建筑物的建筑面积的计算公式如下：

$S=$底层建筑面积＋部分楼层的建筑面积

（1）底层建筑面积

$S_1=$（6＋4.5＋0.24）×（4＋3.5＋0.24）＝83.13（m²）

（2）楼隔层建筑面积

$S_2=$（4.5＋0.24）×（4＋0.24）＝20.10（m²）

（3）总建筑面积

$S=$83.13＋20.10＝103.23（m²）

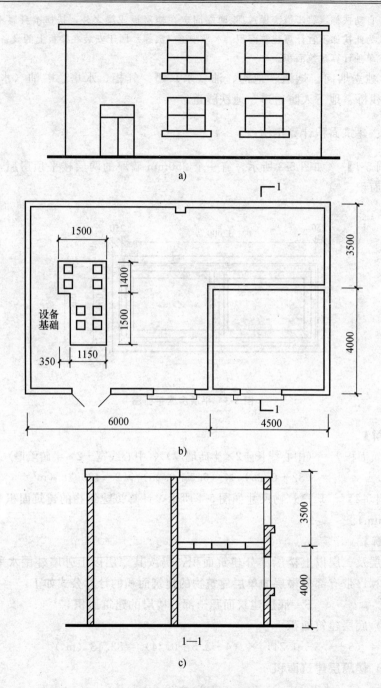

图 5-4　建筑物示意图

a) 立面图　b) 平面图　c) 1—1 剖面图

【例 5-3】　　如图 5-5 所示为某宾馆示意图，计算该宾馆的建筑面积。

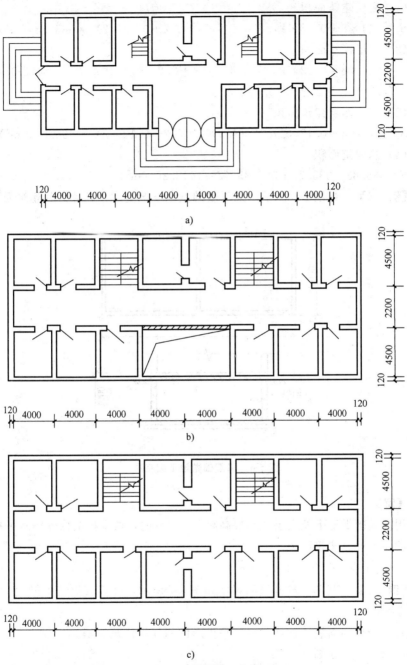

图 5-5　某宾馆示意图

a）底层平面图　b）二层平面图　c）三、四层平面图

【解】

(1) 底层建筑面积

$S_1 = （4×8+0.12×2）×（4.5×2+2.2+0.12×2）=368.83（m^2）$

(2) 二层建筑面积

$S_2 = （4×8+0.12×2）×（4.5×2+2.2+0.12×2）-（4×2-0.12×2）×（4.5-0.12×2）=335.77（m^2）$

(3) 三、四层建筑面积

$S_3 = （4×8+0.12×2）×（4.5×2+2.2+0.12×2）=368.83（m^2）$

(4) 总建筑面积

$S=368.83+335.77+368.83×2=1442.26（m^2）$

【例 5-4】 如图 5-6 所示，某深基础做地下架空层，试计算其建筑面积。

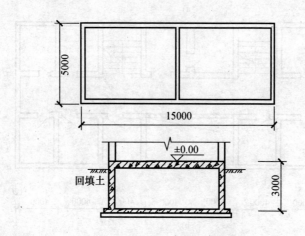

图 5-6 深基础做地下架空层

【解】

用深基础做地下架空层，其层高超过 2.2m 的，按围护结构外围水平投影面积的一半计算建筑面积。

$F = （15×5）÷2=37.5（m^2）$

【例 5-5】 某两个柱雨篷的尺寸如图 5-7 所示，计算其建筑面积。

【解】

有两个柱的雨篷，按柱外围水平投影面积计算建筑面积。

$F=8×5=40（m^2）$

【例 5-6】 某加油站无围护结构顶盖直径为 10m，如图 5-8 所示，试计算其水平投影建筑面积。

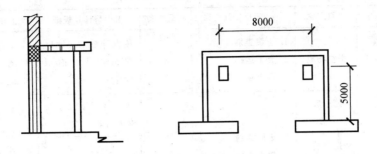

图 5-7 两个柱的雨篷示意图

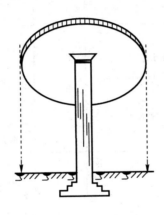

图 5-8 加油站独立柱

【解】

根据题意及计算规则，其投影面积应按 1/2 计算，如下：

$$F = \pi D^2 \div 4 \times \frac{1}{2} = 3.14 \times 10^2 \div 4 \times \frac{1}{2} = 39.25 \ (m^2)$$

第二节 土石方工程

一、土石方工程清单工程量计算规则

1. 土方工程

土方工程工程量清单项目设置、项目特征描述的内容、计量单位及工程量计算规则，应按表 5-1 的规定执行。

表 5-1 土方工程 (010101)

项目编码	项目名称	项目特征	计量单位	工程量计算规则	工作内容
010101001	平整场地	1. 土壤类别 2. 弃土运距 3. 取土运距	m²	按设计图示尺寸以建筑物首层面积计算	1. 土方挖填 2. 场地找平 3. 运输
010101002	挖一般土方	1. 土壤类别 2. 挖土深度 3. 弃土运距	m³	按设计图示尺寸以体积计算	1. 排地表水 2. 土方开挖 3. 围护（挡土板）及拆除 4. 基底钎探 5. 运输
010101003	挖沟槽土方			按设计图示尺寸以基础垫层底面积乘以挖土深度计算	
010101004	挖基坑土方				
010101005	冻土开挖	1. 冻土厚度 2. 弃土运距		按设计图示尺寸开挖面积乘以厚度以体积计算	1. 爆破 2. 开挖 3. 清理 4. 运输
010101006	挖淤泥、流砂	1. 挖掘深度 2. 弃淤泥、流砂距离		按设计图示位置、界限以体积计算	1. 开挖 2. 运输
010101007	管沟土方	1. 土壤类别 2. 管外径 3. 挖沟深度 4. 回填要求	1. m 2. m³	1. 以米计量，按设计图示以管道中心线长度计算 2. 以立方米计量，按设计图示管底垫层面积乘以挖土深度计算；无管底垫层按管外径的水平投影面积乘以挖土深度计算。不扣除各类井的长度，井的土方并入	1. 排地表水 2. 土方开挖 3. 围护（挡土板）、支撑 4. 运输 5. 回填

注：1. 挖土方平均厚度应按自然地面测量标高至设计地坪标高间的平均厚度确定。基础土方开挖深度应按基础垫层底表面标高至交付施工场地标高确定，无交付施工场地标高时，应按自然地面标高确定。

2. 建筑物场地厚度≤±300mm 的挖、填、运、找平，应按"土石方工程"中平整场地项目编码列项。厚度＞±300mm 的竖向布置挖土或山坡切土应按"土石方工程"中挖一般土方项目编码列项。

3. 沟槽、基坑、一般土方的划分为：底宽≤7m 且底长＞3 倍底宽为沟槽；底长≤3 倍底宽且底面积≤150m² 为基坑；超出上述范围则为一般土方。

4. 挖土方如需截桩头时，应按桩基工程相关项目列项。

5. 桩间挖土不扣除桩的体积，并在项目特征中加以描述。

6. 弃、取土运距可以不描述，但应注明由投标人根据施工现场实际情况自行考虑，决定报价。

7. 土壤的分类应按表 5-2 确定，如土壤类别不能准确划分时，招标人可注明为综合，由投标人根据地勘报告决定报价。

8. 土方体积应按挖掘前的天然密实体积计算。非天然密实土方应按表 5-3 折算。

9. 挖沟槽、基坑、一般土方因工作面和放坡增加的工程量（管沟工作面增加的工程量）是否并入各土方工程量中，应按各省、自治区、直辖市或行业建设行政主管部门的规定实施，如并入各土方工程量中，办理工程结算时，按经发包人认可的施工组织设计规定计算，编制工程量清单时，可按表 5-4～表 5-6 规定计算。

10. 挖方出现流砂、淤泥时，如设计未明确，在编制工程量清单时，其工程数量可为暂估量，结算时应根据实际情况由发包人与承包人双方现场签证确认工程量。

11. 管沟土方项目适用于管道（给水排水、工业、电力、通信）、光（电）缆沟［包括：人（手）孔、接口坑］及连接井（检查井）等。

表 5-2 土壤分类表

土壤分类	土壤名称	开挖方法
一、二类土	粉土、砂土（粉砂、细砂、中砂、粗砂、砾砂）、粉质黏土、弱中盐渍土、软土（淤泥质土、泥炭、泥炭质土）、软塑红黏土、冲填土	用锹，少许用镐、条锄开挖。机械能全部直接铲挖满载者
三类土	黏土、碎石土（圆砾、角砾）混合土、可塑红黏土、硬塑红黏土、强盐渍土、素填土、压实填土	主要用镐、条锄，少许用锹开挖。机械需部分刨松方能铲挖满载者或可直接铲挖但不能满载者
四类土	碎石土（卵石、碎石、漂石、块石）、坚硬红黏土、超盐渍土、杂填土	全部用镐、条锄挖掘，少许用撬棍挖掘。机械须普遍刨松方能铲挖满载者

注：本表土的名称及其含义按国家标准《岩土工程勘察规范（2009 年版）》GB 50021—2001定义。

表 5-3 土方体积折算系数表

天然密实度体积	虚方体积	夯实后体积	松填体积
0.77	1.00	0.67	0.83
1.00	1.30	0.87	1.08
1.15	1.50	1.00	1.25
0.92	1.20	0.80	1.00

注：1. 虚方指未经碾压，堆积时间≤1 年的土壤。

2. 本表按《全国统一建筑工程预算工程量计算规则》GJDGZ－101—1995 整理。

3. 设计密实度超过规定的，填方体积按工程设计要求执行；无设计要求按各省、自治区、直辖市或行业建设行政主管部门规定的系数执行。

表 5-4　放坡系数表

土类别	放坡起点/m	人工挖土	机械挖土		
			在坑内作业	在坑上作业	顺沟槽在坑上作业
一、二类土	1.20	1：0.5	1：0.33	1：0.75	1：0.5
三类土	1.50	1：0.33	1：0.25	1：0.67	1：0.33
四类土	2.00	1：0.25	1：0.10	1：0.33	1：0.25

注：1. 沟槽、基坑中土类别不同时，分别按其放坡起点、放坡系数，依不同土类别厚度加权平均计算。

2. 计算放坡时，在交接处的重复工程量不予扣除，原槽、坑作基础垫层时，放坡自垫层上表面开始计算。

表 5-5　基础施工所需工作面宽度计算表

基础材料	每边各增加工作面宽度/mm
砖基础	200
浆砌毛石、条石基础	150
混凝土基础垫层支模板	300
混凝土基础支模板	300
基础垂直面做防水层	1000（防水层面）

注：本表按《全国统一建筑工程预算工程量计算规则》GJDGZ－101—1995 整理。

表 5-6　管沟施工每侧所需工作面宽度计算表

管道结构宽/mm　　　管沟材料	≤500	≤1000	≤2500	＞2500
混凝土及钢筋混凝土管道/mm	400	500	600	700
其他材质管道/mm	300	400	500	600

注：1. 本表按《全国统一建筑工程预算工程量计算规则》GJDGZ－101—1995 整理。

2. 管道结构宽：有管座的按基础外缘，无管座的按管道外径。

2. 石方工程

石方工程工程量清单项目设置、项目特征描述的内容、计量单位及工程量计算规则，应按表 5-7 的规定执行。

表 5-7 石方工程 (010102)

项目编码	项目名称	项目特征	计量单位	工程量计算规则	工作内容
010102001	挖一般石方			按设计图示尺寸以体积计算	
010102002	挖沟槽石方	1. 岩石类别 2. 开凿深度 3. 弃碴运距	m^3	按设计图示尺寸沟槽底面积乘以挖石深度以体积计算	1. 排地表水 2. 凿石 3. 运输
010102003	挖基坑石方			按设计图示尺寸基坑底面积乘以挖石深度以体积计算	
010102004	挖管沟石方	1. 岩石类别 2. 管外径 3. 挖沟深度	1. m 2. m^3	1. 以米计量，按设计图示以管道中心线长度计算 2. 以立方米计量，按设计图示截面积乘以长度计算	1. 排地表水 2. 凿石 3. 回填 4. 运输

注：1. 挖石应按自然地面测量标高至设计地坪标高的平均厚度确定。基础石方开挖深度应按基础垫层底表面标高至交付施工现场地标高确定，无交付施工场地标高时，应按自然地面标高确定。

2. 厚度＞±300mm 的竖向布置挖石或山坡凿石应按"土石方工程"中"挖一般石方"项目编码列项。

3. 沟槽、基坑、一般石方的划分为：底宽≤7m 且底长＞3 倍底宽为沟槽；底长≤3 倍底宽且底面积≤150m^2 为基坑；超出上述范围则为一般石方。

4. 弃碴运距可以不描述，但应注明由投标人根据施工现场实际情况自行考虑，决定报价。

5. 岩石的分类应按表 5-8 确定。

6. 石方体积应按挖掘前的天然密实体积计算。非天然密实石方应按表 5-9 折算。

7. 管沟石方项目适用于管道（给水排水、工业、电力、通信）、光（电）缆沟〔包括：人（手）孔、接口坑〕及连接井（检查井）等。

表 5-8 岩石分类表

岩石分类		代表性岩石	开挖方法
极软岩		1. 全风化的各种岩石 2. 各种半成岩	部分用手凿工具,部分用爆破法开挖
软质岩	软岩	1. 强风化的坚硬岩或较硬岩 2. 中等风化—强风化的较软岩 3. 未风化—微风化的页岩、泥岩、泥质砂岩等	用风镐和爆破法开挖
	较软岩	1. 中等风化—强风化的坚硬岩或较硬岩 2. 未风化—微风化的凝灰岩、千枚岩、泥灰岩、砂质泥岩等	用爆破法开挖
硬质岩	较硬岩	1. 微风化的坚硬岩 2. 未风化—微风化的大理岩、板岩、石灰岩、白云岩、钙质砂岩等	用爆破法开挖
	坚硬岩	未风化—微风化的花岗岩、闪长岩、辉绿岩、玄武岩、安山岩、片麻岩、石英岩、石英砂岩、硅质砾岩、硅质石灰岩等	用爆破法开挖

注：本表依据国家标准《工程岩体分级标准》GB 50218—1994 和《岩土工程勘察规范（2009 年版）》GB 50021—2001 整理。

表 5-9 石方体积折算系数表

石方类别	天然密实度体积	虚方体积	松填体积	码方
石方	1.0	1.54	1.31	—
块石	1.0	1.75	1.43	1.67
砂夹石	1.0	1.07	0.94	—

注：本表按建设部颁发《爆破工程消耗量定额》GYD-102—2008 整理。

3. 回填

回填工程工程量清单项目设置、项目特征描述的内容、计量单位及工程量计算规则，应按表 5-10 的规定执行。

表 5-10　回填（编码：010103）

项目编码	项目名称	项目特征	计量单位	工程量计算规则	工作内容
010103001	回填方	1. 密实度要求 2. 填方材料品种 3. 填方粒径要求 4. 填方来源、运距	m³	按设计图示尺寸以体积计算 1. 场地回填：回填面积乘平均回填厚度 2. 室内回填：主墙间面积乘回填厚度，不扣除间隔墙 3. 基础回填：按挖方清单项目工程量减去自然地坪以下埋设的基础体积（包括基础垫层及其他构筑物）	1. 运输 2. 回填 3. 压实
010103002	余方弃置	1. 废弃料品种 2. 运距		按挖方清单项目工程量减利用回填方体积（正数）计算	余方点装料运输至弃置点

注：1. 填方密实度要求，在无特殊要求情况下，项目特征可描述为满足设计和规范的要求。

2. 填方材料品种可以不描述，但应注明由投标人根据设计要求验方后方可填入，并符合相关工程的质量规范要求。

3. 填方粒径要求，在无特殊要求情况下，项目特征可以不描述。

4. 如需买土回填应在项目特征填方来源中描述，并注明买土方数量。

二、土石方工程定额工程量计算规则

1. 定额工程量计算规则

（1）一般规定

1）土方体积，均以挖掘前的天然密实体积为准计算。如遇有必须以天然密实体积折算时，可按表 5-3 所列数值换算。

2）挖土一律以设计室外地坪标高为准计算。

（2）平整场地及碾压工程量计算

1）人工平整场地是指建筑场地挖、填土方厚度在 ±30cm 以内及找平。挖、填土方厚度超过 ±30cm 以外时，按场地土方平衡竖向布置图另行计算。

2）平整场地工程量按建筑物外墙外边线每边各加 2m，以平方米计算。

3）建筑场地原土碾压以平方米计算，填土碾压按图示填土厚度以立方米计算。

（3）挖掘沟槽、基坑土方工程量计算

1）沟槽、基坑划分：

①凡图示沟槽底宽在 3m 以内，且沟槽长大于槽宽 3 倍以上的为沟槽。

②凡图示基坑底面积在 20m² 以内的为基坑。

③凡图示沟槽底宽 3m 以外，坑底面积 20m² 以外，平整场地挖土方厚度在 30cm 以外，均按挖土方计算。

2）计算挖沟槽、基坑、土方工程量需放坡时，放坡系数按表 5-4 规定计算。

3）挖沟槽、基坑需支挡土板时，其宽度按图示沟槽、基坑底宽，单面加 10cm，双面加 20cm 计算。挡土板面积，按槽、坑垂直支撑面积计算，支挡土板后，不得再计算放坡。

4）基础施工所需工作面，按表 5-5 规定计算。

5）挖沟槽长度，外墙按图示中心线长度计算；内墙按图示基础底面之间净长线长度计算；内外凸出部分（垛、附墙烟囱等）体积并入沟槽土方工程量内计算。

6）人工挖土方深度超过 1.5m 时，按表 5-11 增加工日。

表 5-11　人工挖土方超深增加工日

深 2m 以内	深 4m 以内	深 6m 以内
5.55 工日	17.60 工日	26.16 工日

7）挖管道沟槽按图示中心线长度计算，沟底宽度，设计有规定的，按设计规定尺寸计算，设计无规定的，可按表 5-12 规定宽度计算。

表 5-12　管道地沟沟底宽度计算　　　　　　单位：m

管径/mm	铸铁管、钢管 石棉水泥管	混凝土、钢筋混凝土、 预应力混凝土管	陶土管
50~70	0.60	0.80	0.70
100~200	0.70	0.90	0.80
250~350	0.80	1.00	0.90
400~450	1.00	1.30	1.10
500~600	1.30	1.50	1.40
700~800	1.60	1.80	—
900~1000	1.80	2.00	—
1100~1200	2.00	2.30	—
1300~1400	2.20	2.60	—

注：1. 按上表计算管道沟土方工程量时，各种井类及管道（不含铸铁给水排水管）接口等处需加宽增加的土方量不另行计算，底面积大于 20m² 的井类，其增加工程量并入管沟土方内计算。

2. 铺设铸铁给水排水管道时其接口等处土方增加量，可按铸铁给水排水管道地沟土方总量的 2.5% 计算。

8）沟槽、基坑深度，按图示槽、坑底面至室外地坪深度计算；管道地沟按图示沟底至室外地坪深度计算。

（4）人工挖孔桩土方工程量计算　按图示桩断面积乘以设计桩孔中心线深度计算。

（5）井点降水工程量计算　井点降水区别轻型井点、喷射井点、大口径井点、电渗井点、水平井点，按不同井管深度的井管安装、拆除，以根为单位计算，使用按套、天计算。

井点套组成：

1）轻型井点：50 根为 1 套。

2）喷射井点：30 根为 1 套。

3）大口径井点：45 根为 1 套。

4）电渗井点阳极：30 根为 1 套。

5）水平井点：10 根为 1 套。

井管间距应根据地质条件和施工降水要求，依施工组织设计确定，施工组织设计没有规定时，可按轻型井点管距 0.8～1.6m，喷射井点管距 2～3m 确定。

使用天应以每昼夜 24h 为一天，使用天数应按施工组织设计规定的使用天数计算。

（6）石方工程　岩石开凿及爆破工程量，按不同石质采用不同方法计算：

1）人工凿岩石，按图示尺寸以立方米计算。

2）爆破岩石按图示尺寸以立方米计算，其沟槽、基坑深度、宽度允许超挖量：次坚石为 200mm，特坚石为 150mm，超挖部分岩石并入岩石挖方量之内计算。

（7）土石方运输与回填工程

1）土（石）方回填。土（石）方回填土区分夯填、松填，按图示回填体积并依下列规定，以立方米计算。

2）沟槽、基坑回填土，沟槽、基坑回填体积以挖方体积减去设计室外地坪以下埋设砌筑物（包括：基础垫层、基础等）体积计算。

3）管道沟槽回填，以挖方体积减去管径所占体积计算。管径在 500mm 以下的不扣除管道所占体积；管径超过 500mm 以上时，按表 5-13 规定扣除管道所占体积计算。

4）房心回填土，按主墙之间的面积乘以回填土厚度计算。

5）余土或取土工程量，可按下式计算：

$$余土外运体积＝挖土总体积－回填土总体积 \qquad (5-1)$$

当计算结果为正值时，为余土外运体积，负值时为取土体积。

表 5-13　管道扣除土方体积表

管道直径/mm	钢管	铸铁管	混凝土管
501～600	0.21	0.24	0.33
601～800	0.44	0.49	0.60
801～1000	0.71	0.77	0.92
1001～1200	—	—	1.15
1201～1400	—	—	1.35
1401～1600	—	—	1.55

6) 地基强夯按设计图示强夯面积，区分夯击能量，夯击遍数以平方米计算。

（8）土方运距计算规则：

1) 推土机推土运距：按挖方区重心至回填区重心之间的直线距离计算。

2) 铲运机运土运距：按挖方区重心至卸土区重心加转向距离 45m 计算。

3) 自卸汽车运土运距：按挖方区重心至填土区（或堆放地点）重心的最短距离计算。

2. 定额工程量计算说明

（1）人工土石方

1) 土壤及岩石分类：详见表 5-14。表列Ⅰ、Ⅱ类为定额中一、二类土壤

表 5-14　土壤及岩石（普氏）分类表

定额分类	普氏分类	土壤及岩石名称	天然湿度下平均容重/（kg/m³）	极限压碎强度/（kg/cm²）	用轻钻孔机钻进 1m 耗时/min	开挖方法及工具	紧固系数 f
一、二类土壤	Ⅰ	砂	1500	—	—	用尖锹开挖	0.5～0.6
		砂壤土	1600				
		腐殖土	1200				
		泥炭	600				
	Ⅱ	轻壤和黄土类土	1600	—	—	用锹开挖并少数用镐开挖	0.6～0.8
		潮湿而松散的黄土，软的盐渍土和碱土	1600				
		平均 15mm 以内的松散而软的砾石	1700				
		含有草根的实心密实腐殖土	1400				
		含有直径在 30mm 以内根类的泥炭和腐殖土	1100				
		掺有卵石、碎石和石屑的砂和腐殖土	1650				
		含有卵石或碎石杂质的胶结成块的填土	1750				
		含有卵石、碎石和建筑料杂质的砂壤土	1900				

续表

定额分类	普氏分类	土壤及岩石名称	天然湿度下平均容重/（kg/m³）	极限压碎强度/（kg/cm²）	用轻钻孔机钻进1m耗时/min	开挖方法及工具	紧固系数 f
三类土壤	Ⅲ	肥黏土其中包括石英纪、侏罗纪的黏土和冰黏土	1800	—	—	用尖锹并同时用镐开挖（30%）	0.8～1.0
		重壤土、粗砾石，粒径为15～40mm的碎石和卵石	1750				
		干黄土和掺有碎石或卵石的自然含水量黄土	1790				
		含有直径大于30mm根类的腐殖土或泥炭	1400				
		掺有碎石或卵石和建筑碎料的土壤	1900				
四类土壤	Ⅳ	土含碎石重黏土其中包括侏罗纪和石英纪的硬黏土	1950	—	—	用尖锹并同时用镐和撬棍开挖（30%）	1.0～1.5
		含有碎石、卵石、建筑碎料和重达25kg的顽石（总体积10%以内）等杂质的肥黏土和重壤土	1950				
		冰渍黏土，含有重量在50kg以内的巨砾，其含量为总体积10%以内	2000				
		泥板岩	2000				
		不含或含有重达10kg的顽石	1950				
松石	Ⅴ	含有重量在50kg以内的巨砾（占体积10%以上）的冰渍石	2100	小于200	小于3.5	部分用手凿工具，部分用爆破来开挖	1.5～2.0
		矽藻岩和软白垩岩	1800				
		胶结力弱的砾岩	1900				
		各种不坚实的片岩	2600				
		石膏	2200				
次坚石	Ⅵ	凝灰岩和浮石	1100	200～400	3.5	用风镐和爆破法开挖	2～4
		松软多孔和裂隙严重的石灰岩和介质石灰岩	1200				
		中等硬变的片岩	2700				
		中等硬变的泥灰岩	2300				

定额分类	普氏分类	土壤及岩石名称	天然湿度下平均容重/（kg/m³）	极限压碎强度/（kg/cm²）	用轻钻孔机钻进1m耗时/min	开挖方法及工具	紧固系数 f
次坚石	Ⅶ	石灰石胶结的带有卵石和沉积岩的砾石	2200	400～600	6.0		4～6
		风化的和有大裂缝的黏土质砂岩	2000	400～600	6.0		4～6
		坚实的泥板岩	2800				
		坚实的泥灰岩	2500				
	Ⅷ	砾质花岗岩	2300	600～800	8.5		6～8
		泥灰质石灰岩	2300				
		黏土质砂岩	2200				
		砂质云母片岩	2300				
		硬石膏	2900				
普坚石	Ⅸ	严重风化的软弱的花岗岩、片麻岩和正长岩	2500	800～1000	11.5	用爆破方法开挖	8～10
		滑石化的蛇纹岩	2400				
		致密的石灰岩	2500				
		含有卵石、沉积岩的渣质胶结的砾岩	2500				
		砂岩	2500				
		砂质石灰质片岩	2500				
		菱镁矿	3000				
	Ⅹ	白云石	2700	1000～1200	15.0		10～12
		坚固的石灰岩	2700				
		大理石	2700				
		石灰胶结的致密砾石	2600				
		坚固砂质片岩	2600				
特坚石	Ⅺ	粗花岗岩	2800	1200～1400	18.5		12～14
		非常坚硬的白云岩	2900				
		蛇纹岩	2600				
		石灰质胶结的含有火成岩之卵石的砾石	2800				
		石英胶结的坚固砂岩	2700				
		粗粒正长岩	2700				

续表

定额分类	普氏分类	土壤及岩石名称	天然湿度下平均容重/（kg/m³）	极限压碎强度/（kg/cm²）	用轻钻孔机钻进1m耗时/min	开挖方法及工具	紧固系数 f
特坚石	XII	具有风化痕迹的安山岩和玄武岩	2700	1400～1600	22.0	用爆破方法开挖	14～16
		片麻岩	2600				
		非常坚固的石灰岩	2900				
		硅质胶结的含有火成岩之卵石的砾石	2900				
		粗石岩	2600				
	XIII	中粒花岗岩	3100	1600～1800	27.5		16～18
		坚固的片麻岩	2800				
		辉绿岩	2700				
		玢岩	2500				
		坚固的粗面岩	2800				
		中粒正长岩	2800				
	XIV	非常坚硬的细粒花岗岩	3300	1800～2000	32.5		18～20
		花岗岩麻岩	2900				
		闪长岩	2900				
		高硬度的石灰岩	3100				
		坚固的玢岩	2700				
	XV	安山岩、玄武岩、坚固的角页岩	3100	2000～2500	46.0		20～25
		高硬度的辉绿岩和闪长岩	2900				
		坚固的辉长岩和石英岩	2800				
	XVI	拉长玄武岩和橄榄玄武岩	3300	大于2500	大于60		大于25
		特别坚固的辉长辉绿岩、石英石和玢岩	3300				

（普通土）；Ⅲ类为定额中三类土壤（坚土）；Ⅳ类为定额中四类土壤（砂砾坚土）。人工挖地槽、地坑定额深度最深为6m，超过6m时，可另作补充定额。

　　2）人工土方定额是按干土编制的，如挖湿土时，人工乘以系数1.18。干湿的划分，应根据地质勘测资料以地下常水位为准划分，地下常水位以上为干土，以下为湿土。

3）人工挖孔桩定额，适用于在有安全防护措施的条件下施工。

4）定额中不包括地下水位以下施工的排水费用，发生时另行计算。挖土方时如有地表水需要排除时，也应另行计算。

5）支挡土板定额项目分为密撑和疏撑，密撑是指满支挡土板；疏撑是指间隔支挡土板，实际间距不同时，定额不作调整。

6）在有挡土板支撑下挖土方时，按实挖体积，人工乘系数 1.43。

7）挖桩间土方时，按实挖体积（扣除桩体占用体积），人工乘以系数 1.5。

8）人工挖孔桩，桩内垂直运输方式按人工考虑。如深度超过 12m 时，16m 以内按 12m 项目人工用量乘以系数 1.3；20m 以内乘以系数 1.5 计算。同一孔内土壤类别不同时，按定额加权计算，如遇有流砂、淤泥时，另行处理。

9）场地竖向布置挖填土方时，不再计算平整场地的工程量。

10）石方爆破定额是按炮眼法松动爆破编制的，不分明炮、闷炮，但闷炮的覆盖材料应另行计算。

11）石方爆破定额是按电雷管导电起爆编制的，如采用火雷管爆破时，雷管应换算，数量不变。扣除定额中的胶质导线，换为导火索，导火索的长度按每个雷管 2.12m 计算。

（2）机械土石方

1）岩石分类，详见表 5-14。表列Ⅴ类为定额中松石，Ⅵ～Ⅷ类为定额中次坚石；Ⅸ、Ⅹ类为定额中普坚石；Ⅺ～ⅩⅥ类为特坚石。

2）推土机推土、推石碴，铲运机铲运土重车上坡时，如果坡度大于 5% 时，其运距按坡度区段斜长乘以坡度系数计算，坡度系数见表 5-15。

表 5-15　坡度系数

坡度/%	5～10	15 以内	20 以内	25 以内
系数	1.75	2.0	2.25	2.50

3）汽车、人力车、重车上坡降效因素，已综合在相应的运输定额项目中，不再另行计算。

4）机械挖土方工程量，按机械挖土方 90% ，人工挖土方 10% 计算，人工挖土部分按相应定额项目人工乘以系数 2。

5）土壤含水率定额是以天然含水率为准制订的：

含水率大于 25% 时，定额人工、机械乘以系数 1.15，若含水率大于 40% 时另行计算。

6）推土机推土或铲运机铲土土层平均厚度小于 300mm 时，推土机台班用量乘以系数 1.25；铲运机台班用量乘以系数 1.17。

7）挖掘机在垫板上进行作业时，人工、机械乘以系数 1.25，定额内不包括垫板铺设所需的工料、机械消耗。

8）推土机、铲运机，推、铲未经压实的积土时，按定额项目乘以系数 0.73。

9）机械土方定额是按三类土编制的，如实际土壤类别不同时，定额中机械台班量乘以表 5-16 中的系数。

表 5-16　机械台班系数

项　目	一、二类土壤	四类土壤
推土机推土方	0.84	1.18
铲运机铲运土方	0.84	1.26
自行铲运机铲土方	0.86	1.09
挖掘机挖土方	0.84	1.14

10）定额中的爆破材料是按炮孔中无地下渗水、积水编制的，炮孔中若出现地下渗水、积水时，处理渗水或积水发生的费用另行计算。定额内未计爆破时所需覆盖的安全网、草袋、架设安全屏障等设施，发生时另行计算。

11）机械上下行驶坡道土方，合并在土方工程量内计算。

12）汽车运土运输道路是按一、二、三类道路综合确定的，已考虑了运输过程中道路清理的人工，如需要铺筑材料时，另行计算。

三、土石方工程工程量计算实例

【例 5-7】　某工程如下：

（1）设计说明

1）某工程 ±0.00 以下基础工程施工图如图 5-9 所示，室内外标高差为 450mm。

2）基础垫层为非原槽浇注，垫层支模，混凝土强度等级为 C10，地圈梁混凝土强度等级为 C20。

3）砖基础，使用普通页岩标准砖，M5 水泥砂浆砌筑。

4）独立柱基及柱为 C20 混凝土。

5）本工程建设方已完成三通一平。

6）混凝土及砂浆材料为：中砂、砾石、细砂均现场搅拌。

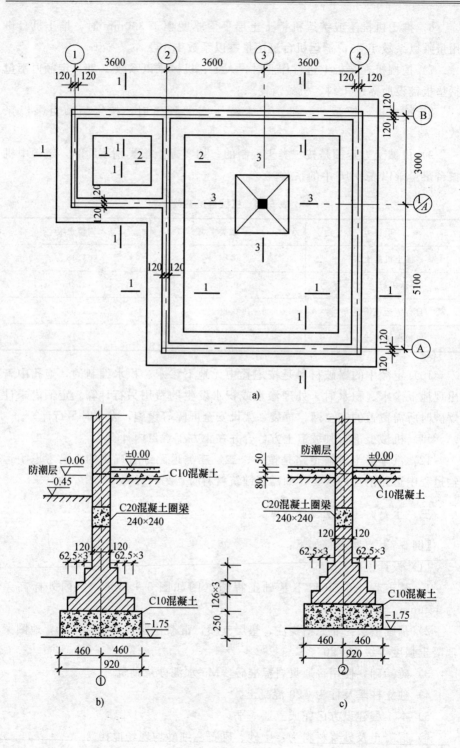

a)

b)

c)

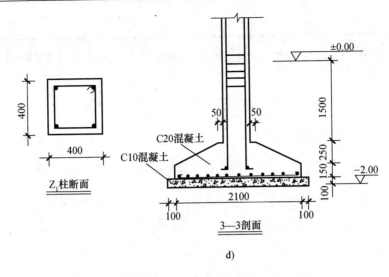

d)

图 5-9　某工程±0.00 以下基础工程施工图

a) 平面图　b) 1—1 剖面图　c) 2—2 剖面图　d) 柱断面、3—3 基础剖面图

（2）施工方案

1）本基础工程土方为人工开挖，非桩基工程，不考虑开挖时排地表水及基底钎探，不考虑支挡土板施工，工作面为 300mm，放坡系数为 1：0.33。

2）开挖基础土，其中一部分土壤考虑按挖方量的 60% 进行现场运输、堆放，采用人力车运输，距离为 40m，另一部分土壤在基坑边 5m 内堆放。平整场地弃、取土运距为 5m。弃土外运 5km，回填为夯填。

3）土壤类别三类土，均属天然密实土，现场内土壤堆放时间为三个月。

试列出该±0.00 以下基础工程的平整场地、挖地槽、地坑、弃土外运、土方回填等项目的分部分项工程量清单。

【解】

清单工程量计算表见表 5-17，分部分项工程和单价措施项目清单与计价表见表 5-18。

表 5-17　清单工程量计算表

工程名称：某工程

序号	项目编码	项目名称	计算式	工程量合计	计量单位
1	010101001001	平整场地	$S=11.04\times3.24+5.1\times7.44=73.71$	73.71	m^2
2	010101003001	挖沟槽土方	$L_{外}=(10.8+8.1)\times2=37.8$ $L_{内}=3-0.92-0.3\times2=1.48$ $S_{1-1(2-2)}=(0.92+2\times0.3)\times1.3=1.98$ $V=(37.8+1.48)\times1.98=77.77$	77.77	m^3

续表

序号	项目编码	项目名称	计算式	工程量合计	计量单位
3	010101004001	挖基坑土方	$S_下 = (2.3+0.3\times2)^2 = 2.9^2$ $S_上 = (2.3+0.3\times2+2\times0.33\times1.55)^2$ $= 3.92^2$ $V = \dfrac{1}{3}\times h\times(S_上+S_下+\sqrt{S_上+S_下})$ $= \dfrac{1}{3}\times1.55\times(2.9^2+3.92^2+2.9\times3.92)$ $= 18.16$	18.16	m³
4	010103002001	土方回填	1. 垫层：$V = (37.8+2.08)\times0.92\times$ $0.250+2.3\times2.3\times0.1=9.70$ 2. 埋在土下砖基础（含圈梁）：$V=$ $(37.8+2.76)\times(1.05\times0.24+0.0625\times$ $3\times0.126\times4)=40.56\times0.3465=14.05$ 3. 埋在土下的混凝土基础及柱：$V=\dfrac{1}{3}\times$ $0.25\times(0.5^2+2.1^2+0.5\times2.1)+1.05\times$ $0.4\times0.4+2.1\times2.1\times0.15=1.31$ 基坑回填：$V=77.77+18.16-9.7-$ $14.05-1.31=70.87$ 室内回填：$V=(3.36\times2.76+7.86\times$ $6.96-0.4\times0.4)\times(0.45-0.13)$ $=20.42$	91.29	m³
5	010103001001	余方弃置	$V=95.93-91.29=4.64$	4.64	m³

注：1. 某省规定：挖沟槽、基坑因工作面及放坡增加的工程量，并入各土方工程量中。

2. 按表 5-4 三类土放坡起点应为 1.5m，因挖沟槽土方不应计算放坡。

表 5-18 分部分项工程和单价措施项目清单与计价表

工程名称：某工程

序号	项目编号	项目名称	项目特征描述	计算单位	工程量	金额/元	
						综合单价	合价
1	010101001001	平整场地	1. 土壤类别：三类土 2. 弃土运距：5m 3. 取土运距：5m	m²	73.71		
2	010101003001	挖沟槽土方	1. 土壤类别：三类土 2. 挖土深度：1.30m 3. 弃土运距：40m	m³	77.77		

续表

序号	项目编号	项目名称	项目特征描述	计算单位	工程量	金额/元	
						综合单价	合价
3	010101004001	挖基坑土方	1. 土壤类别：三类土 2. 挖土深度：1.55m 3. 弃土运距：40m	m³	18.16		
4	010103002001	余方弃置	弃土运距：5km	m³	4.64		
5	010103001001	土方回填	1. 土质要求：满足规范及设计 2. 密实度要求：满足规范及设计 3. 粒径要求：满足规范及设计 4. 夯填（碾压）：夯填 5. 运输距离：40m	m³	91.29		

【例 5-8】　　××工程基础开挖过程中出现淤泥流砂现象，其尺寸为长 4.0m，宽 2.6m，深 2.0m，淤泥、流砂外运 60m，试编制分部分项工程量清单及综合单价分析表。

【解】

（1）清单工程量计算

$$V = 4.0 \times 2.6 \times 2.0 = 20.8 \ (\text{m}^3)$$

（2）消耗量定额工程量

$$V = 4.0 \times 2.6 \times 2.0 = 20.8 \ (\text{m}^3)$$

（3）挖淤泥流砂

人工费：$20.8 \div 10 \times 242 = 503.36$（元）

（4）流砂外运

人工费：$20.8 \div 10 \times 8.10 = 16.85$（元）

（5）综合

直接费：$503.36 + 16.85 = 520.21$（元）

管理费：$520.21 \times 34\% = 176.87$（元）

利润：$520.21 \times 8\% = 41.62$（元）

合价：$520.21 + 176.87 + 41.62 = 738.70$（元）

综合单价：$738.70 \div 20.8 = 35.51$（元）

分部分项工程和单价措施项目清单与计价表见表 5-19。

表5-19　分部分项工程和单价措施项目清单与计价表

序号	项目编号	项目名称	项目特征描述	计算单位	工程量	金额/元		其中
						综合单价	合价	暂估价
1	010101006001	挖淤泥、流砂	1. 挖掘深度 2. 弃淤泥、流砂距离	m³	20.8	35.51	738.61	

综合单价分析表见表5-20。

表5-20　综合单价分析表

项目编码	010101006001	项目名称	挖淤泥、流砂	计量单位	m³	工程量	20.8

清单综合单价组成明细

定额编号	定额名称	定额单位	数量	单价				合价			
				人工费	材料费	机械费	管理费和利润	人工费	材料费	机械费	管理费和利润
1-2-7	挖淤泥、流砂	10m³	0.1	242	—	—	101.64	24.2	—	—	10.16
1-2-29	流砂外运	10m³	0.1	8.10	—	—	3.402	0.81	—	—	0.34
人工单价			小计					25.01	—		10.5
22.47元/工日			未计价材料费								
清单项目综合单价								35.51			

第三节　地基处理与边坡支护工程

一、地基处理与边坡支护工程清单工程量计算规则

1. 地基处理

地基处理工程量清单项目设置、项目特征描述的内容、计量单位及工程量计算规则，应按表5-21的规定执行。

表 5-21　地基处理（编号：010201）

项目编码	项目名称	项目特征	计量单位	工程量计算规则	工作内容
010201001	换填垫层	1. 材料种类及配比 2. 压实系数 3. 掺加剂品种	m³	按设计图示尺寸以体积计算	1. 分层铺填 2. 碾压、振密或夯实 3. 材料运输
010201002	铺设土工合成材料	1. 部位 2. 品种 3. 规格	m²	按设计图示尺寸以面积计算	1. 挖填锚固沟 2. 铺设 3. 固定 4. 运输
010201003	预压地基	1. 排水竖井种类、断面尺寸、排列方式、间距、深度 2. 预压方法 3. 预压荷载、时间 4. 砂垫层厚度	m²	按设计图示处理范围以面积计算	1. 设置排水竖井、盲沟、滤水管 2. 铺设砂垫层、密封膜 3. 堆载、卸载或抽气设备安拆、抽真空 4. 材料运输
010201004	强夯地基	1. 夯击能量 2. 夯击遍数 3. 夯击点布置形式、间距 4. 地耐力要求 5. 夯填材料种类			1. 铺设夯填材料 2. 强夯 3. 夯填材料运输
010201005	振冲密实（不填料）	1. 地层情况 2. 振密深度 3. 孔距			1. 振冲加密 2. 泥浆运输
010201006	振冲桩（填料）	1. 地层情况 2. 空桩长度、桩长 3. 桩径 4. 填充材料种类		1. 以米计量，按设计图示尺寸以桩长计算 2. 以立方米计量，按设计桩截面乘以桩长以体积计算	1. 振冲成孔、填料、振实 2. 材料运输 3. 泥浆运输
010201007	砂石桩	1. 地层情况 2. 空桩长度、桩长 3. 桩径 4. 成孔方法 5. 材料种类、级配	1. m 2. m³	1. 以米计量，按设计图示尺寸以桩长（包括桩尖）计算 2. 以立方米计量，按设计桩截面乘以桩长（包括桩尖）以体积计算	1. 成孔 2. 填充、振实 3. 材料运输

续表

项目编码	项目名称	项目特征	计量单位	工程量计算规则	工作内容
010201008	水泥粉煤灰碎石桩	1. 地层情况 2. 空桩长度、桩长 3. 桩径 4. 成孔方法 5. 混合料强度等级	m	按设计图示尺寸以桩长（包括桩尖）计算	1. 成孔 2. 混合料制作、灌注、养护 3. 材料运输
010201009	深层搅拌桩	1. 地层情况 2. 空桩长度、桩长 3. 桩截面尺寸 4. 水泥强度等级、掺量		按设计图示尺寸以桩长计算	1. 预搅下钻、水泥浆制作、喷浆搅拌提升成桩 2. 材料运输
010201010	粉喷桩	1. 地层情况 2. 空桩长度、桩长 3. 桩径 4. 粉体种类、掺量 5. 水泥强度等级、石灰粉要求			1. 预搅下钻、喷粉搅拌提升成桩 2. 材料运输
010201011	夯实水泥土桩	1. 地层情况 2. 空桩长度、桩长 3. 桩径 4. 成孔方法 5. 水泥强度等级 6. 混合料配比		按设计图示尺寸以桩长（包括桩尖）计算	1. 成孔、夯底 2. 水泥土拌合、填料、夯实 3. 材料运输
010201012	高压喷射注浆桩	1. 地层情况 2. 空桩长度、桩长 3. 桩截面 4. 注浆类型、方法 5. 水泥强度等级		按设计图示尺寸以桩长计算	1. 成孔 2. 水泥浆制作、高压喷射注浆 3. 材料运输
010201013	石灰桩	1. 地层情况 2. 空桩长度、桩长 3. 桩径 4. 成孔方法 5. 掺和料种类、配合比		按设计图示尺寸以桩长（包括桩尖）计算	1. 成孔 2. 混合料制作、运输、夯填

续表

项目编码	项目名称	项目特征	计量单位	工程量计算规则	工作内容
010201014	灰土（土）挤密桩	1. 地层情况 2. 空桩长度、桩长 3. 桩径 4. 成孔方法 5. 灰土级配	m	按设计图示尺寸以桩长（包括桩尖）计算	1. 成孔 2. 灰土拌和、运输、填充、夯实
010201015	柱锤冲扩桩	1. 地层情况 2. 空桩长度、桩长 3. 桩径 4. 成孔方法 5. 桩体材料种类、配合比		按设计图示尺寸以桩长计算	1. 安、拔套管 2. 冲孔、填料、夯实 3. 桩体材料制作、运输
010201016	注浆地基	1. 地层情况 2. 空钻深度、注浆深度 3. 注浆间距 4. 浆液种类及配比 5. 注浆方法 6. 水泥强度等级	1. m 2. m³	1. 以米计量，按设计图示尺寸以钻孔深度计算 2. 以立方米计量，按设计图示尺寸以加固体积计算	1. 成孔 2. 注浆导管制作、安装 3. 浆液制作、压浆 4. 材料运输
010201017	褥垫层	1. 厚度 2. 材料品种及比例	1. m² 2. m³	1. 以平方米计量，按设计图示尺寸以铺设面积计算 2. 以立方米计量，按设计图示尺寸以体积计算	材料拌合、运输、铺设、压实

注：1. 地层情况按表5-2和表5-8的规定，并根据岩土工程勘察报告按单位工程各地层所占比例（包括范围值）进行描述。对无法准确描述的地层情况，可注明由投标人根据岩土工程勘察报告自行决定报价。

2. 项目特征中的桩长应包括桩尖，空桩长度＝孔深－桩长，孔深为自然地面至设计桩底的深度。

3. 高压喷射注浆类型包括旋喷、摆喷、定喷，高压喷射注浆方法包括单管法、双重管法、三重管法。

4. 如采用泥浆护壁成孔，工作内容包括土方、废泥浆外运，如采用沉管灌注成孔，工作内容包括桩尖制作、安装。

2. 基坑与边坡支护

工程量清单项目设置、项目特征描述的内容、计量单位及工程量计算规则，应按表5-22的规定执行。

表 5-22　基坑与边坡支护（编码：010202）

项目编码	项目名称	项目特征	计量单位	工程量计算规则	工作内容
010202001	地下连续墙	1. 地层情况 2. 导墙类型、截面 3. 墙体厚度 4. 成槽深度 5. 混凝土种类、强度等级 6. 接头形式	m^3	按设计图示墙中心线长乘以厚度乘以槽深以体积计算	1. 导墙挖填、制作、安装、拆除 2. 挖土成槽、固壁、清底置换 3. 混凝土制作、运输、灌注、养护 4. 接头处理 5. 土方、废泥浆外运 6. 打桩场地硬化及泥浆池、泥浆沟
010202002	咬合灌注桩	1. 地层情况 2. 桩长 3. 桩径 4. 混凝土种类、强度等级 5. 部位	1. m 2. 根	1. 以米计量，按设计图示尺寸以桩长计算 2. 以根计量，按设计图示数量计算	1. 成孔、固壁 2. 混凝土制作、运输、灌注、养护 3. 套管压拔 4. 土方、废泥浆外运 5. 打桩场地硬化及泥浆池、泥浆沟
010202003	圆木桩	1. 地层情况 2. 桩长 3. 材质 4. 尾径 5. 桩倾斜度		1. 以米计量，按设计图示尺寸以桩长（包括桩尖）计算 2. 以根计量，按设计图示数量计算	1. 工作平台搭拆 2. 桩机移位 3. 桩靴安装 4. 沉桩
010202004	预制钢筋混凝土板桩	1. 地层情况 2. 送桩深度、桩长 3. 桩截面 4. 混凝土强度等级			1. 工作平台搭拆 2. 桩机竖拆、移位 3. 沉桩 4. 板桩连接

续表

项目编码	项目名称	项目特征	计量单位	工程量计算规则	工作内容
010202005	型钢桩	1. 地层情况或部位 2. 送桩深度、桩长 3. 规格型号 4. 桩倾斜度 5. 防护材料种类 6. 是否拔出	1. t 2. 根	1. 以吨计量，按设计图示尺寸以质量计算 2. 以根计量，按设计图示数量计算	1. 工作平台搭拆 2. 桩机移位 3. 打（拔）桩 4. 接桩 5. 刷防护材料
010202006	钢板桩	1. 地层情况 2. 桩长 3. 板桩厚度	1. t 2. m²	1. 以吨计量，按设计图示尺寸以质量计算 2. 以平方米计量，按设计图示墙中心线长乘以桩长以面积计算	1. 工作平台搭拆 2. 桩机移位 3. 打拔钢板桩
010202007	预应力锚杆、锚索	1. 地层情况 2. 锚杆（索）类型、部位 3. 钻孔深度 4. 钻孔直径 5. 杆体材料品种、规格、数量 6. 预应力 7. 浆液种类、强度等级	1. m 2. 根	1. 以米计量，按设计图示尺寸以钻孔深度计算 2. 以根计量，按设计图示数量计算	1. 钻孔、浆液制作、运输、压浆 2. 锚杆（锚索）制作、安装 3. 张拉锚固 4. 锚杆、锚索施工平台搭设、拆除
010202008	土钉	1. 地层情况 2. 钻孔深度 3. 钻孔直径 4. 置入方法 5. 杆体材料品种、规格、数量 6. 浆液种类、强度等级			1. 钻孔、浆液制作、运输、压浆 2. 土钉制作、安装 3. 土钉施工平台搭设、拆除

续表

项目编码	项目名称	项目特征	计量单位	工程量计算规则	工作内容
010202009	喷射混凝土、水泥砂浆	1. 部位 2. 厚度 3. 材料种类 4. 混凝土（砂浆）类别、强度等级	m^2	按设计图示尺寸以面积计算	1. 修整边坡 2. 混凝土（砂浆）制作、运输、喷射、养护 3. 钻排水孔、安装排水管 4. 喷射施工平台搭设、拆除
010202010	混凝土支撑	1. 部位 2. 混凝土种类 3. 混凝土强度等级	m^3	按设计图示尺寸以体积计算	1. 模板（支架或支撑）制作、安装、拆除、堆放、运输及清理模内杂物、刷隔离剂等 2. 混凝土制作、运输、浇筑、振捣、养护
010202011	钢支撑	1. 部位 2. 钢材品种、规格 3. 探伤要求	t	按设计图示尺寸以质量计算。不扣除孔眼质量，焊条、铆钉、螺栓等不另增加质量	1. 支撑、铁件制作（摊销、租赁） 2. 支撑、铁件安装 3. 探伤 4. 刷漆 5. 拆除 6. 运输

注：1. 地层情况按表 5-2 和表 5-8 的规定，并根据岩土工程勘察报告按单位工程各地层所占比例（包括范围值）进行描述。对无法准确描述的地层情况，可注明由投标人根据岩土工程勘察报告自行决定报价。

2. 土钉置入方法包括钻孔置入、打入或射入等。

3. 混凝土种类：指清水混凝土、彩色混凝土等，如在同一地区既使用预拌（商品）混凝土，又允许现场搅拌混凝土时，也应注明（下同）。

4. 地下连续墙和喷射混凝土（砂浆）的钢筋网、咬合灌注桩的钢筋笼及钢筋混凝土支撑的钢筋制作、安装，按"混凝土及钢筋混凝土工程"中相关项目列项。本分部未列的基坑与边坡支护的排桩按"桩基工程"中相关项目列项。水泥土墙、坑内加固按表 5-21 中相关项目列项。砖、石挡土墙、护坡按"砌筑工程"中相关项目列项。混凝土挡土墙按"混凝土及钢筋混凝土工程"中相关项目列项。

二、地基处理与边坡支护工程工程量计算实例

【例 5-9】 某幢别墅工程基底为可塑黏土，不能满足设计承载力要求，采用水泥粉煤灰碎石桩进行地基处理，桩径为 400mm，桩体强度等级为 C20，桩数为 52 根，设计桩长为 10m，桩端进入硬塑黏土层不少于 1.5m，桩顶在

地面以下 1.5～2m，水泥粉煤灰碎石桩采用振动沉管灌注桩施工，桩顶采用 200mm 厚人工级配砂石（砂∶碎石＝3∶7，最大粒径 30mm）作为褥垫层，如图 5-10 所示。试列出该工程地基处理分部分项工程量清单。

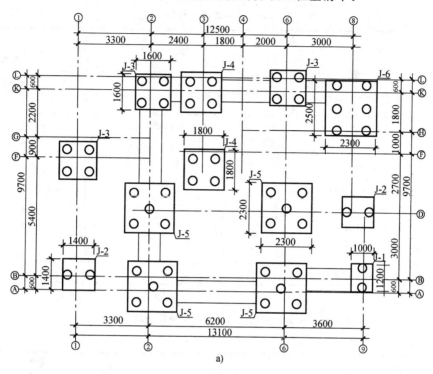

a)

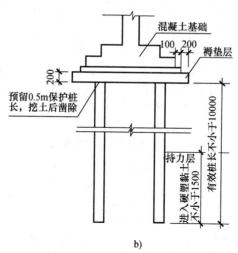

b)

图 5-10　某幢别墅水泥粉煤灰碎石桩平面图（单位：mm）

a）水泥粉煤灰碎石桩平面图　b）水泥粉煤灰碎石桩详图

【解】

清单工程量计算表见表 5-23，分部分项工程和单价措施项目清单与计价表见表 5-24。

表 5-23　清单工程量计算表

序号	项目编码	项目名称	计算式	工程量合计	计量单位
1	010201008001	水泥粉煤灰碎石桩	$L = 52 \times 10 = 520\text{m}$	520	m
2	010201017001	褥垫层	1. J-1　$1.8 \times 1.6 \times 1 = 2.88\text{m}^2$ 2. J-2　$2.0 \times 2.0 \times 2 = 8.00\text{m}^2$ 3. J-3　$2.2 \times 2.2 \times 3 = 14.52\text{m}^2$ 4. J-4　$2.4 \times 2.4 \times 2 = 11.52\text{m}^2$ 5. J-5　$2.9 \times 2.9 \times 4 = 33.64\text{m}^2$ 6. J-6　$2.9 \times 3.1 \times 1 = 8.99\text{m}^2$ $S = 2.88 + 8.00 + 14.52 + 11.52 + 33.64 + 8.99 = 79.55\text{m}^2$	79.55	m²
3	010301004001	截（凿）桩头	$n = 52$ 根	52	根

表 5-24　分部分项工程和单价措施项目清单与计价表

工程名称：某工程

序号	项目编号	项目名称	项目特征描述	计算单位	工程量	金额/元	
						综合单价	合价
1	010201008001	水泥粉煤灰碎石桩	1. 地层情况：三类土 2. 空桩长度、桩长：1.5～2m、10m 3. 桩径：400mm 4. 成孔方法：振动沉管 5. 混合料强度等级：C20	m	520		
2	010201017001	褥垫层	1. 厚度：200mm 2. 材料品种及比例：人工级配砂石 （最大粒径 30mm），砂：碎石=3:7	m²	79.55		
3	010301004001	截(凿)桩头	1. 桩类型：水泥粉煤灰碎石桩 2. 桩头截面、高度：400mm、0.5m 3. 混凝土强度等级：C20 4. 有无钢筋：无	根	52		

注：根据规范规定，可塑黏土和硬塑黏土为三类土。

【例 5-10】　某边坡工程采用土钉支护，根据岩土工程勘察报告，地层为带块石的碎石土，土钉成孔直径为 90mm，采用 1 根 HRB335、直径 25mm 的钢筋作为杆体，成孔深度均为 10.0m，土钉入射倾角为 15°，杆筋送入钻孔后，灌注 M30 水泥砂浆。混凝土面板采用 C20 喷射混凝土，厚度为 120mm，如图 5-11 所示。试列出该边坡分部分项工程量清单（不考虑挂网及锚杆、喷射平台等内容）。

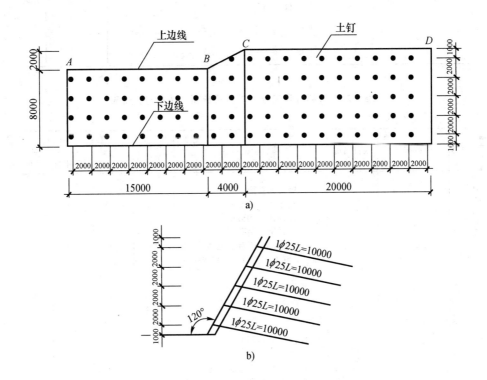

图 5-11　AD 段边坡构造示意图（单位：mm）

a）立面图　b）剖面图

【解】

清单工程量计算表见表 5-25，分部分项工程和单价措施项目清单与计价表见表 5-26。

表 5-25　清单工程量计算表

工程名称：某工程

序号	项目编码	项目名称	计算式	工程量合计	计量单位
1	010202008001	土钉	$n = 91$ 根	91	根

续表

序号	项目编码	项目名称	计算式	工程量合计	计量单位
2	010202009001	喷射混凝土	1. AB 段 $S_1 = 8 \div \sin \frac{\pi}{3} \times 15 = 138.56 \text{m}^2$ 2. BC 段 $S_2 = (10+8) \div 2 \div \sin \frac{\pi}{3} \times 4 = 41.57 \text{m}^2$ 3. CD 段 $S_3 = 10 \div \sin \frac{\pi}{3} \times 20 = 230.94 \text{m}^2$ $S = 138.56 + 41.57 + 230.94 = 411.07 \text{m}^2$	411.07	m^2

表 5-26 分部分项工程和单价措施项目清单与计价表

工程名称：某工程

序号	项目编号	项目名称	项目特征描述	计算单位	工程量	金额/元	
						综合单价	合价
1	010202008001	土钉	1. 地层情况：四类土 2. 钻孔深度：10m 3. 钻孔直径：90mm 4. 置入方法：钻孔置入 5. 杆体材料品种、规格、数量：1根 HRB335，直径25mm 的钢筋 6. 浆液种类、强度等级：M30 水泥砂浆	根	91		
2	010202009001	喷射混凝土	1. 部位：AD 段边坡 2. 厚度：120mm 3. 材料种类：喷射混凝土 4. 混凝土（砂浆）种类、强度等级：C20	m^2	411.07		

注：根据规范规定，碎石土为四类土。

第四节 桩基工程

一、桩基工程清单工程量计算规则

1. 打桩

打桩工程量清单项目设置、项目特征描述的内容、计量单位及工程量计算规则，应按表 5-27 的规定执行。

表 5-27　打桩（编号：010301）

项目编码	项目名称	项目特征	计量单位	工程量计算规则	工作内容
010301001	预制钢筋混凝土方桩	1. 地层情况 2. 送桩深度、桩长 3. 桩截面 4. 桩倾斜度 5. 沉桩方法 6. 接桩方式 7. 混凝土强度等级	1. m 2. m³ 3. 根	1. 以米计量，按设计图示尺寸以桩长（包括桩尖）计算 2. 以立方米计量，按设计图示截面积乘以桩长（包括桩尖）以实体积计算 3. 以根计量，按设计图示数量计算	1. 工作平台搭拆 2. 桩机竖拆、移位 3. 沉桩 4. 接桩 5. 送桩
010301002	预制钢筋混凝土管桩	1. 地层情况 2. 送桩深度、桩长 3. 桩外径、壁厚 4. 桩倾斜度 5. 混凝土强度等级 6. 填充材料种类 7. 防护材料种类			1. 工作平台搭拆 2. 桩机竖拆、移位 3. 沉桩 4. 接桩 5. 送桩 6. 桩尖制作安装 7. 填充材料、刷防护材料
010301003	钢管桩	1. 地层情况 2. 送桩深度、桩长 3. 材质 4. 管径、壁厚 5. 桩倾斜度 6. 沉桩方法 7. 填充材料种类 8. 防护材料种类	1. t 2. 根	1. 以吨计量，按设计图示尺寸以质量计算 2. 以根计量，按设计图示数量计算	1. 工作平台搭拆 2. 桩机竖拆、移位 3. 沉桩 4. 接桩 5. 送桩 6. 切割钢管、精割盖帽 7. 管内取土 8. 填充材料、刷防护材料
010301004	截（凿）桩头	1. 桩类型 2. 桩头截面、高度 3. 混凝土强度等级 4. 有无钢筋	1. m³ 2. 根	1. 以立方米计量，按设计桩截面乘以桩头长度以体积计算 2. 以根计量，按设计图示数量计算	1. 截（切割）桩头 2. 凿平 3. 废料外运

注：1. 地层情况按表 5-2 和表 5-8 的规定，并根据岩土工程勘察报告按单位工程各地层所占比例（包括范围值）进行描述。对无法准确描述的地层情况，可注明由投标人根据岩土工程勘察报告自行决定报价。

2. 土壤级别按表 5-28 确定。

3. 项目特征中的桩截面、混凝土强度等级、桩类型等可直接用标准图代号或设计桩型进行描述。

4. 预制钢筋混凝土方桩、预制钢筋混凝土管桩项目以成品桩编制，应包括成品桩购置费，如果用现场预制，应包括现场预制桩的所有费用。

5. 打试验桩和打斜桩应按相应项目单独列项，并应在项目特征中注明试验桩或斜桩（斜率）。

6. 截（凿）桩头项目适用于"地基处理与边坡支护工程""桩基工程"所列桩的桩头截（凿）。

7. 预制钢筋混凝土管桩桩顶与承台的连接构造按"混凝土及钢筋混凝土工程"相关项目列项。

表 5-28 土质鉴别表

内容		土壤级别	
		一级土	二级土
砂夹层	砂层连续厚度	＜1m	＞1m
	砂层中卵石含量	—	＜15％
物理性能	压缩系数	＞0.02	＜0.02
	孔隙比	＞0.7	＜0.7
力学性能	静力触探值	＜50	＞50
	动力触探系数	＜12	＞12
每米纯沉桩时间平均值		＜2min	＞2min
说明		桩经外力作用较易沉入的土，土壤中夹有较薄的砂层	桩经外力作用较难沉入的土，土壤中夹有不超过 3m 的连续厚度砂层

2. 灌注桩

灌注桩工程量清单项目设置、项目特征描述的内容、计量单位及工程量计算规则，应按表 5-29 的规定执行。

表 5-29 灌注桩（编号：010302）

项目编码	项目名称	项目特征	计量单位	工程量计算规则	工作内容
010302001	泥浆护壁成孔灌注桩	1. 地层情况 2. 空桩长度、桩长 3. 桩径 4. 成孔方法 5. 护筒类型、长度 6. 混凝土类别、强度等级	1. m 2. m³ 3. 根	1. 以米计量，按设计图示尺寸以桩长（包括桩尖）计算 2. 以立方米计量，按不同截面在桩上范围内以体积计算 3. 以根计量，按设计图示数量计算	1. 护筒埋设 2. 成孔、固壁 3. 混凝土制作、运输、灌注、养护 4. 土方、废泥浆外运 5. 打桩场地硬化及泥浆池、泥浆沟
010302002	沉管、灌注桩	1. 地层情况 2. 空桩长度、桩长 3. 复打长度 4. 桩径 5. 沉管方法 6. 桩尖类型 7. 混凝土类别、强度等级			1. 打（沉）拔钢管 2. 桩尖制作、安装 3. 混凝土制作、运输、灌注、养护
010302003	干作业成孔灌注桩	1. 地层情况 2. 空桩长度、桩长 3. 桩径 4. 扩孔直径、高度 5. 成孔方法 6. 混凝土类别、强度等级			1. 成孔、扩孔 2. 混凝土制作、运输、灌注、振捣、养护

续表

项目编码	项目名称	项目特征	计量单位	工程量计算规则	工作内容
010302004	挖孔桩土（石）方	1. 土（石）类别 2. 挖孔深度 3. 弃土（石）运距	m³	按设计图示尺寸（含护壁）截面积乘以挖孔深度以立方米计算	1. 排地表水 2. 挖土、凿石 3. 基底钎探 4. 运输
010302005	人工挖孔灌注桩	1. 桩芯长度 2. 桩芯直径、扩底直径、扩底高度 3. 护壁厚度、高度 4. 护壁混凝土类别、强度等级 5. 桩芯混凝土类别、强度等级	1. m³ 2. 根	1. 以立方米计量，按桩芯混凝土体积计算 2. 以根计量，按设计图示数量计算	1. 护壁制作 2. 混凝土制作、运输、灌注、振捣、养护
010302006	钻孔压浆桩	1. 地层情况 2. 空钻长度、桩长 3. 钻孔直径 4. 水泥强度等级	1. m 2. 根	1. 以米计量，按设计图示尺寸以桩长计算 2. 以根计量，按设计图示数量计算	钻孔、下注浆管、投放骨料、浆液制作、运输、压浆
010302007	桩底注浆	1. 注浆导管材料、规格 2. 注浆导管长度 3. 单孔注浆量 4. 水泥强度等级	孔	按设计图示以注浆孔数计算	1. 注浆导管制作、安装 2. 浆液制作、运输、压浆

注：1. 地层情况按表5-2和表5-8的规定，并根据岩土工程勘察报告按单位工程各地层所占比例（包括范围值）进行描述。对无法准确描述的地层情况，可注明由投标人根据岩土工程勘察报告自行决定报价。

2. 项目特征中的桩长应包括桩尖，空桩长度＝孔深－桩长，孔深为自然地面至设计桩底的深度。

3. 项目特征中的桩截面（桩径）、混凝土强度等级、桩类型等可直接用标准图代号或设计桩型进行描述。

4. 泥浆护壁成孔灌注桩是指在泥浆护壁条件下成孔，采用水下灌注混凝土的桩。其成孔方法包括冲击钻成孔、冲抓锥成孔、回旋钻成孔、潜水钻成孔、泥浆护壁的旋挖成孔等。

5. 沉管灌注桩的沉管方法包括锤击沉管法、振动沉管法、振动冲击沉管法、内夯沉管法等。

6. 干作业成孔灌注桩是指不用泥浆护壁和套管护壁的情况下，用钻机成孔后，下钢筋笼，灌注混凝土的桩，适用于地下水位以上的土层使用。其成孔方法包括螺旋钻成孔、螺旋钻成孔扩底、干作业的旋挖成孔等。

7. 混凝土种类：指清水混凝土、彩色混凝土、水下混凝土等，如在同一地区既使用预拌（商品）混凝土，又允许现场搅拌混凝土时，也应注明（下同）。

8. 混凝土灌注桩的钢筋笼制作、安装，按"混凝土及钢筋混凝土工程"中相关项目编码列项。

二、桩基工程定额工程量计算规则

1. 定额工程量计算规则

1) 计算打桩（灌注桩）工程量前应确定下列事项：

① 确定土质级别：依工程地质资料中的土层构造，土的物理、化学性质及每米沉桩时间鉴别适用定额土质级别。

② 确定施工方法、工艺流程，采用机型，桩、土的泥浆运距。

2) 打预制钢筋混凝土桩的体积，按设计桩长（包括桩尖，不扣除桩尖虚体积）乘以桩截面面积计算。管桩的空心体积应扣除。如管桩的空心部分按设计要求灌注混凝土或其他填充材料时，应另行计算。

3) 接桩：电焊接桩按设计接头，以个计算，硫磺胶泥接桩截面以平方米计算。

4) 送桩：按桩截面面积乘以送桩长度（即打桩架底至桩顶面高度或自桩顶面至自然地坪面另加 0.5m）计算。

5) 打拔钢板桩按钢板桩重量以吨计算。

6) 打孔灌注桩：

① 混凝土桩、砂桩、碎石桩的体积，按设计规定的桩长（包括桩尖，不扣除桩尖虚体积）乘以钢管管箍外径截面面积计算。

② 扩大桩的体积按单桩体积乘以次数计算。

③ 打孔后先埋入预制混凝土桩尖，再灌注混凝土者，桩尖按《全国统一建筑工程预算工程量计算规则》GJDGZ-101—1995 中的钢筋混凝土章节规定计算体积，灌注桩按设计长度（自桩尖顶面至桩顶面高度）乘以钢管管箍外径截面面积计算。

7) 钻孔灌注桩，按设计桩长（包括桩尖，不扣除桩尖虚体积）增加 0.25m 乘以设计断面面积计算。

8) 灌注混凝土桩的钢筋笼制作依设计规定，按《全国统一建筑工程预算工程量计算规则》GJDGZ-101—1995 中的钢筋混凝土章节相应项目以吨计算。

9) 泥浆运输工程量按钻孔体积以立方米计算。

10) 其他：

① 安、拆导向夹具，按设计图纸规定的水平延长米计算。

② 桩架 90°调面适用轨道式、走管式、导杆、筒式柴油打桩机，以次计算。

2. 定额工程量计算说明

1) 定额适用于一般工业与民用建筑工程的桩基础，不适用于水工建筑、公路桥梁工程。

2）定额中土壤级别划分应根据工程地质资料中的土层构造和土壤物理、力学性能的有关指标，参考纯沉桩时间确定。凡遇有砂夹层者，应首先按砂层情况确定土级。无砂层者，按土壤物理力学性能指标并参考每米平均纯沉桩时间确定。用土壤力学性能指标鉴别土的级别时，桩长在 12m 以内，相当于桩长的 1/3 的土层厚度应达到所规定的指标。12m 以外，按 5m 厚度确定。

3）除静力压桩外，均未包括接桩，如需接桩，除按相应打桩定额项目计算外，按设计要求另计算接桩项目。

4）单位工程打（灌）桩工程量在表 5-30 规定数量以内时，其人工、机械量按相应定额项目乘以系数 1.25 计算。

表 5-30　单位工程打（灌）桩工程量

项目	单位工程的工程量	项目	单位工程的工程量
钢筋混凝土方桩	$150m^3$	打孔灌注混凝土桩	$60m^3$
钢筋混凝土管桩	$50m^3$	打孔灌注砂、石桩	$60m^3$
钢筋混凝土板桩	$50m^3$	钻孔灌注混凝土桩	$100m^3$
钢板桩	50t	潜水钻孔灌注混凝土桩	$100m^3$

5）焊接桩接头钢材用量，设计与定额用量不同时，可按设计用量换算。

6）打试验桩按相应定额项目的人工、机械乘以系数 2 计算。

7）打桩、打孔，桩间净距小于 4 倍桩径（桩边长）的，按相应定额项目中的人工、机械乘以系数 1.13。

8）定额以打直桩为准，如打斜桩斜度在 1∶6 以内者，按相应定额项目乘以系数 1.25，如斜度大于 1∶6 者，按相应定额项目人工、机械乘以系数 1.43。

9）定额以平地（坡度小于 15°）打桩为准，如在堤坡上（坡度大于 15°）打桩时，按相应定额项目人工、机械乘以系数 1.15。如在基坑内（基坑深度大于 1.5m）打桩或在地坪上打坑槽内（坑槽深度大于 1m）桩时，按相应定额项目人工、机械乘以系数 1.11。

10）定额各种灌注的材料用量中，均已包括表 5-31 规定的充盈系数和材料损耗，其中灌注砂石桩除上述充盈系数和损耗率外，还包括级配密实系数 1.334。

表 5-31 定额各种灌注的材料用量

项目名称	打孔灌注混凝土桩	钻孔灌注混凝土桩	打孔灌注砂桩	打孔灌注砂石桩
充盈系数	1.25	1.30	1.30	1.30
损耗率/%	1.5	1.5	3	3

11）在桩间补桩或强夯后的地基打桩时，按相应定额项目人工、机械乘以系数 1.15。

12）打送桩时可按相应打桩定额项目综合工日及机械台班乘以表 5-32 规定系数计算。

13）金属周转材料中包括桩帽、送桩器、桩帽盖、活瓣桩尖、钢管、料斗等属于周转性使用的材料。

表 5-32 送桩深度系数

送桩深度	2m 以内	2～4m 以内	4m 以上
系数	1.25	1.43	1.67

三、桩基工程工程量计算实例

【例 5-11】 某工程采用人工挖孔桩基础，设计情况如图 5-12 所示，桩数

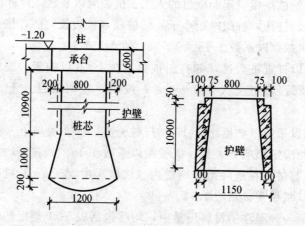

图 5-12 某桩基工程示意图（单位：mm）

10 根，桩端进入中风化泥岩不少于 1.5m，护壁混凝土采用现场搅拌，强度等级为 C25，桩芯采用商品混凝土，强度等级为 C25，土方采用场内转运。

地层情况自上而下为：卵石层（四类土）厚 5～7m，强风化泥岩（极软岩）厚 3～5m，以下为中风化泥岩（软岩）。试列出该桩基础分部分项工程量清单。

【解】

清单工程量计算表见表 5-33，分部分项工程和单价措施项目清单与计价表见表 5-34。

表 5-33　清单工程量计算表

工程名称：某工程

序号	项目编码	项目名称	计算式	工程量合计	计量单位
1	010302004001	挖孔桩土（石）方	1. 直芯 $V_1 = \pi \times \left(\dfrac{1.150}{2}\right)^2 \times 10.9 = 11.32$ 2. 扩大头 $V_2 = \dfrac{1}{3} \times 1 \times (\pi \times 0.4^2 + \pi \times 0.6^2 + \pi \times 0.4 \times 0.6) = 0.80$ 3. 扩大头球冠 $V_3 = \pi \times 0.2^2 \times \left(R - \dfrac{0.2}{3}\right)$ $R = \dfrac{0.6^2 + 0.2^2}{2 \times 0.2} = 1$ $V_3 = 3.14 \times 0.2^2 \times \left(1 - \dfrac{0.2}{3}\right) = 0.12$ $V = (V_1 + V_2 + V_3) \times 10 = (11.32 + 0.80 + 0.12) \times 10 = 122.40 \text{m}^3$	122.40	m³
2	010302005001	人工挖孔灌注桩	1. 护桩壁 C25 混凝土 $V = \pi \times \left[\left(\dfrac{1.15}{2}\right)^2 - \left(\dfrac{0.875}{2}\right)^2\right] \times 10.9 \times 10 = 47.65 \text{m}^3$ 2. 桩芯混凝土 $V = 122.4 - 47.65 = 74.75 \text{m}^3$	74.75	m³

表 5-34 分部分项工程和单价措施项目清单与计价表

工程名称：某工程

序号	项目编号	项目名称	项目特征描述	计算单位	工程量	金额/元	
						综合单价	合价
1	010302004001	挖孔桩土（石）方	1. 土石类别：四类土厚 5～7m，极软岩厚 3～5m，软岩厚 1.5m 2. 挖孔深度：12.1m 3. 弃土（石）运距：场内转运	m³	122.40		
2	010302005001	人工挖孔灌注桩	1. 桩芯长度：12.1m 2. 桩芯直径：800mm，扩底直径：1200mm，扩底高度：1000mm 3. 护壁厚度：175mm/100mm，护壁高度：10.9m 4. 护壁混凝土种类、强度等级：现场搅拌 C25 5. 桩芯混凝土种类、强度等级：商品混凝土 C25	m³	·74.75		

【例 5-12】　某工程采用排桩进行基坑支护，排桩采用旋挖钻孔灌注桩进行施工。场地地面标高为 495.50～496.10m，旋挖桩桩径为 1000mm，桩长为 20m，采用水下商品混凝土 C30，桩顶标高为 493.50 m。桩数为 206 根，超灌高度不少于 1m。根据地质情况，采用 5mm 厚钢护筒，护筒长度不少于 3m。

根据地质资料和设计情况，一、二类土约占 25%，三类土约占 20%，四类土约占 55%。试列出该排桩分部分项工程量清单。

【解】

清单工程量计算表见表5-35，分部分项工程和单价措施项目清单与计价表见表5-36。

表5-35　清单工程量计算表

工程名称：某工程

序号	项目编码	项目名称	计算式	工程量合计	计量单位
1	010302001001	泥浆护壁成孔灌注桩（旋挖桩）	$n=206$ 根	206	根
2	010301004001	截（凿）桩头	$\pi\times0.5^2\times1\times206=161.79\mathrm{m}^3$	161.79	m³

表5-36　分部分项工程和单价措施项目清单与计价表

工程名称：某工程

序号	项目编号	项目名称	项目特征描述	计算单位	工程量	综合单价	合价
1	010302001001	泥浆护壁成孔灌注桩（旋挖桩）	1. 地层情况：一、二类土约占25%，三类土约占20%，四类土约占55% 2. 空桩长度：2～2.6m，桩长：20m 3. 桩径：1000mm 4. 成孔方法：旋挖钻孔 5. 护筒类型、长度：5mm厚钢护筒，不少于3m 6. 混凝土种类、强度等级：水下商品混凝土C30	根	206		
2	010301004001	截（凿）桩头	1. 桩类型：旋挖桩 2. 桩头截面、高度：1000mm、不少于1m 3. 混凝土强度等级：C30 4. 有无钢筋：有	m³	161.79		

第五节　砌筑工程

一、砌筑工程清单工程量计算规则

1. 砖砌体

工程量清单项目设置、项目特征描述的内容、计量单位及工程量计算规则，应按表 5-37 的规定执行。

表 5-37　砖砌体（编号：010401）

项目编码	项目名称	项目特征	计量单位	工程量计算规则	工作内容
010401001	砖基础	1. 砖品种、规格、强度等级 2. 基础类型 3. 砂浆强度等级 4. 防潮层材料种类		按设计图示尺寸以体积计算 包括附墙垛基础宽出部分体积，扣除地梁（圈梁）、构造柱所占体积，不扣除基础大放脚 T 形接头处的重叠部分及嵌入基础内的钢筋、铁件、管道、基础砂浆防潮层和单个面积≤0.3m² 的孔洞所占体积，靠墙暖气沟的挑檐不增加 基础长度：外墙按外墙中心线，内墙按内墙净长线计算	1. 砂浆制作、运输 2. 砌砖 3. 防潮层铺设 4. 材料运输
010401002	砖砌挖孔桩护壁	1. 砖品种、规格、强度等级 2. 砂浆强度等级	m³	按设计图示尺寸以立方米计算	1. 砂浆制作、运输 2. 砌砖 3. 材料运输
010401003	实心砖墙	1. 砖品种、规格、强度等级 2. 墙体类型 3. 砂浆强度等级、配合比		按设计图示尺寸以体积计算 扣除门窗洞口、过人洞、空圈、嵌入墙内的钢筋混凝土柱、梁、圈梁、挑梁、过梁及凹进墙内的壁龛、管槽、暖气槽、消火栓箱所占体积，不扣除梁头、板头、檩头、垫木、木楞头、沿缘木、木砖、门窗走头、砖墙内加固钢筋、木筋、铁件、钢管及单个面积≤0.3m² 的孔洞所占的体积。凸出墙面的腰线、挑檐、压顶、窗台线、虎头砖、门窗套的体积也不增加。凸出墙面的砖垛并入墙体体积内计算 1. 墙长度：外墙按中心线、内墙按净长计算 2. 墙高度： 1) 外墙：斜（坡）屋面无檐口天棚者算至屋面板底；有屋架且室内外均有天棚者算至屋架下弦底另加 200mm；无天棚者算至屋架下弦底另加 300mm，出檐宽度超过 600mm 时按实砌高度计算；与钢筋混凝土楼板隔层者算至板顶。平屋顶算至钢筋混凝土板底	1. 砂浆制作、运输 2. 砌砖 3. 刮缝 4. 砖压顶砌筑 5. 材料运输

项目编码	项目名称	项目特征	计量单位	工程量计算规则	工作内容
010401004	多孔砖墙	1. 砖品种、规格、强度等级 2. 墙体类型 3. 砂浆强度等级、配合比		2）内墙：位于屋架下弦者，算至屋架下弦底无屋架者算至天棚底另加 100mm；有钢筋混凝土楼板隔层者算至楼板顶；有框架梁时算至梁底 3）女儿墙：从屋面板上表面算至女儿墙顶面（如有混凝土压顶时算至压顶下表面） 4）内、外山墙：按其平均高度计算 3. 框架间墙：不分内外墙按墙体净尺寸以体积计算 4. 围墙：高度算至压顶上表面（如有混凝土压顶时算至压顶下表面），围墙柱并入围墙体积内	1. 砂浆制作、运输 2. 砌砖 3. 刮缝 4. 砖压顶砌筑 5. 材料运输
010401006	空斗墙	1. 砖品种、规格、强度等级 2. 墙体类型 3. 砂浆强度等级、配合比	m³	按设计图示尺寸以空斗墙外形体积计算。墙角、内外墙交接处、门窗洞口立边、窗台砖、屋檐处的实砌部分体积并入空斗墙体积内	1. 砂浆制作、运输 2. 砌砖 3. 装填充料 4. 刮缝 5. 材料运输
010401007	空花墙			按设计图示尺寸以空花部分外形体积计算，不扣除空洞部分体积	
010404008	填充墙	1. 砖品种、规格、强度等级 2. 墙体类型 3. 填充材料种类及厚度 4. 砂浆强度等级、配合比		按设计图示尺寸以填充墙外形体积计算	
010401009	实心砖柱	1. 砖品种、规格、强度等级 2. 柱类型 3. 砂浆强度等级、配合比		按设计图示尺寸以体积计算。扣除混凝土及钢筋混凝土梁垫、梁头、板头所占体积	1. 砂浆制作运输 2. 砌砖 3. 刮缝 4. 材料运输
010404010	多孔砖柱				
010404011	砖检查井	1. 井截面、深度 2. 砖品种、规格、强度等级 3. 垫层材料种类、厚度 4. 底板厚度 5. 井盖安装 6. 混凝土强度等级 7. 砂浆强度等级 8. 防潮层材料种类	座	按设计图示数量计算	1. 砂浆制作、运输 2. 铺设垫层 3. 底板混凝土制作、运输、浇筑、振捣、养护 4. 砌砖 5. 刮缝 6. 井池底、壁抹灰 7. 抹防潮层 8. 材料运输

项目编码	项目名称	项目特征	计量单位	工程量计算规则	工作内容
010404012	零星砌砖	1. 零星砌砖名称、部位 2. 砂浆强度等级、配合比 3. 砂浆强度等级、配合比	1. m³ 2. m² 3. m 4. 个	1. 以立方米计量，按设计图示尺寸截面积乘以长度计算 2. 以平方米计量，按设计图示尺寸水平投影面积计算 3. 以米计量，按设计图示尺寸长度计算 4. 以个计量，按设计图示数量计算	1. 砂浆制作、运输 2. 砌砖 3. 刮缝 4. 材料运输
010404013	砖散水、地坪	1. 砖品种、规格、强度等级 2. 垫层材料种类、厚度 3. 散水、地坪厚度 4. 面层种类、厚度 5. 砂浆强度等级	m²	按设计图示尺寸以面积计算	1. 土方挖、运、填 2. 地基找平、夯实 3. 铺设垫层 4. 砌砖散水、地坪 5. 抹砂浆面层
010404014	砖地沟、明沟	1. 砖品种、规格、强度等级 2. 沟截面尺寸 3. 垫层材料种类、厚度 4. 混凝土强度等级 5. 砂浆强度等级	m	以米计量，按设计图示以中心线长度计算	1. 土方挖、运、填 2. 铺设垫层 3. 底板混凝土制作、运输、浇筑、振捣、养护 4. 砌砖 5. 刮缝、抹灰 6. 材料运输

注：1. "砖基础"项目适用于各种类型砖基础：柱基础、墙基础、管道基础等。

2. 基础与墙（柱）身使用同一种材料时，以设计室内地面为界（有地下室者，以地下室室内设计地面为界），以下为基础，以上为墙（柱）身。基础与墙身使用不同材料时，位于设计室内地面高度≤±300mm时，以不同材料为分界线，高度＞±300mm时，以设计室内地面为分界线。

3. 砖围墙以设计室外地坪为界，以下为基础，以上为墙身。

4. 框架外表面的镶贴砖部分，按零星项目编码列项。

5. 附墙烟囱、通风道、垃圾道应按设计图示尺寸以体积（扣除孔洞所占体积）计算并入所依附的墙体体积内。当设计规定孔洞内需抹灰时，应按《房屋建筑与装饰工程工程量计算规范》GB 50854—2013附录M中零星抹灰项目编码列项。

6. 空斗墙的窗间墙、窗台下、楼板下、梁头下等的实砌部分，按零星砌砖项目编码列项。

7. "空花墙"项目适用于各种类型的空花墙，使用混凝土花格砌筑的空花墙，实砌墙体与混凝土花格应分别计算，混凝土花格按混凝土及钢筋混凝土中预制构件相关项目编码列项。

8. 台阶、台阶挡墙、梯带、锅台、炉灶、蹲台、池槽、池槽腿、砖胎模、花台、花池、楼梯栏板、阳台栏板、地垄墙、≤0.3m²的孔洞填塞等，应按零星砌砖项目编码列项。砖砌锅台与炉灶可按外形尺寸以个计算，砖砌台阶可按水平投影面积以平方米计算，小便槽、地垄墙可按长度计算、其他工程以立方米计算。

9. 砖砌体内钢筋加固，应按"混凝土及钢筋混凝土工程"中相关项目编码列项。

10. 砖砌体勾缝按"墙、柱面装饰与隔断幕墙工程"中相关项目编码列项。

11. 检查井内的爬梯按"混凝土及钢筋混凝土工程"中相关项目编码列项；井内的混凝土构件按"混凝土及钢筋混凝土工程"中混凝土及钢筋混凝土预制构件相关项目编码列项。

12. 如施工图设计标注做法见标准图集时，应在项目特征描述中注明标注图集的编码、页号及节点大样。

2. 砌块砌体

砌块砌体工程量清单项目设置、项目特征描述的内容、计量单位及工程量计算规则，应按表5-38的规定执行。

表5-38　砌块砌体（编号：010402）

项目编码	项目名称	项目特征	计量单位	工程量计算规则	工作内容
010402001	砌块墙	1. 砌块品种、规格、强度等级 2. 墙体类型 3. 砂浆强度等级	m³	按设计图示尺寸以体积计算 扣除门窗洞口、过人洞、空圈、嵌入墙内的钢筋混凝土柱、梁、圈梁、挑梁、过梁及凹进墙内的壁龛、管槽、暖气槽、消火栓箱所占体积，不扣除梁头、板头、檩头、垫木、木楞头、沿缘木、木砖、门窗走头、砌块墙内加固钢筋、木筋、铁件、钢管及单个面积≤0.3m²的孔洞所占的体积。凸出墙面的腰线、挑檐、压顶、窗台线、虎头砖、门窗套的体积也不增加。凸出墙面的砖垛并入墙体体积内计算	1. 砂浆制作、运输 2. 砌砖、砌块 3. 勾缝 4. 材料运输
010402001	砌块墙	1. 砌块品种、规格、强度等级 2. 墙体类型 3. 砂浆强度等级	m³	1. 墙长度：外墙按中心线、内墙按净长计算 2. 墙高度： 1）外墙：斜（坡）屋面无檐口天棚者算至屋面板底；有屋架且室内外均有天棚者算至屋架下弦底另加200mm；无天棚者算至屋架下弦底另加300mm；出檐宽度超过600mm时按实砌高度计算；与钢筋混凝土楼板隔层者算至板顶；平屋面算至钢筋混凝土板底 2）内墙：位于屋架下弦者，算至屋架下弦底；无屋架者算至天棚底另加100mm；有钢筋混凝土楼板隔层者算至楼板顶；有框架梁时算至梁底 3）女儿墙：从屋面板上表面算至女儿墙顶面（如有混凝土压顶时算至压顶下表面） 4）内、外山墙：按其平均高度计算 3. 框架间墙：不分内外墙按墙体净尺寸以体积计算 4. 围墙：高度算至压顶上表面（如有混凝土压顶时算至压顶下表面），围墙柱并入围墙体积内	1. 砂浆制作、运输 2. 砌砖、砌块 3. 勾缝 4. 材料运输
010402002	砌块柱	1. 砖品种、规格、强度等级 2. 墙体类型 3. 砂浆强度等级	m³	按设计图示尺寸以体积计算 扣除混凝土及钢筋混凝土梁垫、梁头、板头所占体积	1. 砂浆制作、运输 2. 砌砖、砌块 3. 勾缝 4. 材料运输

注：1. 砌体内加筋、墙体拉结的制作、安装，应按"混凝土及钢筋混凝土工程"中相关项目编码列项。

2. 砌块排列应上、下错缝搭砌，如果搭接缝长度满足不了规定的压搭要求，应采取压砌钢筋网片的措施，具体构造要求按设计规定。若设计无规定时，应注明由投标人根据工程实际情况自行考虑；钢筋网片按"金属结构工程"中相应编码列项。

3. 砌体垂直灰缝宽＞30mm时，采用C20细石混凝土灌实。灌注的混凝土应按"混凝土及钢筋混凝土工程"相关项目编码列项。

3. 石砌体

工程量清单项目设置、项目特征描述的内容、计量单位及工程量计算规则，应按表 5-39 的规定执行。

表 5-39　石砌体（编号：010403）

项目编码	项目名称	项目特征	计量单位	工程量计算规则	工作内容
010403001	石基础	1. 石料种类、规格 2. 基础类型 3. 砂浆强度等级	m^3	按设计图示尺寸以体积计算 包括附墙垛基础宽出部分体积，不扣除基础砂浆防潮层及单个面积≤0.3m² 的孔洞所占体积，靠墙暖气沟的挑檐不增加体积。基础长度：外墙按中心线，内墙按净长计算	1. 砂浆制作、运输 2. 吊装 3. 砌石 4. 防潮层铺设 5. 材料运输
010403002	石勒脚			按设计图示尺寸以体积计算，扣除单个面积＞0.3m² 的孔洞所占的体积	
010403003	石墙	1. 石料种类、规格 2. 石表面加工要求 3. 勾缝要求 4. 砂浆强度等级、配合比	m^3	按设计图示尺寸以体积计算 扣除门窗洞口、过人洞、空圈、嵌入墙内的钢筋混凝土柱、梁、圈梁、挑梁、过梁及凹进墙内的壁龛、管槽、暖气槽、消火栓箱所占体积，不扣除梁头、板头、檩头、垫木、木楞头、沿缘木、木砖、门窗走头、石墙内加固钢筋、木筋、铁件、钢管及单个面积≤0.3m² 的孔洞所占的体积。凸出墙面的腰线、挑檐、压顶、窗台线、虎头砖、门窗套的体积亦不增加。凸出墙面的砖垛并入墙体体积内计算 1. 墙长度：外墙按中心线、内墙按净长计算 2. 墙高度： 1) 外墙：斜（坡）屋面无檐口天棚者算至屋面板底；有屋架且室内外均有天棚者算至屋架下弦底另加 200mm；无天棚者算至屋架下弦底另加 300mm，出檐宽度超过 600mm 时按实砌高度计算；平屋顶算至钢筋混凝土板底	1. 砂浆制作、运输 2. 吊装 3. 砌石 4. 石材表面加工 5. 勾缝 6. 材料运输

项目编码	项目名称	项目特征	计量单位	工程量计算规则	工作内容
010403002	石勒脚	1. 石料种类、规格 2. 石表面加工要求 3. 勾缝要求 4. 砂浆强度等级、配合比	m³	2）内墙：位于屋架下弦者，算至屋架下弦底；无屋架者算至天棚底另加 100mm；有钢筋混凝土楼板隔层者算至楼板顶；有框架梁时算至梁底 3）女儿墙：从屋面板上表面算至女儿墙顶面（如有混凝土压顶时算至压顶下表面） 4）内、外山墙：按其平均高度计算 3. 围墙：高度算至压顶上表面（如有混凝土压顶时算至压顶下表面），围墙柱并入围墙体积内	1. 砂浆制作、运输 2. 吊装 3. 砌石 4. 石材表面加工 5. 勾缝 6. 材料运输
010403003	石墙			按设计图示尺寸以体积计算	1. 砂浆制作、运输 2. 吊装 3. 砌石 4. 变形缝、泄水孔、压顶抹灰 5. 滤水层 6. 勾缝 7. 材料运输
010403005	石柱				1. 砂浆制作、运输 2. 吊装 3. 砌石 4. 石材表面加工 5. 勾缝 6. 材料运输
010403006	石栏杆		m	按设计图示以长度计算	
010403007	石护坡	1. 垫层材料种类、厚度 2. 石料种类、规格 3. 护坡厚度、高度 4. 石表面加工要求 5. 勾缝要求 6. 砂浆强度等级、配合比	m³	按设计图示尺寸以体积计算	
010403008	石台阶				1. 铺设垫层 2. 石料加工 3. 砂浆制作、运输 4. 砌石 5. 石材表面加工 6. 勾缝 7. 材料运输
010403009	石坡道		m²	按设计图示以水平投影面积计算	

续表

项目编码	项目名称	项目特征	计量单位	工程量计算规则	工作内容
010403010	石地沟、明沟	1. 沟截面尺寸 3. 土壤类别、运距 4. 垫层材料种类、厚度 5. 石料种类、规格 6. 石表面加工要求 7. 勾缝要求 8. 砂浆强度等级、配合比	m	按设计图示以中心线长度计算	1. 土方挖、运 2. 砂浆制作、运输 3. 铺设垫层 4. 砌石 5. 石材表面加工 6. 勾缝 7. 回填 8. 材料运输

注：1. 石基础、石勒脚、石墙的划分：基础与勒脚应以设计室外地坪为界。勒脚与墙身应以设计室内地面为界。石围墙内外地坪标高不同时，应以较低地坪标高为界，以下为基础；内外标高之差为挡土墙时，挡土墙以上为墙身。

2. "石基础"项目适用于各种规格（粗料石、细料石等）、各种材质（砂石、青石等）和各种类型（柱基、墙基、直形、弧形等）基础。

3. "石勒脚"、"石墙"项目适用于各种规格（粗料石、细料石等）、各种材质（砂石、青石、大理石、花岗石等）和各种类型（直形、弧形等）勒脚和墙体。

4. "石挡土墙"项目适用于各种规格（粗料石、细料石、块石、毛石、卵石等）、各种材质（砂石、青石、石灰石等）和各种类型（直形、弧形、台阶形等）挡土墙。

5. "石柱"项目适用于各种规格、各种石质、各种类型的石柱。

6. "石栏杆"项目适用于无雕饰的一般石栏杆。

7. "石护坡"项目适用于各种石质和各种石料（粗料石、细料石、片石、块石、毛石、卵石等）。

8. "石台阶"项目包括石梯带（垂带），不包括石梯膀，石梯膀应按"桩基工程"石挡土墙项目编码列项。

9. 如施工图设计标注做法见标准图集时，应在项目特征描述中注明标注图集的编码、页号及节点大样。

4. 垫层

工程量清单项目设置、项目特征描述的内容、计量单位及工程量计算规则，应按表 5-40 的规定执行。

表 5-40　垫层（编号：010404）

项目编码	项目名称	项目特征	计量单位	工程量计算规则	工作内容
010404001	垫层	垫层材料种类、配合比、厚度	m^3	按设计图示尺寸以立方米计算	1. 垫层材料的拌制 2. 垫层铺设 3. 材料运输

注：除混凝土垫层应按"混凝土及钢筋混凝土工程"中相关项目编码列项外，没有包括垫层要求的清单项目应按"垫层"项目编码列项。

5. 相关问题及说明

1）标准砖尺寸应为 240mm×115mm×53mm。

2）标准砖墙厚度应按表 5-41 计算。

表 5-41　标准墙计算厚度表

砖数（厚度）	1/4	1/2	3/4	1	$1\frac{1}{2}$	2	$2\frac{1}{2}$	3
计算厚度/mm	53	115	180	240	365	490	615	740

二、砌筑工程定额工程量计算规则

1. 定额工程量计算规则

（1）砖基础

1）基础与墙身（柱身）的划分：

① 基础与墙（柱）身使用同一种材料时，以设计室内地面为界（有地下室者，以地下室室内设计地面为界），以下为基础，以上为墙（柱）身。

② 基础与墙身使用不同材料时，位于设计室内地面±300mm 以内时，以不同材料为分界线，超过±300mm 时，以设计室内地面为分界线。

③ 砖、石围墙，以设计室外地坪为界线，以下为基础，以上为墙身。

2）基础长度：

① 外墙墙基按外墙中心线长度计算；内墙墙基按内墙净长计算。基础大放脚 T 形接头处的重叠部分以及嵌入基础的钢筋、铁件、管道、基础防潮层及单个面积在 0.3m² 以内孔洞所占体积不予扣除，但靠墙暖气沟的挑檐也不增加。附墙垛基础宽出部分体积应并入基础工程量内。

② 砖砌挖孔桩护壁工程量按实砌体积计算。

（2）砖砌体

1）一般规则：

① 计算墙体时，应扣除门窗洞口、过人洞、空圈、嵌入墙身的钢筋混凝土柱、梁（包括过梁、圈梁、挑梁）、砖砌平拱和暖气包壁龛及内墙板头的体积，不扣除梁头、外墙板头、檩头、垫木、木楞头、沿椽木、木砖、门窗走头、砖墙内的加固钢筋、木筋、铁件、钢管及每个面积在 0.3m² 以下的孔洞等所占的体积，突出墙面的窗台虎头砖、压顶线、山墙泛水、烟囱根、门窗套及三皮砖以内的腰线和挑檐等体积也不增加。

② 砖垛、三皮砖以上的腰线和挑檐等体积，并入墙身体积内计算。

③ 附墙烟囱（包括附墙通风道、垃圾道）按其外形体积计算，并入所依附的墙体积内，不扣除每一个孔洞横截面在 0.1m² 以下的体积，但孔洞内的抹灰工程量也不增加。

④ 女儿墙高度，自外墙顶面至图示女儿墙顶面高度，分别按不同墙厚并入外墙计算。

⑤ 砖平拱、平砌砖过梁按图示尺寸以立方米计算。如设计无规定时，砖砌平拱按门窗洞口宽度两端共加 100mm，乘以高度（门窗洞口宽小于 1500mm 时，高度为 240mm，大于 1500mm 时，高度为 365mm）计算；平砌砖过梁按门窗洞口宽度两端共加 500mm，高度按 440mm 计算。

2）砌体厚度计算：

① 标准砖以 240mm×115mm×53mm 为准，砌体计算厚度，按表 5-41 采用。

② 使用非标准砖时，其砌体厚度应按砖实际规格和设计厚度计算。

3）墙的长度计算。外墙长度按外墙中心线长度计算，内墙长度按内墙净长线计算。

4）墙身高度的计算：

① 外墙墙身高度：斜（坡）屋面无檐口顶棚者算至屋面板底，如图 5-13 所示；有屋架，且室内外均有顶棚者，算至屋架下弦底面另加 200mm，如图 5-14 所示；无顶棚者算至屋架下弦底加 300mm；出檐宽度超过 600mm 时，应按实砌高度计算；平屋面算至钢筋混凝土板底，如图 5-15 所示。

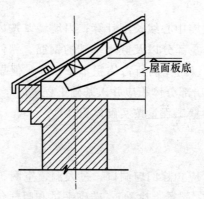

图 5-13 斜坡屋面无檐口顶棚者
墙身高度计算

② 内墙墙身高度：位于屋架下弦者，其高度算至屋架底；无屋架者算至顶棚底另加 100mm；有钢筋混凝土楼板隔层者算至板底；有框架梁时算至梁底面。

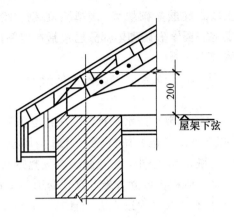

图 5-14 有屋架，且室内外均有
顶棚者墙身高度计算

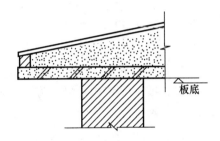

图 5-15 无顶棚者墙身高度计算

③ 内、外山墙，墙身高度：按其平均高度计算。

5）框架间砌体工程量的计算。框架间砌体工程量分别按内外墙以框架间的净空面积乘以墙厚计算，框架外表镶贴砖部分也并入框架间砌体工程量内计算。

6）空花墙。空花墙按空花部分外形体积以立方米计算，空花部分不予扣除，其中实体部分以立方米另行计算。

7）空斗墙。空斗墙按外形尺寸以立方米计算。

墙角、内外墙交接处，门窗洞口立边，窗台砖及屋檐处的实砌部分已包括在定额内，不另行计算，但窗间墙、窗台下、楼板下、梁头下等实砌部分，应另行计算，套零星砌体定额项目。

8）多孔砖、空心砖。多孔砖、空心砖按图示厚度以立方米计算，不扣除其孔、空心部分体积。

9）填充墙。填充墙按外形尺寸计算，以立方米计，其中实砌部分已包括在定额内，不另计算。

10）加气混凝土墙。硅酸盐砌块墙、小型空心砌块墙，按图示尺寸以立方米计算。按设计规定需要镶嵌砖砌体部分已包括在定额内，不另计算。

11）其他砖砌体：

① 砖砌锅台、炉灶，不分大小，均按图示外形尺寸以立方米计算，不扣除各种空洞的体积。

② 砖砌台阶（不包括梯带）按水平投影面积以立方米计算。

③ 厕所蹲台、水槽腿、灯箱、垃圾箱、台阶挡墙或梯带、花台、花池、地垄墙及支撑地楞的砖墩，房上烟囱、屋面架空隔热层砖墩及毛石墙的门窗立边，窗台虎头砖等实砌体积，以立方米计算，套用零星砌体定额项目。

④ 检查井及化粪池不分壁厚均以立方米计算，洞口上的砖平拱等并入砌体体积内计算。

⑤ 砖砌地沟不分墙基、墙身合并以立方米计算。石砌地沟按其中心线长度以延长米计算。

（3）砖构筑物

1）砖烟囱：

① 筒身，圆形、方形均按图示筒壁平均中心线周长乘以厚度并扣除筒身各种孔洞、钢筋混凝土圈梁、过梁等体积，以立方米计算，其筒壁周长不同时可按下式分段计算：

$$V = \Sigma H \times C \times \pi D \tag{5-2}$$

式中　V——筒身体积；

　　　H——每段筒身垂直高度；

　　　C——每段筒壁厚度；

　　　D——每段筒壁中心线的平均直径。

② 烟道、烟囱内衬按不同内衬材料并扣除孔洞后，以图示实体积计算。

③ 烟囱内壁表面隔热层，按筒身内壁并扣除各种孔洞后的面积以立方米计算；填料按烟囱内衬与筒身之间的中心线平均周长乘以图示宽度和筒高，并扣除各种孔洞所占体积（但不扣除连接横砖及防沉带的体积）后以立方米计算。

④ 烟道砌砖：烟道与炉体的划分以第一道闸门为界，炉体内的烟道部分列入炉体工程量计算。

2）砖砌水塔：

① 水塔基础与塔身划分：以砖砌体的扩大部分顶面为界，以上为塔身，以下为基础，分别套相应基础砌体定额。

② 塔身以图示实砌体积计算，并扣除门窗洞口和混凝土构件所占的体积，

砖平拱及砖出檐等并入塔身体积内计算，套水塔砌筑定额。

③ 砖水箱内外壁，不分壁厚，均以图示实砌体积计算，套相应的内外砖墙定额。

3）砌体内钢筋加固。砌体内钢筋加固应按设计规定，以吨计算，套钢筋混凝土中相应项目。

2. 定额工程量计算说明

(1) 砌砖、砌块

1）定额中砖的规格，是按标准砖编制的；砌块、多孔砖规格是按常用规格编制的。规格不同时，可以换算。

2）砖墙定额中已包括先立门窗框的调直用工以及腰线、窗台线、挑檐等一般出线用工。

3）砖砌体均包括了原浆勾缝用工，加浆勾缝时，另按相应定额计算。

4）填充墙以填炉渣、炉渣混凝土为准，如实际使用材料与定额不同时允许换算，其他不变。

5）墙体必需放置的拉接钢筋，应按《全国统一建筑工程基础定额》GJD-101—1995 中的钢筋混凝土章节另行计算。

6）硅酸盐砌块、加气混凝土砌块墙，是按水泥混合砂浆编制的，如设计使用水玻璃矿渣等黏接剂为胶合料时，应按设计要求另行换算。

7）圆形烟囱基础按砖基础定额执行，人工乘以系数 1.2。

8）砖砌挡土墙，2 砖以上执行砖基础定额；2 砖以内执行砖墙定额。

9）零星项目是指砖砌小便池槽、明沟、暗沟、隔热板带砖墩、地板墩等。

10）项目中砂浆是按常用规格、强度等级列出，如与设计不同时，可以换算。

(2) 砌石

1）定额中粗、细料石（砌体）墙按 400mm×220mm×200mm，柱按 450mm×220mm×200mm，踏步石按 400mm×200mm×100mm 规格编制的。

2）毛石墙镶砖墙身按内背镶 1/2 砖编制的，墙体厚度为 600mm。

3）毛石护坡高度超过 4m 时，定额人工乘以系数 1.15。

4）砌筑圆弧形石砌体基础、墙（含砖石混合砌体）按定额项目人工乘以系数 1.1。

三、砌筑工程工程量计算实例

【例5-13】 某工程±0.00以下条形基础平面、剖面大样图详图如图5-16所示，室内外高差为 150mm。基础垫层为原槽浇注，清条石规格为1000mm×300mm×300mm，基础使用水泥砂浆 M7.5 砌筑，页岩标砖，砖强度等级 MU7.5，基础为 M5 水泥砂浆砌筑。本工程室外标高为−0.15m。垫层为 3∶7 灰土，现场拌和。试列出该工程基础垫层、石基础、砖基础的分部分项工程量清单。

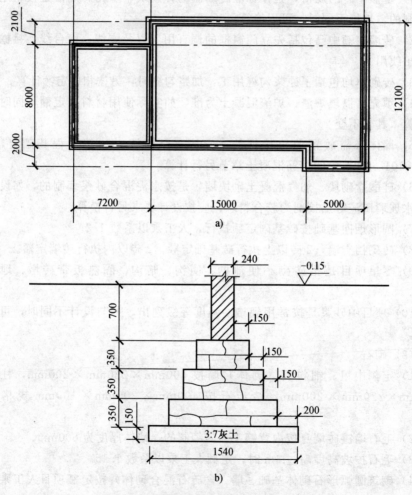

图 5-16　某基础工程示意图 （单位：mm）

a) 基础平面图　b) 基础剖面大样图

【解】

清单工程量计算表见表 5-42，分部分项工程和单价措施项目清单与计价表见表 5-43。

表 5-42 清单工程量计算表

工程名称：某工程

序号	项目编码	项目名称	计算式	工程量合计	计量单位
1	010404001001	垫层	$L_{外} = (27.2+12.1) \times 2 = 78.6$ $L_{内} = 8-1.54 = 6.46$ $V = (78.6+6.46) \times 1.54 \times 0.15 = 19.65$	19.65	m^3
2	010403001001	石基础	$L_{外} = 78.6$ $L_{内1} = 8-1.14 = 6.86$ $L_{内2} = 8-0.84 = 7.16$ $L_{内3} = 8-0.54 = 7.46$ $V = (78.6+6.86) \times 1.14 \times 0.35 + (78.6+7.16) \times 0.84 \times 0.35 + (78.6+7.46) \times 0.54 \times 0.35 = 34.10 + 25.21 + 16.27 = 75.58$	75.58	m^3
3	010401001001	砖基础	$L_{外} = 78.6$ $L_{内} = 8-0.24 = 7.76$ $V = (78.6+7.76) \times 0.24 \times 0.85 = 17.62$	17.62	m^3

表 5-43 分部分项工程和单价措施项目清单与计价表

工程名称：某工程

序号	项目编号	项目名称	项目特征描述	计算单位	工程量	金额/元 综合单价	合价
1	010404001001	垫层	垫层材料种类、配合比、厚度：3∶7 灰土、150mm 厚	m^3	19.65		
2	010403001001	石基础	1. 石料种类、规格：清条石、1000mm×300mm×300mm 2. 基础类型：条形基础 3. 砂浆强度等级：M7.5 水泥砂浆	m^3	75.58		
3	010401001001	砖基础	1. 砖品种、规格、强度等级：页岩砖、240mm×115mm×53mm、MU7.5 2. 基础类型：条形 3. 砂浆强度等级：M5 水泥砂浆	m^3	17.62		

【例 5-14】 某围墙的空花墙示意图如图 5-17 所示，试计算其砖基础
工程量。

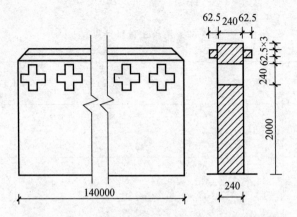

图 5-17 某空花墙示意图（单位：mm）

【解】

（1）清单工程量 清单工程量计算表见表 5-44，分部分项工程和单价措施
项目清单与计价表见表 5-45。

表 5-44 清单工程量计算表

工程名称：某工程

序号	项目编码	项目名称	计算式	工程量合计	计量单位
1	010401003001	实心砖墙	$V_{实砌}=$（$2.0\times0.24+0.0625\times2\times0.24+$ 0.0625×0.365）$\times140=74.59$	74.59	m³
2	010401007001	空花墙	$V_{空花墙}=0.24\times0.24\times140=8.06$	8.06	m³

表 5-45 分部分项工程和单价措施项目清单与计价表

工程名称：某工程

序号	项目编号	项目名称	项目特征描述	计算单位	工程量	金额/元	
						综合单价	合价
1	010401003001	实心砖墙	实心砖墙，外墙厚 365mm，内墙厚 240mm	m³	74.59		
2	010401007001	空花墙	空花墙，墙厚 240mm，墙高 240mm	m³	8.06		

（2）定额工程量 定额工程量与清单工程量相同。

$V_{实砌} = 74.59\text{m}^3$

套用基础定额 3-4。

$V_{空花墙} = 8.06\text{m}^3$

套用基础定额 3-28。

第六节 混凝土及钢筋混凝土工程

一、混凝土及钢筋混凝土工程清单工程量计算规则

1. 现浇混凝土基础

现浇混凝土基础工程量清单项目设置、项目特征描述的内容、计量单位、工程量计算规则应按表 5-46 的规定执行。

表 5-46 现浇混凝土基础（编码：010501）

项目编码	项目名称	项目特征	计量单位	工程量计算规则	工作内容
010501001	垫层				1. 模板及支撑制作、安装、拆除、堆放、运输及清理模内杂物、刷隔离剂等
010501002	带形基础	1. 混凝土种类 2. 混凝土强度等级	m³	按设计图示尺寸以体积计算。不扣除伸入承台基础的桩头所占体积	
010501003	独立基础				
010501004	满堂基础				
010501005	桩承台基础				2. 混凝土制作、运输、浇筑、振捣、养护
010501006	设备基础	1. 混凝土种类 2. 混凝土强度等级 3. 灌浆材料及其强度等级			

注：1. 有肋带形基础、无肋带形基础应按"现浇混凝土"中相关项目列项，并注明肋高。

2. 箱式满堂基础中柱、梁、墙、板按"现浇混凝土柱""现浇混凝土梁""现浇混凝土墙""现浇混凝土板"相关项目分别编码列项；箱式满堂基础底板按"现浇混凝土基础"的满堂基础项目列项。

3. 框架式设备基础中柱、梁、墙、板分别按"现浇混凝土柱""现浇混凝土梁""现浇混凝土墙""现浇混凝土板"相关项目编码列项；基础部分按"现浇混凝土基础"相关项目编码列项。

4. 如为毛石混凝土基础，项目特征应描述毛石所占比例。

2. 现浇混凝土柱

现浇混凝土柱工程量清单项目设置、项目特征描述的内容、计量单位、工程量计算规则应按表 5-47 的规定执行。

表 5-47　现浇混凝土柱 (编码：010502)

项目编码	项目名称	项目特征	计量单位	工程量计算规则	工作内容
010502001	矩形柱	1. 混凝土类别 2. 混凝土强度等级	m³	按设计图示尺寸以体积计算。不扣除构件内钢筋、预埋铁件所占体积。型钢混凝土柱扣除构件内型钢所占体积 柱高： 1. 有梁板的柱高，应自柱基上表面（或楼板上表面）至上一层楼板上表面之间的高度计算 2. 无梁板的柱高，应自柱基上表面（或楼板上表面）至柱帽下表面之间的高度计算 3. 框架柱的柱高：应自柱基上表面至柱顶高度计算 4. 构造柱按全高计算，嵌接墙体部分（马牙槎）并入柱身体积 5. 依附柱上的牛腿和升板的柱帽，并入柱身体积计算	1. 模板及支架（撑）制作、安装、拆除、堆放、运输及清理模内杂物、刷隔离剂等 2. 混凝土制作、运输、浇筑、振捣、养护
010502002	构造柱				
010502003	异形柱	1. 柱形状 2. 混凝土类别 3. 混凝土强度等级			

注：混凝土种类：指清水混凝土、彩色混凝土等，如在同一地区既使用预拌（商品）混凝土，又允许现场搅拌混凝土时，也应注明（下同）。

3. 现浇混凝土梁

现浇混凝土梁工程量清单项目设置、项目特征描述的内容、计量单位、工程量计算规则应按表 5-48 的规定执行。

表 5-48　现浇混凝土梁（编码：010503）

项目编码	项目名称	项目特征	计量单位	工程量计算规则	工作内容
010503001	基础梁	1. 混凝土类别 2. 混凝土强度等级	m³	按设计图示尺寸以体积计算。伸入墙内的梁头、梁垫并入梁体积内 梁长： 1. 梁与柱连接时，梁长算至柱侧面 2. 主梁与次梁连接时，次梁长算至主梁侧面	1. 模板及支架（撑）制作、安装、拆除、堆放、运输及清理模内杂物、刷隔离剂等 2. 混凝土制作、运输、浇筑、振捣、养护
010503002	矩形梁				
010503003	异形梁				
010503004	圈梁				
010503005	过梁				
010503006	弧形、拱形梁				

4. 现浇混凝土墙

现浇混凝土墙工程量清单项目设置、项目特征描述的内容、计量单位、工程量计算规则应按表 5-49 的规定执行。

表 5-49　现浇混凝土墙（编码：010504）

项目编码	项目名称	项目特征	计量单位	工程量计算规则	工作内容
010504001	直形墙	1. 混凝土类别 2. 混凝土强度等级	m³	按设计图示尺寸以体积计算 扣除门窗洞口及单个面积＞0.3m² 的孔洞所占体积，墙垛及突出墙面部分并入墙体体积内计算	1. 模板及支架（撑）制作、安装、拆除、堆放、运输及清理模内杂物、刷隔离剂等 2. 混凝土制作、运输、浇筑、振捣、养护
010504002	弧形墙				
010504003	短肢剪力墙				
010504004	挡土墙				

注：短肢剪力墙是指截面厚度不大于 300mm、各肢截面高度与厚度之比的最大值大于 4 但不大于 8 的剪力墙；各肢截面高度与厚度之比的最大值不大于 4 的剪力墙按柱项目编码列项。

5. 现浇混凝土板

现浇混凝土板工程量清单项目设置、项目特征描述的内容、计量单位、工程量计算规则应按表 5-50 的规定执行。

表 5-50　现浇混凝土板（编码：010505）

项目编码	项目名称	项目特征	计量单位	工程量计算规则	工作内容
010505001	有梁板	1. 板底标高 2. 板厚度 3. 混凝土强度等级 4. 混凝土拌和料要求	m³	按设计图示尺寸以体积计算。不扣除构件内钢筋、预埋铁件及单个面积≤0.3m² 的柱、垛以及孔洞所占体积 压形钢板混凝土楼板扣除构件内压形钢板所占体积 有梁板（包括主、次梁与板）按梁、板体积之和计算，无梁板按板和柱帽体积之和计算，各类板伸入墙内的板头并入板体积内，薄壳板的肋、基梁并入薄壳体积内计算	1. 模板及支架（撑）制作、安装、拆除、堆放、运输及清理模内杂物、刷隔离剂等 2. 混凝土制作、运输、浇筑、振捣、养护
010505002	无梁板				
010505003	平板				
010505004	拱板		m³		
010505005	薄壳板				
010505006	栏板				
010505007	天沟（檐沟）、挑檐板	1. 混凝土强度等级 2. 混凝土拌和料要求	m³	按设计图示尺寸以体积计算	1. 模板及支架（撑）制作、安装、拆除、堆放、运输及清理模内杂物、刷隔离剂等 2. 混凝土制作、运输、浇筑、振捣、养护
010505008	雨篷、悬挑板、阳台板			按设计图示尺寸以墙外部分体积计算。包括伸出墙外的牛腿和雨篷反挑檐的体积	
010505009	空心板			按设计图示尺寸以体积计算。空心板（GBF高强薄壁蜂巢芯板等）应扣除空心部分体积	
010505010	其他板			按设计图示尺寸以体积计算	

注：现浇挑檐、天沟板、雨篷、阳台与板（包括屋面板、楼板）连接时，以外墙外边线为分界线；与圈梁（包括其他梁）连接时，以梁外边线为分界线。外边线以外为挑檐、天沟、雨篷或阳台。

6. 现浇混凝土楼梯

现浇混凝土楼梯工程量清单项目设置、项目特征描述的内容、计量单位、工程量计算规则应按表 5-51 的规定执行。

表 5-51 现浇混凝土楼梯 （编码：010506）

项目编码	项目名称	项目特征	计量单位	工程量计算规则	工作内容
010506001	直形楼梯	1. 混凝土类别 2. 混凝土强度等级	1. m² 2. m³	1. 以平方米计量，按设计图示尺寸以水平投影面积计算。不扣除宽度≤500mm 的楼梯井，伸入墙内部分不计算 2. 以立方米计量，按设计图示尺寸以体积计算	1. 模板及支架（撑）制作、安装、拆除、堆放、运输及清理模内杂物、刷隔离剂等 2. 混凝土制作、运输、浇筑、振捣、养护
010506002	弧形楼梯				

注：整体楼梯（包括直形楼梯、弧形楼梯）水平投影面积包括休息平台、平台梁、斜梁和楼梯的连接梁。当整体楼梯与现浇楼板无梯梁连接时，以楼梯的最后一个踏步边缘加 300mm 为界。

7. 现浇混凝土其他构件

现浇混凝土其他构件工程量清单项目设置、项目特征描述的内容、计量单位、工程量计算规则应按表 5-52 的规定执行。

表 5-52 现浇混凝土其他构件 （编码：010507）

项目编码	项目名称	项目特征	计量单位	工程量计算规则	工作内容
010507001	散水、坡道	1. 垫层材料种类、厚度 2. 面层厚度 3. 混凝土种类 4. 混凝土强度等级 5. 变形缝填塞材料种类	m²	以平方米计量，按设计图示尺寸以面积计算 不扣除单个≤0.3m² 的孔洞所占面积	1. 地基夯实 2. 铺设垫层 3. 模板及支撑制作、安装、拆除、堆放、运输及清理模内杂物、刷隔离剂等 4. 混凝土制作、运输、浇筑、振捣、养护 5. 变形缝填塞
010507002	室外地坪	1. 地坪厚度 2. 混凝土强度等级			

续表

项目编码	项目名称	项目特征	计量单位	工程量计算规则	工作内容
010507003	电缆沟、地沟	1. 土壤类别 2. 沟截面净空尺寸 3. 垫层材料种类、厚度 4. 混凝土类别 5. 混凝土强度等级 6. 防护材料种类	m	按设计图示以中心线长度计算	1. 挖填、运土石方 2. 铺设垫层 3. 模板及支撑制作、安装、拆除、堆放、运输及清理模内杂物、刷隔离剂等 4. 混凝土制作、运输、浇筑、振捣、养护 5. 刷防护材料
010507004	台阶	1. 踏步高、宽 2. 混凝土种类 3. 混凝土强度等级	1. m² 2. m³	1. 以平方米计量，按设计图示尺寸水平投影面积计算 2. 以立方米计量，按设计图示尺寸以体积计算	1. 模板及支撑制作、安装、拆除、堆放、运输及清理模内杂物、刷隔离剂等 2. 混凝土制作、运输、浇筑、振捣、养护
010507005	扶手、压顶	1. 断面尺寸 2. 混凝土种类 3. 混凝土强度等级	1. m 2. m³	1. 以米计量，按设计图示的中心线延长米计算 2. 以立方米计量，按设计图示尺寸以体积计算	1. 模板及支架（撑）制作、安装、拆除、堆放、运输及清理模内杂物、刷隔离剂等 2. 混凝土制作、运输、浇筑、振捣、养护
010507006	化粪池、检查井	1. 断面尺寸 2. 混凝土强度等级 3. 防水、抗渗要求	1. m³ 2. 座	1. 按设计图示尺寸以体积计算 2. 以座计量，按设计图示数量计算	
01050707	其他构件	1. 构件的类型 2. 构件规格 3. 部位 4. 混凝土种类 5. 混凝土强度等级	m³	1. 按设计图示尺寸以体积计算 2. 以座计量，按设计图示数量计算	1. 模板及支架（撑）制作、安装、拆除、堆放、运输及清理模内杂物、刷隔离剂等 2. 混凝土制作、运输、浇筑、振捣、养护

　　注：1. 现浇混凝土小型池槽、垫块、门框等，应按"现浇混凝土其他构件"中其他构件项目编码列项。
　　　　2. 架空式混凝土台阶，按现浇楼梯计算。

8. 后浇带

后浇带工程量清单项目设置、项目特征描述的内容、计量单位、工程量计算规则应按表 5-53 的规定执行。

表 5-53　后浇带（编码：010508）

项目编码	项目名称	项目特征	计量单位	工程量计算规则	工程内容
010508001	后浇带	1. 混凝土种类 2. 混凝土强度等级	m³	按设计图示尺寸以体积计算	1. 模板及支架（撑）制作、安装、拆除、堆放、运输及清理模内杂物、刷隔离剂等 2. 混凝土制作、运输、浇筑、振捣、养护及混凝土交接面、钢筋等的清理

9. 预制混凝土柱

预制混凝土柱工程量清单项目设置、项目特征描述的内容、计量单位、工程量计算规则应按表 5-54 的规定执行。

表 5-54　预制混凝土柱（编码：010509）

项目编码	项目名称	项目特征	计量单位	工程量计算规则	工程内容
010509001	矩形柱	1. 图代号 2. 单件体积 3. 安装高度 4. 混凝土强度等级 5. 砂浆（细石混凝土）强度等级、配合比	1. m³ 2. 根	1. 以立方米计量，按设计图示尺寸以体积计算 2. 以根计量，按设计图示尺寸以数量计算	1. 模板制作、安装、拆除、堆放、运输及清理模内杂物、刷隔离剂等 2. 混凝土制作、运输、浇筑、振捣、养护 3. 构件运输、安装 4. 砂浆制作、运输 5. 接头灌缝、养护
010509002	异形柱				

注：以根计量，必须描述单件体积。

10. 预制混凝土梁

预制混凝土梁工程量清单项目设置、项目特征描述的内容、计量单位、工程量计算规则应按表 5-55 的规定执行。

表 5-55　预制混凝土梁（编码：010510）

项目编码	项目名称	项目特征	计量单位	工程量计算规则	工程内容
010510001	矩形梁	1. 图代号 2. 单件体积 3. 安装高度 4. 混凝土强度等级 5. 砂浆（细石混凝土）强度等级、配合比	1. m³ 2. 根	1. 以立方米计量，按设计图示尺寸以体积计算 2. 以根计量，按设计图示尺寸以数量计算	1. 模板制作、安装、拆除、堆放、运输及清理模内杂物、刷隔离剂等 2. 混凝土制作、运输、浇筑、振捣、养护 3. 构件运输、安装 4. 砂浆制作、运输 5. 接头灌缝、养护
010510002	异形梁				
010510003	过梁				
010510004	拱形梁				
010510005	鱼腹式吊车梁				
010510006	其他梁				

注：以根计量，必须描述单件体积。

11. 预制混凝土屋架

预制混凝土屋架工程量清单项目设置、项目特征描述的内容、计量单位、工程量计算规则应按表 5-56 的规定执行。

表 5-56　预制混凝土屋架（编码：010511）

项目编码	项目名称	项目特征	计量单位	工程量计算规则	工程内容
010511001	折线型	1. 图代号 2. 单件体积 3. 安装高度 4. 混凝土强度等级 5. 砂浆（细石混凝土）强度等级、配合比	1. m³ 2. 榀	1. 以立方米计量，按设计图示尺寸以体积计算 2. 以榀计量，按设计图示尺寸以数量计算	1. 模板制作、安装、拆除、堆放、运输及清理模内杂物、刷隔离剂等 2. 混凝土制作、运输、浇筑、振捣、养护 3. 构件运输、安装 4. 砂浆制作、运输 5. 接头灌缝、养护
010511002	组合				
010511003	薄腹				
010511004	门式刚架				
010511005	天窗架				

注：1. 以榀计量，必须描述单件体积。

2. 三角形屋架应按"预制混凝土屋架"中折线型屋架项目编码列项。

12. 预制混凝土板

预制混凝土板工程量清单项目设置、项目特征描述的内容、计量单位、工程量计算规则应按表 5-57 的规定执行。

表 5-57　预制混凝土板（编码：010512）

项目编码	项目名称	项目特征	计量单位	工程量计算规则	工程内容
010512001	平板	1. 图代号 2. 单件体积 3. 安装高度 4. 混凝土强度等级 5. 砂浆（细石混凝土）强度等级、配合比	1. m³ 2. 块	1. 以立方米计量，按设计图示尺寸以体积计算。不扣除单个面积 ≤ 300mm × 300mm 的孔洞所占体积，扣除空心板空洞体积 2. 以块计量，按设计图示尺寸以"数量"计算	1. 模板制作、安装、拆除、堆放、运输及清理模内杂物、刷隔离剂等 2. 混凝土制作、运输、浇筑、振捣、养护 3. 构件运输、安装 4. 砂浆制作、运输 5. 接头灌缝、养护
010512002	空心板				
010512003	槽形板				
010512004	网架板				
010512005	折线板				
010512006	带肋板				
010512007	大型板				
010512008	沟盖板、井盖板、井圈	1. 单件体积 2. 安装高度 3. 混凝土强度等级 4. 砂浆强度等级、配合比	1. m³ 2. 块（套）	1. 以立方米计量，按设计图示尺寸以体积计算 2. 以块计量，按设计图示尺寸以"数量"计算	

注：1. 以块、套计量，必须描述单件体积。

2. 不带肋的预制遮阳板、雨篷板、挑檐板、拦板等，应按"预制混凝土板"中平板项目编码列项。

3. 预制 F 形板、双 T 形板、单肋板和带反挑檐的雨篷板、挑檐板、遮阳板等，应按"预制混凝土板"中带肋板项目编码列项。

4. 预制大型墙板、大型楼板、大型屋面板等，应按"预制混凝土板"中大型板项目编码列项。

13. 预制混凝土楼梯

预制混凝土楼梯工程量清单项目设置及工程量计算规则，应按表 5-58 的规定执行。

表 5-58   预制混凝土楼梯 （编码：010513）

项目编码	项目名称	项目特征	计量单位	工程量计算规则	工程内容
010513001	楼梯	1. 楼梯类型 2. 单件体积 3. 混凝土强度等级 4. 砂浆（细石混凝土）强度等级	1. m³ 2. 段	1. 以立方米计量，按设计图示尺寸以体积计算。扣除空心踏步板空洞体积 2. 以段计量，按设计图示数量计算	1. 模板制作、安装、拆除、堆放、运输及清理模内杂物、刷隔离剂等 2. 混凝土制作、运输、浇筑、振捣、养护 3. 构件运输、安装 4. 砂浆制作、运输 5. 接头灌缝、养护

注：以块计量，必须描述单件体积。

14. 其他预制构件

其他预制构件工程量清单项目设置、项目特征描述的内容、计量单位、工程量计算规则应按表 5-59 的规定执行。

表 5-59   其他预制构件 （编码：010514）

项目编码	项目名称	项目特征	计量单位	工程量计算规则	工程内容
010514001	垃圾道、通风道、烟道	1. 单件体积 2. 混凝土强度等级 3. 砂浆强度等级	1. m³ 2. m² 3. 根（块、套）	1. 以立方米计量，按设计图示尺寸以体积计算。不扣除单个面积 ≤ 300mm × 300mm 的孔洞所占体积，扣除烟道、垃圾道、通风道的孔洞所占体积 2. 以平方米计量，按设计图示尺寸以面积计算。不扣除单个面积 ≤ 300mm × 300mm 的孔洞所占面积 3. 以根计量，按设计图示尺寸以数量计算	1. 模板制作、安装、拆除、堆放、运输及清理模内杂物、刷隔离剂等 2. 混凝土制作、运输、浇筑、振捣、养护 3. 构件运输、安装 4. 砂浆制作、运输 5. 接头灌缝、养护
010514002	其他构件	1. 单件体积 2. 构件的类型 3. 混凝土强度等级 4. 砂浆强度等级			
010514003	水磨石构件	1. 构件的类型 2. 单件体积 3. 水磨石面层厚度 4. 混凝土强度等级 5. 水泥石子浆配合比 6. 石子品种、规格、颜色 7. 酸洗、打蜡要求			

注：1. 以块、根计量，必须描述单件体积。

2. 预制钢筋混凝土小型池槽、压顶、扶手、垫块、隔热板、花格等，按"其他预制构件"中其他构件项目编码列项。

15. 钢筋工程

钢筋工程工程量清单项目设置、项目特征描述的内容、计量单位、工程量计算规则应按表 5-60 的规定执行。

表 5-60　钢筋工程（编码：010515）

项目编码	项目名称	项目特征	计量单位	工程量计算规则	工程内容
010515001	现浇混凝土钢筋	钢筋种类、规格			1. 钢筋制作、运输 2. 钢筋安装 3. 焊接
010515002	预制构件钢筋				
010515003	钢筋网片			按设计图示钢筋（网）长度（面积）乘单位理论质量计算	1. 钢筋网制作、运输 2. 钢筋网安装 3. 焊接
040416004	钢筋笼				1. 钢筋笼制作、运输 2. 钢筋笼安装 3. 焊接
010515005	先张法预应力钢筋	1. 钢筋种类、规格 2. 锚具种类	t	按设计图示钢筋长度乘单位理论质量计算	1. 钢筋制作、运输 2. 钢筋张拉
010515006	后张法预应力钢筋	1. 钢筋种类、规格 2. 钢丝种类、规格 3. 钢铰线种类、规格 4. 锚具种类 5. 砂浆强度等级		按设计图示钢筋（丝束、绞线）长度乘单位理论质量计算 1. 低合金钢筋两端均采用螺杆锚具时，钢筋长度按孔道长度减 0.35m 计算，螺杆另行计算 2. 低合金钢筋一端采用镦头插片，另一端采用螺杆锚具时，钢筋长度按孔道长度计算，螺杆另行计算 3. 低合金钢筋一端采用镦头插片，另一端采用帮条锚具时，钢筋增加 0.15m 计算；两端均采用帮条锚具时，钢筋长度按孔道长度增加 0.3m 计算 4. 低合金钢筋采用后张混凝土自锚时，钢筋长度按孔道长度增加 0.35m 计算	1. 钢筋、钢丝、钢绞线制作、运输 2. 钢筋、钢丝、钢绞线安装 3. 预埋管孔道铺设 4. 锚具安装 5. 砂浆制作、运输 6. 孔道压浆、养护
010515007	预应力钢丝				
010515008	预应力钢绞线				

续表

项目编码	项目名称	项目特征	计量单位	工程量计算规则	工程内容
010515008	预应力钢绞线	1. 钢筋种类、规格 2. 钢丝种类、规格 3. 钢铰线种类、规格 4. 锚具种类 5. 砂浆强度等级	t	5. 低合金钢筋（钢绞线）采用 JM、XM、QM 型锚具，孔道长度≤20m 时，钢筋长度增加 1m 计算，孔道长度＞20m 时，钢筋长度增加 1.8m 计算 6. 碳素钢丝采用锥形锚具，孔道长度≤20m 时，钢丝束长度按孔道长度增加 1m 计算，孔道长度＞20m 时，钢丝束长度按孔道长度增加 1.8m 计算 7. 碳素钢丝采用镦头锚具时，钢丝束长度按孔道长度增加 0.35m 计算	1. 钢筋、钢丝、钢绞线制作、运输 2. 钢筋、钢丝、钢绞线安装 3. 预埋管孔道铺设 4. 锚具安装 5. 砂浆制作、运输 6. 孔道压浆、养护
010515009	支撑钢筋（铁马）	1. 钢筋种类 2. 规格		按钢筋长度乘单位理论质量计算	钢筋制作、焊接、安装
01051510	声测管	1. 材质 2. 规格型号		按设计图示尺寸质量计算	1. 检测管截断、封头 2. 套管制作、焊接 3. 定位、固定

注：1. 现浇构件中伸出构件的锚固钢筋应并入钢筋工程量内。除设计（包括规范规定）标明的搭接外，其他施工搭接不计算工程量，在综合单价中综合考虑。
2. 现浇构件中固定位置的支撑钢筋、双层钢筋用的"铁马"在编制工程量清单时，如果设计未明确，其工程数量可为暂估量，结算时按现场签证数量计算。

16. 螺栓、铁件

螺栓、铁件工程量清单项目设置及工程量计算规则，应按表 5-61 的规定执行。

表 5-61　螺栓、铁件（编码：010516）

项目编码	项目名称	项目特征	计量单位	工程量计算规则	工程内容
010516001	螺栓	1. 螺栓种类 2. 规格	t	按设计图示尺寸以质量计算	1. 螺栓、铁件制作、运输 2. 螺栓、铁件安装
010516002	预埋铁件	1. 钢材种类 2. 规格 3. 铁件尺寸			
010516003	机械连接	1. 连接方式 2. 螺纹套筒种类 3. 规格	个	按数量计算	1. 钢筋套丝 2. 套筒连接

注：编制工程量清单时，如果设计未明确，其工程数量可为暂估量，实际工程量按现场签证数量计算。

17. 相关问题及说明

预制混凝土构件或预制钢筋混凝土构件，如施工图设计标注做法见标准图集时，项目特征注明标准图集的编码、页号及节点大样即可。

现浇或预制混凝土和钢筋混凝土构件，不扣除构件内钢筋、螺栓、预埋铁件、张拉孔道所占体积，但应扣除劲性骨架的型钢所占体积。

二、混凝土及钢筋混凝土工程定额工程量计算规则

1. 定额工程量计算规则

（1）现浇混凝土及钢筋混凝土工程

1）一般规定。除遵循"定额工程量计算说明"中"（3）混凝土"的内容外，还应符合以下两条规定：

① 承台桩基础定额中已考虑了凿桩头用工。

② 集中搅拌、运输、泵输送混凝土参考定额中，当输送高度超过 30m 时，输送泵台班用量乘以系数 1.10，输送高度超过 50m 时，输送泵台班用量乘以系数 1.25。

2）现浇混凝土及钢筋混凝土模板：

① 现浇混凝土及钢筋混凝土模板工程量，除另有规定者外，均应区别模板的不同材质，按混凝土与模板接触面的面积，以"m²"计算。

② 现浇钢筋混凝土柱、梁、板、墙的支模高度（即室外地坪至板底或板面至板底之间的高度）以 3.6m 以内为准，超过 3.6m 以上部分，另按超过部分计算增加支撑工程量。

③ 现浇钢筋混凝土墙、板上单孔面积在 0.3m² 以内的孔洞，不予扣除，洞侧壁模板也不增加；单孔面积在 0.3m² 以外时，应予扣除，洞侧壁模板面积并入墙、板模板工程量之内计算。

④ 现浇钢筋混凝土框架分别按梁、板、柱、墙有关规定计算，附墙柱并入墙内工程量计算。

⑤ 杯形基础杯口高度大于杯口大边长度的，套高杯基础定额项目。

⑥ 柱与梁、柱与墙、梁与梁等连接的重叠部分以及伸入墙内的梁头、板头部分，均不计算模板面积。

⑦ 构造柱外露面均应按图示外露部分计算模板面积。构造柱与墙接触面不计算模板面积。

⑧ 现浇钢筋混凝土悬挑板（雨篷、阳台）按图示外挑部分尺寸的水平投影面积计算。挑出墙外的牛腿梁及板边模板不另计算。

⑨ 现浇钢筋混凝土楼梯，以图示露明面尺寸的水平投影面积计算，不扣除小于500mm楼梯井所占面积。楼梯的踏步、踏步板、平台梁等侧面模板，不另计算。

⑩ 混凝土台阶不包括梯带，按图示台阶尺寸的水平投影面积计算，台阶端头两侧不另计算模板面积。

⑪ 现浇混凝土小型池槽按构件外围体积计算，池槽内、外侧及底部的模板不应另计算。

3）现浇混凝土：

① 混凝土工程量除另有规定者外，均按图示尺寸实体体积以"m³"计算。不扣除构件内钢筋、预埋铁件及墙、板中0.3m²内的孔洞所占体积。

② 基础：

a. 有肋带形混凝土基础，其肋高与肋宽之比在4∶1以内的按有肋带形基础计算；超过4∶1时，其基础底按板式基础计算，以上部分按墙计算。

b. 箱式满堂基础应分别按无梁式满堂基础、柱、墙、梁、板有关规定计算，套相应定额项目。

c. 设备基础除块体以外，其他类型设备基础分别按基础、梁、柱、板、墙等有关规定计算，套相应的定额项目计算。

③ 柱：按图示断面尺寸乘以柱高以"m³"计算。柱高按下列规定确定：

a. 有梁板的柱高，应自柱基上表面（或楼板上表面）至上一层楼板上表面之间的高度计算。

b. 无梁板的柱高，应自柱基上表面（或楼板上表面）至柱帽下表面之间的高度计算。

c. 框架柱的柱高应自柱基上表面至柱顶高度计算。

d. 构造柱按全高计算，与砖墙嵌接部分的体积并入柱身体积内计算。

e. 依附柱上的牛腿，并入柱身体积内计算。

④ 梁：按图示断面尺寸乘以梁长以"m³"计算，梁长按下列规定确定：

a. 梁与柱连接时，梁长算至柱侧面。

b. 主梁与次梁连接时，次梁长算至主梁侧面。

伸入墙内梁头，梁垫体积并入梁体积内计算。

⑤ 板：按图示面积乘以板厚以"m³"计算，其中：

a. 有梁板包括主、次梁与板，按梁、板体积之和计算。

b. 无梁板按板和柱帽体积之和计算。

c. 平板按板实体体积计算。

d. 现浇挑檐天沟与板（包括屋面板、楼板）连接时，以外墙为分界线，与圈梁（包括其他梁）连接时，以梁外边线为分界线。外墙边线以外或梁外边线以外为挑檐天沟。

e. 各类板伸入墙内的板头并入板体积内计算。

⑥ 墙：按图示中心线长度乘以墙高及厚度以"m³"计算，应扣除门窗洞口及 0.3m² 以外孔洞的体积，墙垛及突出部分并入墙体积内计算。

⑦ 整体楼梯包括休息平台，平台梁、斜梁及楼梯的连接梁，按水平投影面积计算，不扣除宽度小于 500mm 的楼梯井，伸入墙内部分不另增加。

⑧ 阳台、雨篷（悬挑板），按伸出外墙的水平投影面积计算，伸出外墙的牛腿不另计算。带反挑檐的雨篷按展开面积并入雨篷内计算。

⑨ 栏杆按净长度以延长米计算。伸入墙内的长度已综合在定额内。栏板以"m³"计算，伸入墙内的栏板，合并计算。

⑩ 预制板补现浇板缝时，按平板计算。

⑪ 预制钢筋混凝土框架柱现浇接头（包括梁接头），按设计规定的断面和长度以"m³"计算。

4）钢筋混凝土构件接头灌缝：

① 钢筋混凝土构件接头灌缝：包括构件坐浆、灌缝、堵板孔、塞板梁缝等。均按预制钢筋混凝土构件实体体积以"m³"计算。

② 柱与柱基的灌缝，按首层柱体积计算；首层以上柱灌缝按各层柱体积计算。

③ 空心板堵孔的人工材料，已包括在定额内。如不堵孔时，每 10m³ 空心板体积应扣除 0.23m³ 预制混凝土块和 2.2 工日。

（2）预制混凝土及钢筋混凝土工程

1）预制钢筋混凝土构件模板：

① 预制钢筋混凝土模板工程量，除另有规定者外均按混凝土实体体积以"m³"计算。

② 小型池槽按外形体积以"m³"计算。

③ 预制桩尖按虚体积（不扣除桩尖虚体积部分）计算。

2）预制混凝土：

① 混凝土工程量均按图示尺寸实体体积以"m³"计算，不扣除构件内钢筋、铁件及小于 300mm×300mm 以内的孔洞面积。

② 预制桩按桩全长（包括桩尖）乘以桩断面（空心桩应扣除孔洞体积）以"m³"计算。

③ 混凝土与钢杆件组合的构件，混凝土部分按构件实体积以"m³"计算，钢构件部分按"t"计算，分别套相应的定额项目。

（3）构筑物钢筋混凝土工程

1）构筑物钢筋混凝土模板：

① 构筑物工程的模板工程量，除另有规定者外，区别现浇、预制和构件类别，分别按现浇和预制混凝土及钢筋混凝土模板工程量计算规定中有关的规定计算。

② 大型池槽等分别按基础、墙、板、梁、柱等有关规定计算并套相应定额项目。

③ 液压滑升钢模板施工的烟筒、水塔塔身、贮仓等，均按混凝土体积，以"m³"计算。预制倒圆锥形水塔罐壳模板按混凝土体积，以"m³"计算。

④ 预制倒圆锥形水塔罐壳组装、提升、就位，按不同容积以"座"计算。

2）构筑物钢筋混凝土：

① 构筑物混凝土除另规定者外，均按图示尺寸扣除门窗洞口及 0.3m² 以外孔洞所占体积以实体体积计算。

② 水塔：

a. 筒身与槽底以槽底连接的圈梁底为界，以上为槽底，以下为筒身。

b. 筒式塔身及依附于筒身的过梁、雨篷挑檐等并入筒身体积内计算；柱式塔身，柱、梁合并计算。

c. 塔顶及槽底，塔顶包括顶板和圈梁，槽底包括底板挑出的斜壁板和圈梁等合并计算。

③ 贮水池不分平底、锥底、坡底均按池底计算，壁基梁、池壁不分圆形壁和矩形壁，均按池壁计算；其他项目均按现浇混凝土部分相应项目计算。

（4）钢筋工程

1）一般规定：

① 钢筋工程，应区别现浇、预制构件、不同钢种和规格，分别按设计长度乘以单位重量，以"t"计算。

② 计算钢筋工程量时，设计已规定钢筋搭接长度的，按规定搭接长度计算；设计未规定搭接长度的，已包括在钢筋的损耗率之内，不另计算搭接长度。钢筋电渣压力焊接、套筒挤压等接头，以"个"计算。

③ 先张法预应力钢筋，按构件外形尺寸计算长度，后张法预应力钢筋按设计图规定的预应力钢筋预留孔道长度，并区别不同的锚具类型，分别按下列规定计算：

a. 低合金钢筋两端采用螺杆锚具时，预应力的钢筋按预留孔道的长度减 0.35m，螺杆另行计算。

b. 低合金钢筋一端采用镦头插片，另一端螺杆锚具时，预应力钢筋长度按预留孔道长度计算，螺杆另行计算。

c. 低合金钢筋一端采用镦头插片，另一端为帮条锚具时，预应力钢筋增加 0.15m，两端均采用帮条锚具时，预应力钢筋共增加 0.3m 计算。

d. 低合金钢筋采用后张混凝土自锚时，预应力钢筋长度增加 0.35m 计算。

e. 低合金钢筋或钢绞线采用 JM、XM、QM 型锚具，孔道长度在 20m 以内时，预应力钢筋长度增加 1m；孔道长度在 20m 以上时，预应力钢筋长度增加 1.8m 计算。

f. 碳素钢丝采用锥形锚具，孔道长在 20m 以内时，预应力钢筋长度增加 1m；孔道长在 20m 以上时，预应力钢筋长度增加 1.8m。

g. 碳素钢丝两端采用镦粗头时，预应力钢丝长度增加 0.35m 计算。

2）其他规定：

① 钢筋混凝土构件预埋铁件工程量按设计图示尺寸，以"t"计算。

② 固定预埋螺栓、铁件的支架，固定双层钢筋的铁马凳、垫铁件，按审定的施工组织设计规定计算，套相应定额项目。

2. 定额工程量计算说明

（1）模板

1）现浇混凝土模板按不同构件，分别以组合钢模板、钢支撑、木支撑，复合木模板、钢支撑、木支撑，木模板、木支撑配制，模板不同时，可以编制补充定额。

2）预制钢筋混凝土模板，按不同构件分别以组合钢模板、复合木模板、木模板、定型钢模、长线台钢拉模，并配置相应的砖地模，砖胎模、长线台混凝土地模编制的，使用其他模板时，可以换算。

3）定额中框架轻板项目，只适用于全装配式定型框架轻板住宅工程。

4）模板工作内容包括：清理、场内运输、安装、刷隔离剂、浇灌混凝土时模板维护、拆模、集中堆放、场外运输。木模板包括制作（预制包括刨光，现浇不刨光），组合钢模板、复合木模板包括装箱。

5）现浇混凝土梁、板、柱、墙是按支模高度（地面至板底）3.6m 编制的，超过 3.6m 时按超过部分工程量另按超高的项目计算。

6）用钢滑升模板施工的烟囱、水塔及贮仓是按无井架施工计算的，并综合了操作平台，不再计算脚手架及竖井架。

7）用钢滑升模板施工的烟囱、水塔、提升模板使用的钢爬杆用量是按100%摊销计算的，贮仓是按 50%摊销计算的，设计要求不同时，另行计算。

8）倒锥壳水塔塔身钢滑升模板项目，也适用于一般水塔塔身滑升模板工程。

9）烟囱钢滑升模板项目均已包括烟囱筒身、牛腿、烟道口；水塔钢滑升模板均已包括直筒、门窗洞口等模板用量。

10) 组合钢模板、复合木模板项目，未包括回库维修费用。应按定额项目中所列摊销量的模板、零星夹具材料价格的 8% 计入模板预算价格之内。回库维修费的内容包括：模板的运输费、维修的人工、机械、材料费用等。

（2）钢筋

1) 钢筋工程按钢筋的不同品种、不同规格，按现浇构件钢筋、预制构件钢筋、预应力钢筋及箍筋分别列项。

2) 预应力构件中的非预应力钢筋按预制钢筋相应项目计算。

3) 设计图纸未注明的钢筋接头和施工损耗的，已综合在定额项目内。

4) 绑扎铁丝、成型点焊和接头焊接用的电焊条已综合在定额项目内。

5) 钢筋工程内容包括：制作、绑扎、安装以及浇灌混凝土时维护钢筋用工。

6) 现浇构件钢筋以手工绑扎，预制构件钢筋以手工绑扎、点焊分别列项，实际施工与定额不同时，不再换算。

7) 非预应力钢筋不包括冷加工，如设计要求冷加工时，另行计算。

8) 预应力钢筋如设计要求人工时效处理时，应另行计算。

9) 预制构件钢筋，如用不同直径钢筋点焊在一起时，按直径最小的定额项目计算，如粗细筋直径比在两倍以上时，其人工乘以系数 1.25。

10) 后张法钢筋的锚固是按钢筋帮条焊、U 型插垫编制的，如采用其他方法锚固时，应另行计算。

11) 表 5-62 所列的构件，其钢筋可按表列系数调整人工、机械用量。

表 5-62　钢筋调整人工、机械系数表

项目	预制钢筋		现浇钢筋		构筑物			
系数范围							贮仓	
	拱梯形屋架	托架梁	小型构件	小型池槽	烟囱	水塔	矩形	圆形
人工、机械调整系数	1.16	1.05	2	2.52	1.7	1.7	1.25	1.50

（3）混凝土

1) 混凝土的工作内容包括：筛砂子、筛洗石子、后台运输、搅拌，前台运输、清理、润湿模板、浇灌、捣固、养护。

2) 毛石混凝土，是按毛石占混凝土体积 20% 计算的。如设计要求不同时，可以换算。

3) 小型混凝土构件，是指每件体积在 0.05m³ 以内的未列出定额项目的构件。

4）预制构件厂生产的构件，在混凝土定额项目中考虑了预制厂内构件运输、堆放、码垛、装车运出等的工作内容。

5）构筑物混凝土按构件选用相应的定额项目。

6）轻板框架的混凝土梅花柱按预制异型柱；叠合梁按预制异型梁；楼梯段和整间大楼板按相应预制构件定额项目计算。

7）现浇钢筋混凝土柱、墙定额项目，均按规范规定综合了底部灌注 1：2 水泥砂浆的用量。

8）混凝土已按常用列出强度等级，如与设计要求不同时，可以换算。

三、混凝土及钢筋混凝土工程工程量计算实例

【例 5-15】　某工程钢筋混凝土框架（KJ₁）2 根，尺寸如图 5-18 所示，混凝土强度等级柱为 C40，梁为 C30，混凝土采用泵送商品混凝土，由施工企业自行采购，根据招标文件要求，现浇混凝土构件实体项目包含模板工程。试列出该钢筋混凝土框架（KJ₁）柱、梁的分部分项工程量清单。

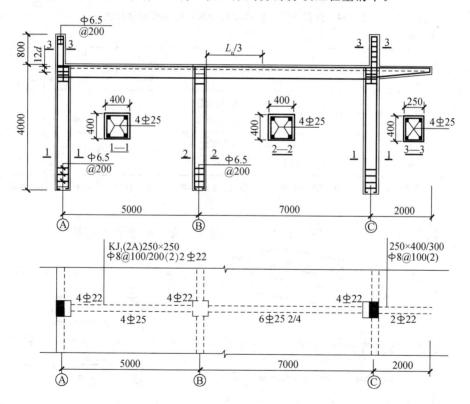

图 5-18　某工程钢筋混凝土框架示意图（单位：mm）

【解】

清单工程量计算表见表 5-63，分部分项工程和单价措施项目清单与计价表见表 5-64。

表 5-63　清单工程量计算表

工程名称：某工程

序号	项目编码	项目名称	计算式	工程量合计	计量单位
1	010502001001	矩形柱	$V=(0.4\times0.4\times4\times3+0.4\times0.25\times0.8\times2)\times2=4.16$	4.16	m^3
2	010503002001	矩形梁	$V=(4.6\times0.25\times0.5+6.6\times0.25\times0.50)\times2=2.8$ $V_2=\dfrac{1}{3}\times1.8\times(0.4\times0.25+0.25\times0.3+\sqrt{0.4\times0.25\times0.25\times0.3})\times2=0.31$ $V=2.8+0.31=3.11$	3.11	m^3

注：根据规范的规定，①梁与柱连接时，梁长算至柱侧面；②不扣除构件内钢筋所占体积。

表 5-64　分部分项工程和单价措施项目清单与计价表

工程名称：某工程

序号	项目编号	项目名称	项目特征描述	计算单位	工程量	金额/元 综合单价	金额/元 合价
1	010502001001	矩形柱	1. 混凝土种类：商品混凝土 2. 混凝土强度等级：C40	m^3	4.16		
2	010503002001	矩形梁	1. 混凝土种类：商品混凝土 2. 混凝土强度等级：C30	m^3	3.11		

注：根据规范要求，现浇混凝土模板项目不单列，现浇混凝土工程项目的综合单价中应包括模板工程费用。

【例 5-16】　已知如图 5-19 所示，预制 T 形梁，计算其工程量。

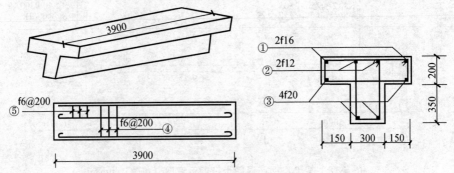

图 5-19　预制 T 形梁及配筋示意图（单位：mm）

【解】

（1）清单工程量　清单工程量计算表见表5-65，分部分项工程和单价措施项目清单与计价表见表5-66。

表 5-65　清单工程量计算表

工程名称：某工程

序号	项目编码	项目名称	计算式	工程量合计	计量单位
1	010410002001	异形梁	$V = (0.2 \times 0.6 + 0.3 \times 0.35) \times 3.9$ $= 0.88 \text{m}^3$	0.88	m³
2	010416002001	预制构件钢筋	$\phi16$：$\rho = 1.578\text{kg/m}$ ① $\phi16$：$(3.9.0.05) \times 2 \times 1.578 = 12.15\text{kg}$	0.012	t
3	010416002002	预制构件钢筋	$\phi12$：$\rho = 0.888\text{kg/m}$ ② $\phi12$：$(3.9 - 0.05) \times 2 \times 0.888 = 6.84\text{kg}$	0.007	t
4	010416002003	预制构件钢筋	$\phi20$：$\rho = 2.466\text{kg/m}$ ③ $\phi20$：$(3.9 - 0.05 + 6.25 \times 0.02 \times 2) \times 4 \times 2.466 = 40.44\text{kg}$	0.004	t
5	010416002004	预制构件钢筋	$\phi6$：$\rho = 0.222\text{kg/m}$ ④ $\phi6$：$[(3.9 - 0.05) \div 0.2 + 1] \times 1.704 \times 0.222 = 7.94\text{kg}$ ⑤ $\phi6$：$[(3.9 - 0.05) \div 0.2 + 1] \times 1.604 \times 0.222 = 7.48\text{kg}$	0.015	t

表 5-66　分部分项工程和单价措施项目清单与计价表

工程名称：某工程

序号	项目编号	项目名称	项目特征描述	计量单位	工程量	金额/元	
						综合单价	合价
1	010410002001	异形梁	预制 T 型梁	m³	0.88		
2	010416002001	预制构件钢筋	$\phi16$	t	0.012		
3	010416002002	预制构件钢筋	$\phi12$	t	0.007		
4	010416002003	预制构件钢筋	$\phi20$	t	0.004		
5	010416002004	预制构件钢筋	$\phi6$	t	0.015		

（2）定额工程量

1）混凝土工程量：$V=0.88\times1.015m^3=0.89m^3$，套用基础定额 5-440。

2）钢筋用量：

① $\phi16$：12.15kg，套用基础定额 5-299。

② $\phi12$：6.84kg，套用基础定额 5-297。

③ $\phi20$：40.44kg，套用基础定额 5-301。

④ $\phi16$：7.94kg，套用基础定额 5-355。

⑤ $\phi6$：7.48kg，套用基础定额 5-355。

3）模板工程量：

$V=（0.88\times1.015）m^3=0.89m^3$，套用基础定额 5-149。

【例 5-17】 预制槽形板示意图如图 5-20 所示，计算其工程量。

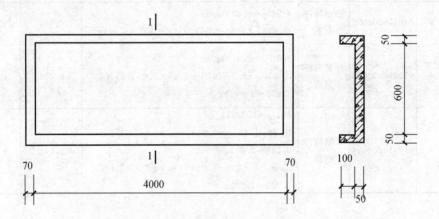

图 5-20 预制槽形板示意图（单位：mm）

【解】

清单工程量计算表见表 5-67，分部分项工程和单价措施项目清单与计价表见表 5-68。

表 5-67 清单工程量计算表

工程名称：某工程

序号	项目编码	项目名称	计算式	工程量合计	计量单位
1	010512003001	槽形板	$V=0.1\times0.07\times（4.14\times2+0.6\times2）+0.05\times0.7\times4=0.21$	0.21	m^3

表 5-68　分部分项工程和单价措施项目清单与计价表

工程名称：某工程

序号	项目编号	项目名称	项目特征描述	计算单位	工程量	金额/元	
						综合单价	合价
1	010512003001	槽形板	槽形板尺寸见图 5-20	m³	0.21		

第七节　金属结构工程

一、金属结构工程清单工程量计算规则

1. 钢网架

钢网架工程量清单项目设置、项目特征描述、计量单位及工程量计算规则应按表 5-69 的规定执行。

表 5-69　钢网架（编码：010601）

项目编码	项目名称	项目特征	计量单位	工程量计算规则	工程内容
010601001	钢网架	1. 钢材品种、规格 2. 网架节点形式、连接方式 3. 网架跨度、安装高度 4. 探伤要求 5. 防火要求	t	按设计图示尺寸以质量计算，不扣除孔眼的质量，焊条、铆钉、螺栓等不另增加质量	1. 拼装 2. 安装 3. 探伤 4. 补刷油漆

2. 钢屋架、钢托架、钢桁架、钢架桥

钢屋架、钢托架、钢桁架、钢架桥工程量清单项目设置、项目特征描述、计量单位及工程量计算规则应按表 5-70 的规定执行。

表 5-70　钢屋架、钢托架、钢桁架、钢架桥（编码：010602）

项目编码	项目名称	项目特征	计量单位	工程量计算规则	工程内容
010602001	钢屋架	1. 钢材品种、规格 2. 单榀质量 3. 屋架跨度、安装高度 4. 螺栓种类 5. 探伤要求 6. 防火要求	1. 榀 2. t	1. 以榀计量，按设计图示数量计算 2. 以吨计量，按设计图示尺寸以质量计算。不扣除孔眼的质量，焊条、铆钉、螺栓等不另增加质量	1. 拼装 2. 安装 3. 探伤 4. 补刷油漆

项目编码	项目名称	项目特征	计量单位	工程量计算规则	工程内容
010602002	钢托架	1. 钢材品种、规格 2. 单榀质量 3. 安装高度	t	按设计图示尺寸以质量计算，不扣除孔眼的质量，焊条、铆钉、螺栓等不另增加质量	1. 拼装 2. 安装 3. 探伤 4. 补刷油漆
010602003	钢桁架	4. 螺栓种类 5. 探伤要求 6. 防火要求			
010602004	钢桥架	1. 桥架类型 2. 钢材品种、规格 3. 单榀质量 4. 安装高度 5. 螺栓种类 6. 探伤要求			

注：以榀计量，按标准图设计的应注明标准图代号，按非标准图设计的项目特征必须描述单榀屋架的质量。

3. 钢柱

钢柱工程量清单项目设置、项目特征描述、计量单位及工程量计算规则应按表 5-71 的规定执行。

表 5-71　钢柱（编码：010603）

项目编码	项目名称	项目特征	计量单位	工程量计算规则	工程内容
010603001	实腹钢柱	1. 柱类型 2. 钢材品种、规格 3. 单根柱质量	t	按设计图示尺寸以质量计算。不扣除孔眼的质量，焊条、铆钉、螺栓等不另增加质量，依附在钢柱上的牛腿及悬臂梁等并入钢柱工程量内	1. 拼装 2. 安装 3. 探伤 4. 补刷油漆
010603002	空腹钢柱	4. 螺栓种类 5. 探伤要求 6. 防火要求			
010603003	钢管柱	1. 钢材品种、规格 2. 单根柱重量 3. 螺栓种类 4. 探伤要求 5. 防火要求		按设计图示尺寸以质量计算。不扣除孔眼的质量，焊条、铆钉、螺栓等不另增加质量，钢管柱上的节点板、加强环、内衬管、牛腿等并入钢管柱工程量内	

注：1. 实腹钢柱类型指十字、T 形、L 形、H 形等。
　　2. 空腹钢柱类型指箱形、格构式等。
　　3. 型钢混凝土柱浇筑钢筋混凝土，其混凝土和钢筋应按"混凝土及钢筋混凝土工程"中相关项目编码列项。

4. 钢梁

钢梁工程量清单项目设置、项目特征描述、计量单位及工程量计算规则应按表 5-72 的规定执行。

表 5-72　钢梁（编码：010604）

项目编码	项目名称	项目特征	计量单位	工程量计算规则	工程内容
010604001	钢梁	1. 梁类型 2. 钢材品种、规格 3. 单根重量 4. 螺栓种类 5. 安装高度 6. 探伤要求 7. 防火要求	t	按设计图示尺寸以质量计算，不扣除孔眼的质量，焊条、铆钉、螺栓等不另增加质量，制动梁、制动板、制动桁架、车挡并入钢吊车梁工程量内	1. 拼装 2. 安装 3. 探伤 4. 补刷油漆
010604002	钢吊车梁	1. 钢材品种、规格 2. 单根质量 3. 螺栓种类 4. 安装高度 5. 探伤要求 6. 防火要求			

注：1. 梁类型指 H 形、L 形、T 形、箱形、格构式等。

　　2. 型钢混凝土梁浇筑钢筋混凝土，其混凝土和钢筋应按"混凝土及钢筋混凝土工程"中相关项目编码列项。

5. 钢板楼板、墙板

钢板楼板、墙板工程量清单项目设置、项目特征描述、计量单位及工程量计算规则应按表 5-73 的规定执行。

表 5-73　钢板楼板、墙板（编码：010605）

项目编码	项目名称	项目特征	计量单位	工程量计算规则	工程内容
010605001	钢板楼板	1. 钢材品种、规格 2. 钢板厚度 3. 螺栓种类 4. 防火要求	m²	按设计图示尺寸以铺设水平投影面积计算，不扣除单个面积 ≤ 0.3m² 柱、垛及孔洞所占面积	1. 制作 2. 运输 3. 安装 4. 刷油漆

续表

项目编码	项目名称	项目特征	计量单位	工程量计算规则	工程内容
010605002	钢板墙板	1. 钢材品种、规格 2. 钢板厚度、复合板厚度 3. 螺栓种类 4. 复合板夹芯材料种类、层数、型号、规格 5. 防火要求	m²	按设计图示尺寸以铺挂面积计算，不扣除单个面积≤0.3m²的梁、孔洞所占面积，包角、包边、窗台泛水等不另加面积	1. 制作 2. 运输 3. 安装 4. 刷油漆

注：1. 钢板楼板上浇筑钢筋混凝土，其混凝土和钢筋应按"混凝土及钢筋混凝土工程"中相关项目编码列项。

2. 压型钢楼板按"钢板楼板、墙板"中钢板楼板项目编码列项。

6. 钢构件

钢构件工程量清单项目设置、项目特征描述、计量单位及工程量计算规则应按表 5-74 的规定执行。

表 5-74　钢构件（编码：010606）

项目编码	项目名称	项目特征	计量单位	工程量计算规则	工程内容
010606001	钢支撑、钢拉条	1. 钢材品种、规格 2. 构件类型 3. 安装高度 4. 螺栓种类 5. 探伤要求 6. 防火要求			
010606002	钢檩条	1. 钢材品种、规格 2. 构件类型 3. 单根质量 4. 安装高度 5. 螺栓种类 6. 探伤要求 7. 防火要求	t	按设计图示尺寸以质量计算，不扣除孔眼的质量，焊条、铆钉、螺栓等不另增加质量	1. 拼装 2. 安装 3. 探伤 4. 补刷油漆
010606003	钢天窗架	1. 钢材品种、规格 2. 单榀质量 3. 安装高度 4. 螺栓种类 5. 探伤要求 6. 防火要求			

续表

项目编码	项目名称	项目特征	计量单位	工程量计算规则	工程内容
010606004	钢挡风架	1. 钢材品种、规格 2. 单榀质量 3. 螺栓种类 4. 探伤要求 5. 防火要求	t	按设计图示尺寸以质量计算，不扣除孔眼的质量，焊条、铆钉、螺栓等不另增加质量	1. 拼装 2. 安装 3. 探伤 4. 补刷油漆
010606005	钢墙架				
010606006	钢平台	1. 钢材品种、规格 2. 螺栓种类 3. 防火要求			
010606007	钢走道				
010606008	钢梯	1. 钢材品种、规格 2. 钢梯形式 3. 螺栓种类 4. 防火要求			
010606009	钢栏杆	1. 钢材品种、规格 2. 防火要求			
010606010	钢漏斗	1. 钢材品种、规格 2. 漏斗、天沟形式 3. 安装高度 4. 探伤要求		按设计图示尺寸以质量计算，不扣除孔眼的质量，焊条、铆钉、螺栓等不另增加质量，依附漏斗或天沟的型钢并入漏斗或天沟工程量内	
010606011	钢板天沟				
010606012	钢支架	1. 钢材品种、规格 2. 安装高度 3. 防火要求		按设计图示尺寸以质量计算，不扣除孔眼的质量，焊条、铆钉、螺栓等不另增加质量	
010606013	零星钢构件	1. 构件名称 2. 钢材品种、规格			

注：1. 钢墙架项目包括墙架柱、墙架梁和连接杆件。

　　2. 钢支撑、钢拉条类型指单式、复式；钢檩条类型指型钢式、格构式；钢漏斗形式指方形、圆形；天沟形式指矩形沟或半圆形沟。

　　3. 加工铁件等小型构件，按"钢构件"中零星钢构件项目编码列项。

7. 金属制品

金属制品工程量清单项目设置、项目特征描述、计量单位及工程量计算规则应按表 5-75 的规定执行。

表 5-75　金属制品（编码：010607）

项目编码	项目名称	项目特征	计量单位	工程量计算规则	工程内容
010607001	成品空调金属百页护栏	1. 材料品种、规格 2. 边框材质	m²	按设计图示尺寸以框外围展开面积计算	1. 安装 2. 校正 3. 预埋铁件及安螺栓
010607002	成品栅栏	1. 材料品种、规格 2. 边框及立柱型钢品种、规格			1. 安装 2. 校正 3. 预埋铁件 4. 安螺栓及金属立柱
010607003	成品雨篷	1. 材料品种、规格 2. 雨篷宽度 3. 凉衣杆品种、规格	1. m 2. m²	1. 以米计量，按设计图示接触边以米计算 2. 以平方米计量，按设计图示尺寸以展开面积计算	1. 安装 2. 校正 3. 预埋铁件及安螺栓
010607004	金属网栏	1. 材料品种、规格 2. 边框及立柱型钢品种、规格	m²	按设计图示尺寸以框外围展开面积计算	1. 安装 2. 校正 3. 安螺栓及金属立柱
010607005	砌块墙钢丝网加固	1. 材料品种、规格 2. 加固方式		按设计图示尺寸以面积计算	1. 铺贴 2. 铆固
010607006	后浇带金属网				

注：抹灰钢丝网加固按"金属制品"中砌块墙钢丝网加固项目编码列项。

8. 相关问题及说明

1) 金属构件的切边，不规则及多边形钢板发生的损耗在综合单价中考虑。

2) 防火要求指耐火极限。

二、金属结构工程定额工程量计算规则

1. 定额工程量计算规则

1) 金属结构制作按图示钢材尺寸以吨计算，不扣除孔眼、切边的重量，焊条、铆钉、螺栓等重量，已包括在定额内不另计算。在计算不规则或多边形钢板重量时均以其最大对角线乘最大宽度的矩形面积计算。

2）实腹柱、吊车梁、H 形钢按图示尺寸计算，其中腹板及翼板宽度按每边增加 25mm 计算。

3）制动梁的制作工程量包括制动梁、制动桁梁、制动板重量；墙架的制作工程量包括墙架柱、墙架梁及连接柱杆重量；钢柱制作工程量包括依附于柱上的牛腿及悬臂梁重量。

4）轨道制作工程量，只计算轨道本身重量，不包括轨道垫板、压板、斜垫、夹板及连接角钢等重量。

5）铁栏杆制作，仅适用于工业厂房中平台、操作台的钢栏杆。民用建筑中铁栏杆等按《全国统一建筑工程基础定额》GJD-101—1995 中的其他章节有关项目计算。

6）钢漏斗制作工程量，矩形按图示分片，圆形按图示展开尺寸，并依钢板宽度分段计算，每段均以其上口长度（圆形以分段展开上口长度）与钢板宽度，按矩形计算，依附漏斗的型钢并入漏斗重量内计算。

2. 定额工程量计算说明

1）定额适用于现场加工制作，也适用于企业附属加工厂制作的构件。

2）定额的制作，均是按焊接编制的。

3）构件制作，包括分段制作和整体预装配的人工材料及机械台班用量，整体预装配用的螺栓及锚固杆件用的螺栓，已包括在定额内。

4）定额除注明者外，均包括现场内（工厂内）的材料运输、号料、加工、组装及成品堆放、装车出厂等全部工序。

5）定额未包括加工点至安装点的构件运输，应另按构件运输定额相应项目计算。

6）定额构件制作项目中，均已包括刷一遍防锈漆工料。

7）钢筋混凝土组合屋架钢拉杆，按屋架钢支撑计算。

8）定额编号 12-1 至 12-45 项，其他材料费（以 * 表示）均由下列材料组成；木脚手板 0.03m³；木垫块 0.01m³；铁丝 8 号 0.40kg；砂轮片 0.2g 片；铁砂布 0.07 张；机油 0.04kg；汽油 0.03kg；铅油 0.80kg；棉纱头 0.11kg。其他机械费（以 * 表示）由下列机械组成；座式砂轮机 0.56 台班；手动砂轮机件 0.56 台班；千斤顶 0.56 台班；手动葫芦 0.56 台班；手电钻 0.56 台班。各部门、地区编制价格表时以此计入。

三、金属结构工程工程量计算实例

【例 5-18】 某工程空腹钢柱如图 5-21 所示（最底层钢板厚 12mm），共 2 根，加工厂制作，运输到现场拼装、安装、超声波探伤、耐火极限为二级。钢材单位理论质量见表 5-76。试列出该工程空腹钢柱的分部分项工程量清单。

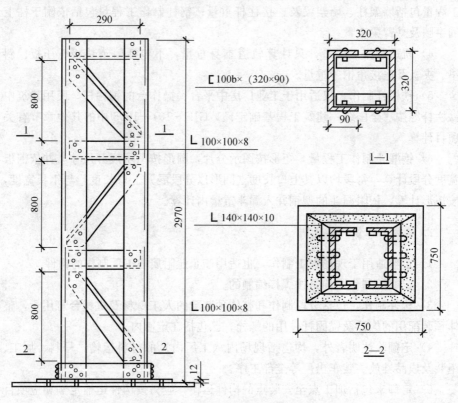

图 5-21 空腹钢柱示意图（单位：mm）

表 5-76 钢材单位理论质量表

规格	单位质量	备注
[100b× （320×90）	43.25kg/m	槽钢
∟ 100×100×8	12.28kg/m	角钢
∟ 140×140×10	21.49kg/m	角钢
—12	94.20kg/m²	钢板

【解】

清单工程量计算表见表 5-77，分部分项工程和单价措施项目清单与计价表见表 5-78。

表 5-77 清单工程量计算表 工程名称：某工程

序号	项目编码	项目名称	计算式	工程量合计	计量单位
1	010603002001	空腹钢柱	1. $\lceil 100b \times (320 \times 90)$: $G_1 = 2.97 \times 2 \times 43.25 \times 2 = 513.81$kg 2. $\llcorner 100 \times 1130 \times 8$: $G_2 = (0.29 \times 6 + \sqrt{0.8^2 + 0.29^2} \times 6) \times 12.28 \times 2 = 168.13$kg 3. $\llcorner 140 \times 140 \times 10$: $G_3 = (0.32 + 0.14 \times 2) \times 4 \times 21.49 \times 2 = 103.15$kg 4. $- 12$: $G_4 = 0.75 \times 0.75 \times 94.20 \times 2 = 105.98$kg $G = G_1 + G_2 + G_3 + G_4 = 513.81 + 168.13 + 103.15 + 105.98 = 891.07$kg	0.891	t

表 5-78 分部分项工程和单价措施项目清单与计价表

工程名称：某工程

序号	项目编号	项目名称	项目特征描述	计量单位	工程量	金额/元	
						综合单价	合价
1	010603002001	空腹钢柱	1. 柱类型：简易箱形 2. 钢材品种、规格：槽钢、角钢、钢板，规格详图 3. 单根柱质量：0.45t 4. 螺栓种类：普通螺栓 5. 探伤要求：超声波探伤 6. 防火要求：耐火极限为二级	t	0.891		

【例 5-19】 某工程钢支撑如图 5-22 所示，钢屋架刷一遍防锈漆，一遍防火漆，试编制工程量清单综合单价及合价。

【解】

（1）工程量计算

角钢（$\llcorner$ 140×12）：3.6×2×2×25.552＝367.95（kg）

钢板（δ10）：0.8×0.28×78.5＝17.58（kg）

钢板（δ10）：0.16×0.07×3×2×78.5＝5.28（kg）

钢板（δ12）：（0.16+0.38）×0.49×2×94.2＝49.85（kg）

工程量合计：440.66（kg）＝0.441（t）

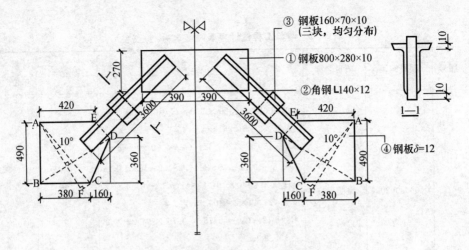

图 5-22 某工程钢支撑图（单位：mm）

（2）钢支撑

1）钢屋架支撑制作安装：

人工费：165.19×0.441＝72.85（元）

材料费：4716.47×0.441＝2079.96（元）

机械费：181.84×0.441＝80.19（元）

2）钢支撑刷一遍防锈漆：

人工费：26.34×0.441＝11.62（元）

材料费：69.11×0.441＝30.48（元）

机械费：2.86×0.441＝1.26（元）

3）钢屋架支撑刷二遍防火漆：

人工费：49.23×0.441＝21.71（元）

材料费：133.64×0.441＝58.94（元）

机械费：5.59×0.441＝2.47（元）

4）钢屋架支撑刷防火漆刷一遍：

人工费：25.48×0.441＝11.24（元）

材料费：67.71×0.441＝29.86（元）

机械费：2.85×0.441＝1.26（元）

（3）综合

直接费合计：2401.84 元

管理费：2401.84×34％＝816.63（元）

利润：2401.84×8％＝192.15（元）

总计：2401.84＋816.63＋192.15＝3410.62（元）

综合单价：3410.62÷0.441＝7733.83（元）

分部分项工程和单价措施项目清单与计价表见表 5-79，综合单价分析表见表 5-80。

表 5-79　分部分项工程和单价措施项目清单与计价表

序号	项目编号	项目名称	项目特征描述	计算单位	工程量	综合单价	合价	其中暂估价
1	010606001001	钢支撑、钢拉条	钢材品种，规格为：角钢∟140×12；钢板厚10mm：0.80×0.28；钢板厚10mm：0.16×0.07；钢板厚12mm：(0.16+0.38)×0.49；钢支撑刷一遍防锈漆、防火漆	t	0.441	7733.83	3410.62	

表 5-80　综合单价分析表

项目编码	010606001001	项目名称	钢支撑、钢拉条	计量单位	t	工程量	0.441

清单综合单价组成明细

定额编号	定额名称	定额单位	数量	单价				合价			
				人工费	材料费	机械费	管理费和利润	人工费	材料费	机械费	管理费和利润
—	钢屋架支撑制作安装	t	1	165.19	4716.47	181.84	2126.67	165.19	4716.47	181.84	2126.67
—	钢支撑刷一遍防锈漆	t	1	26.34	69.11	2.86	41.29	26.34	69.11	2.86	41.29
—	钢屋架支撑刷两遍防火漆	t	1	49.23	133.64	5.59	79.15	49.23	133.64	5.59	79.15
—	钢屋架支撑刷防火漆，减一遍	t	1	25.48	67.71	2.85	40.34	25.48	67.71	2.85	40.34
人工单价			小计					266.24	4986.93	193.14	2287.45
22.47 元/工日			未计价材料费								
清单项目综合单价								7733.83			

【例 5-20】 某钢直梯如图 5-23 所示，求制作钢直梯的工程量。

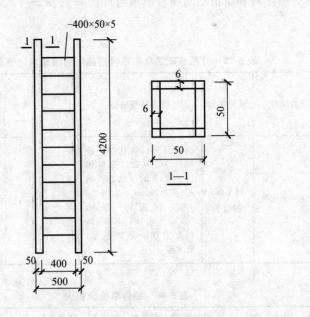

图 5-23 钢梯示意图（单位：mm）

【解】

（1）清单工程量 清单工程量计算表见表 5-81，分部分项工程和单价措施项目清单与计价表见表 5-82。

表 5-81 清单工程量计算表

工程名称：某工程

序号	项目编码	项目名称	计算式	工程量合计	计量单位
1	010606008001	钢梯	1. 扶手工程量： 6mm 厚钢板的理论质量为 47.1kg/m²。 47.1×（0.05×2+0.038×2）×4.2×2=69.63=0.070t 2. 梯板工程量： 5mm 厚钢板的理论质量为 39.2kg/m²。 39.2×0.4×0.05×11=8.62（kg）=0.009t 3. 总的预算工程量： 0.070+0.009=0.079t	0.079	t

表 5-82 分部分项工程和单价措施项目清单与计价表

工程名称：某工程

序号	项目编号	项目名称	项目特征描述	计量单位	工程量	金额/元	
						综合单价	合价
1	010606008001	钢梯	5mm 厚钢板，6mm 厚钢板，钢直梯	t	0.079		

（2）定额工程量 定额工程量同清单工程量。

套用基础定额 12-38。

注：钢梯在清单和定额工程量计算中，只计算扶手和梯板的工程量，不计算焊条及焊缝的工程量。

第八节 木结构工程

一、木结构工程清单工程量计算规则

1. 木屋架

木屋架工程量清单项目设置、项目特征描述、计量单位及工程量计算规则应按表 5-83 的规定执行。

表 5-83 木屋架（编码：010701）

项目编码	项目名称	项目特征	计量单位	工程量计算规则	工程内容
010702001	木屋架	1. 跨度 2. 材料品种、规格 3. 刨光要求 4. 拉杆及夹板种类 5. 防护材料种类	1. 榀 2. m³	1. 以榀计量，按设计图示数量计算 2. 以立方米计量，按设计图示的规格尺寸以体积计算	1. 制作 2. 运输 3. 安装 4. 刷防护材料
010702002	钢木屋架	1. 跨度 2. 木材品种、规格 3. 刨光要求 4. 钢材品种、规格 5. 防护材料种类	榀	以榀计量，按设计图示数量计算	

注：1. 木屋架的跨度应以上、下弦中心线两交点之间的距离计算。

2. 带气楼的木屋架和马尾、折角以及正交部分的半屋架，按相关屋架相同编码列项。

3. 以榀计量，按标准图设计的应注明标准图代号，按非标准图设计的项目特征必须按"木屋架"要求予以描述。

2. 木构件

木构件工程量清单项目设置、项目特征描述、计量单位及工程量计算规则应按表 5-84 的规定执行。

表 5-84　木构件（编码：010702）

项目编码	项目名称	项目特征	计量单位	工程量计算规则	工作内容
010702001	木柱	1. 构件规格尺寸 2. 木材种类 3. 刨光要求 4. 防护材料种类	m³	按设计图示尺寸以体积计算	1. 制作 2. 运输 3. 安装 4. 刷防护材料
010702002	木梁				
010702003	木檩		1. m³ 2. m	1. 以立方米计量，按设计图示尺寸以体积计算 2. 以米计量，按设计图示尺寸以长度计算	
010702004	木楼梯	1. 楼梯形式 2. 木材种类 3. 刨光要求 4. 防护材料种类	m²	按设计图示尺寸以水平投影面积计算。不扣除宽度≤300mm 的楼梯井，伸入墙内部分不计算	
010702005	其他木构件	1. 构件名称 2. 构件规格尺寸 3. 木材种类 4. 刨光要求 5. 防护材料种类	1. m³ 2. m	1. 以立方米计量，按设计图示尺寸以体积计算 2. 以米计量，按设计图示尺寸以长度计算	1. 制作 2. 运输 3. 安装 4. 刷防护材料

注：1. 木楼梯的栏杆（栏板）、扶手，应按"其他装饰工程"相关项目编码列项。
　　2. 以米计算，项目特征必须描述构件规格尺寸。

3. 屋面木基层

屋面木基层工程量清单项目设置、项目特征描述、计量单位及工程量计算规则应按表 5-85 的规定执行。

表 5-85　屋面木基层（编码：010703）

项目编码	项目名称	项目特征	计量单位	工程量计算规则	工作内容
010703001	屋面木基层	1. 椽子断面尺寸及椽距 2. 望板材料种类、厚度 3. 防护材料种类	m²	按设计图示尺寸以斜面积计算 不扣除房上烟囱、风帽底座、风道、小气窗、斜沟等所占面积。小气窗的出檐部分不增加面积	1. 椽子制作、安装 2. 望板制作、安装 3. 顺水条和挂瓦条制作、安装 4. 刷防护材料

二、木结构工程定额工程量计算规则

1. 定额工程量计算规则

木屋架的制作安装工程量，按以下规定计算：

1）木屋架制作安装均按设计断面竣工木料以立方米计算，其后备长度及配制损耗均不另外计算。

2）方木屋架一面刨光时增加 3mm，两面刨光时增加 5mm，圆木屋架按屋架刨光时木材体积每立方米增加 0.05m³ 计算。附属于屋架的夹板、垫木等已并入相应的屋架制作项目中，不另计算；与屋架连接的挑檐木、支撑等，其工程量并入屋架竣工木料体积内计算。

3）屋架的制作安装应区别不同跨度，其跨度应以屋架上下弦杆的中心线交点之间的长度为准。带气楼的屋架并入所依附屋架的体积内计算。

4）屋架的马尾、折角和正交部分半屋架，应并入相连接屋架的体积内计算。

5）钢木屋架区分圆木、方木，按竣工木料以立方米计算。

6）圆木屋架连接的挑檐木、支撑等如为方木时，其方木部分应乘以系数 1.7，折合成圆木并入屋架竣工木料内，单独的方木挑檐，按矩形檩木计算。

7）檩木按竣工木料以立方米计算。简支檩条长度按设计规定计算，如设计无规定者，按屋架或山墙中距增加 200mm 计算，如两端出山，檩条长度算至搏风板；连续檩条的长度按设计长度计算，其接头长度按全部连续檩木总体积的5％计算。檩条托木已计入相应的檩木制作项目中，不另计算。

2. 定额工程量计算说明

1）定额是按机械和手工操作综合编制的，所以不论实际采取何种操作方法，均按定额执行。

2）定额中木材木种分类如下：

一类：红松、水桐木、樟子松。

二类：白松（方杉、冷杉）、杉木、杨木、柳木、椴木。

三类：青松、黄花松、秋子木、马尾松、东北榆木、柏木、苦楝木、梓木、黄菠萝、椿木、楠木、柚木、樟木。

四类：栎木（柞木）、檀木、色木、槐木、荔木、麻栗木（麻栎、青刚）、桦木、荷木、水曲柳、华北榆木。

3）定额中木材以自然干燥条件下含水率为准编制的，需人工干燥时，其费用可列入木材价格内由各地区另行确定。

4）定额中板材、方材规格，见表 5-86。

表 5-86　板材、方材规格表

项目	按宽厚尺寸比例分类	按板材厚度、方材宽、厚乘积			
板材	宽≥3×厚	名称	薄板	中板	厚板	特厚板
		厚度/mm	<18	19～35	36～65	≥66
方材	宽<3×厚	名称	小方	中方	大方	特大方
		宽×厚/cm²	<54	55～100	101～225	≥225

5）定额中所注明的木材断面或厚度均以毛料为准。如设计图纸注明的断面或厚度为净料时，应增加刨光损耗；板、方材一面刨光增加 3mm；两面刨光增加 5mm；圆木每 1m³ 材积增加 0.05m³。

三、木结构工程工程量计算实例

【例 5-21】　某厂房，方木屋架如图 5-24 所示，共 4 榀，现场制作，不刨光，拉杆为 φ10mm 的圆钢，铁件刷防锈漆一遍，轮胎式起重机安装，安装高度为 6m。试列出该工程方木屋架以立方米计量的分部分项工程量清单。

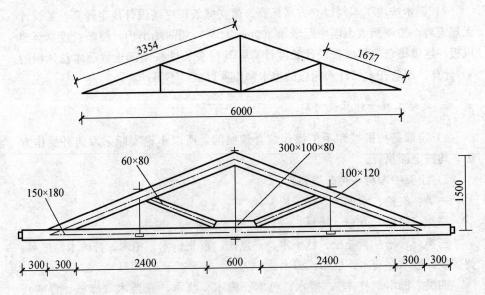

图 5-24　方木屋架示意图（单位：mm）

【解】

清单工程量计算表见表 5-87，分部分项工程和单价措施项目清单与计价表见表 5-88。

表 5-87　清单工程量计算表

工程名称：某工程

序号	项目编码	项目名称	计算式	工程量合计	计量单位
1	010701001001	方木屋架	1. 下弦杆体积 = 0.15×0.18×6.6×4 = 0.713m³ 2. 上弦杆体积 = 0.10×0.12×3.354×2×4 = 0.322m³ 3. 斜撑体积 = 0.06×0.08×1.677×2×4 = 0.064m³ 4. 元宝垫木体积 = 0.30×0.10×0.08×4 = 0.010m³ 体积 = 0.713 + 0.322 + 0.064 + 0.010 = 1.11m³	1.11	m³

注：依据规范规定，以立方米计量，按设计图示的规格尺寸以体积计算。

表 5-88　分部分项工程和单价措施项目清单与计价表

序号	项目编号	项目名称	项目特征描述	计算单位	工程量	金额/元	
						综合单价	合价
1	010701001001	方木屋架	1. 跨度：6.00m 2. 材料品种、规格：方木、规格详图 3. 刨光要求：不刨光 4. 拉杆种类：φ10mm圆钢 5. 防护材料种类：铁件刷防锈漆一遍	m³	1.11		

注：依据《房屋建筑与装饰工程工程量计算规范》GB 50854—2013 规定，屋架的跨度以上、下弦中心线两交点之间的距离计算。

【例 5-22】　某钢木屋架尺寸如图 5-25 所示，上弦、斜撑采用木材，下弦、中柱采用钢材，跨度 8m，共 10 榀，屋架刷调合漆两遍，计算钢木屋架工程量。

【解】

（1）清单工程量

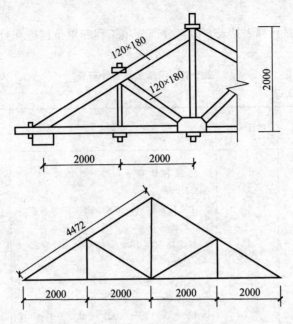

图 5-25 某钢屋架示意图（单位：mm）

清单工程量计算表见表 5-89，分部分项工程和单价措施项目清单与计价表见表 5-90。

表 5-89 清单工程量计算表

工程名称：某工程

序号	项目编码	项目名称	计算式	工程量合计	计量单位
1	010701002001	钢木屋架	按图示数量计算	10	榀

表 5-90 分部分项工程和单价措施项目清单与计价表

序号	项目编号	项目名称	项目特征描述	计算单位	工程量	金额/元	
						综合单价	合价
1	010701002001	钢木屋架	跨度 8m，上弦木材截面 120mm×180mm，斜撑木材截面 120mm×180mm，刷底调合漆两遍	榀	10		

（2）定额工程量

1）上弦工程量 $= 4.472 \times 0.12 \times 0.18 \times 2 = 0.19$（$m^3$）

2）斜撑工程量 $= \sqrt{2.0^2 + \left(\dfrac{2.0}{2}\right)^2} \times 0.1 \times 0.18 \times 2 = 0.08$（$m^3$）

钢木屋架套用基础定额 7-334。

第九节　门窗工程

一、门窗工程清单工程量计算规则

1. 木门

木门工程量清单项目设置、项目特征描述、计量单位及工程量计算规则应按表 5-91 中的规定执行。

表 5-91　木门（编码：010801）

项目编码	项目名称	项目特征	计量单位	工程量计算规则	工作内容
010801001	木质门	1. 门代号及洞口尺寸 2. 镶嵌玻璃品种、厚度	1. 樘 2. m²	1. 以樘计量，按设计图示数量计算 2. 以平方米计量，按设计图示洞口尺寸以面积计算	1. 门安装 2. 玻璃安装 3. 五金安装
010801002	木质门带套				
010801003	木质连窗门				
010801004	木质防火门				
010801005	木门框	1. 门代号及洞口尺寸 2. 框截面尺寸 3. 防护材料种类	1. 樘 2. m	1. 以樘计量，按设计图示数量计算 2. 以米计量，按设计图示框的中心线以延长米计算	1. 木门框制作、安装 2. 运输 3. 刷防护材料
010801006	门锁安装	1. 锁品种 2. 锁规格	个（套）	按设计图示数量计算	安装

注：1. 木质门应区分镶板木门、企口木板门、实木装饰门、胶合板门、夹板装饰门、木纱门、全玻门（带木质扇框）、木质半玻门（带木质扇框）等项目，分别编码列项。

2. 木门五金应包括：折页、插销、门碰珠、弓背拉手、搭机、木螺丝、弹簧折页（自动门）、管子拉手（自由门、地弹门）、地弹簧（地弹门）、角铁、门轧头（地弹门、自由门）等。

3. 木质门带套计量按洞口尺寸以面积计算，不包括门套的面积，但门套应计算在综合单价中。

4. 以樘计量，项目特征必须描述洞口尺寸；以平方米计量，项目特征可不描述洞口尺寸。

5. 单独制作安装木门框按木门框项目编码列项。

2. 金属门

金属门工程量清单项目设置、项目特征描述、计量单位及工程量计算规则应按表 5-92 中的规定执行。

表 5-92　金属门（编码：010802）

项目编码	项目名称	项目特征	计量单位	工程量计算规则	工程内容
010802001	金属（塑钢）门	1. 门代号及洞口尺寸 2. 门框或扇外围尺寸 3. 门框、扇材质 4. 玻璃品种、厚度	1. 樘 2. m²	1. 以樘计量，按设计图示数量计算 2. 以平方米计，按设计图示洞口尺寸以面积计算	1. 门安装 2. 五金安装 3. 玻璃安装
010802002	彩板门	1. 门代号及洞口尺寸 2. 门框或扇外围尺寸	1. 樘 2. m²	1. 以樘计量，按设计图示数量计算 2. 以平方米计，按设计图示洞口尺寸以面积计算	1. 门安装 2. 五金安装 3. 玻璃安装
010802003	钢质防火门	1. 门代号及洞口尺寸 2. 门框或扇外围尺寸 3. 门框、扇材质			
010802004	防盗门				1. 门安装 2. 五金安装

注：1. 金属门应区分金属平开门、金属推拉门、金属地弹门、全玻门（带金属扇框）、金属半玻门（带扇框）等项目，分别编码列项。

2. 铝合金门五金包括：地弹簧、门锁、拉手、门插、门铰、螺丝等。

3. 金属门五金包括 L 型执手插锁（双舌）、执手锁（单舌）、门轨头、地锁、防盗门机、门眼（猫眼）、门碰珠、电子锁（磁卡锁）、闭门器、装饰拉手等。

4. 以樘计量，项目特征必须描述洞口尺寸，没有洞口尺寸必须描述门框或扇外围尺寸，以平方米计量，项目特征可不描述洞口尺寸及框、扇的外围尺寸。

5. 以平方米计量，无设计图示洞口尺寸，按门框、扇外围以面积计算。

3. 金属卷帘（闸）门

金属卷帘（闸）门工程量清单项目设置、项目特征描述、计量单位及工程量计算规则应按表 5-93 中的规定执行。

表 5-93　金属卷帘（闸）门（编码：010803）

项目编码	项目名称	项目特征	计量单位	工程量计算规则	工程内容
010803001	金属卷帘（闸）门	1. 门代号及洞口尺寸 2. 门材质 3. 启动装置品种、规格	1. 樘 2. m²	1. 以樘计量，按设计图示数量计算 2. 以平方米计量，按设计图示洞口尺寸以面积计算	1. 门运输、安装 2. 启动装置、活动小门、五金安装
010803002	防火卷帘（闸）门				

注：以樘计量，项目特征必须描述洞口尺寸；以平方米计量，项目特征可不描述洞口尺寸。

4. 厂库房大门、特种门

厂库房大门、特种门工程量清单项目设置、项目特征描述、计量单位及工程量计算规则应按表 5-94 的规定执行。

表 5-94　厂库房大门、特种门（编码：010804）

项目编码	项目名称	项目特征	计量单位	工程量计算规则	工程内容
010804001	木板大门			1. 以樘计量，按设计图示数量计算 2. 以平方米计量，按设计图示洞口尺寸以面积计算	
010804002	钢木大门	1. 门代号及洞口尺寸 2. 门框或扇外围尺寸			1. 门（骨架）制作、运输 2. 门、五金配件安装 3. 刷防护材料
010804003	全钢板大门				
010804004	防护铁丝门	3. 门框、扇材质 4. 五金种类、规格 5. 防护材料种类		1. 以樘计量，按设计图示数量计算 2. 以平方米计量，按设计图示门框或扇以面积计算	
010804005	金属格栅门	1. 门代号及洞口尺寸 2. 门框或扇外围尺寸 3. 门框、扇材质 4. 启动装置的品种、规格	1. 樘 2. m²	1. 以樘计量，按设计图示数量计算 2. 以平方米计量，按设计图示洞口尺寸以面积计算	1. 门安装 2. 启动装置、五金配件安装
010804006	钢质花饰大门	1. 门代号及洞口尺寸 2. 门框或扇外围尺寸 3. 门框、扇材质		1. 以樘计量，按设计图示数量计算 2. 以平方米计量，按设计图示门框或扇以面积计算	1. 门安装 2. 五金配件安装
010804007	特种门			1. 以樘计量，按设计图示数量计算 2. 以平方米计量，按设计图示洞口尺寸以面积计算	

注：1. 特种门应区分冷藏门、冷冻间门、保温门、变电室门、隔音门、防射线门、人防门、金库门等项目，分别编码列项。

2. 以樘计量，项目特征必须描述洞口尺寸，没有洞口尺寸必须描述门框或扇外围尺寸；以平方米计量，项目特征可不描述洞口尺寸及框、扇的外围尺寸。

3. 以平方米计量，无设计图示洞口尺寸，按门框、扇外围以面积计算。

5. 其他门

其他门工程量清单项目设置、项目特征描述、计量单位及工程量计算规则应按表 5-95 中的规定执行。

表 5-95 其他门（编码：010805）

项目编码	项目名称	项目特征	计量单位	工程量计算规则	工程内容
010805001	电子感应门	1. 门代号及洞口尺寸 2. 门框或扇外围尺寸 3. 门框、扇材质			
010805002	旋转门	4. 玻璃品种、厚度 5. 启动装置的品种、规格 6. 电子配件品种、规格			1. 门安装 2. 启动装置、五金电子配件安装
010805003	电子对讲门	1. 门代号及洞口尺寸 2. 门框或扇外围尺寸 3. 门材质	1. 樘 2. m²	1. 以樘计量，按设计图示数量计算 2. 以平方米计量，按设计图示洞口尺寸以面积计算	
010805004	电动伸缩门	4. 玻璃品种、厚度 5. 启动装置的品种、规格 6. 电子配件品种、规格			
010805005	全玻自由门	1. 门代号及洞口尺寸 2. 门框或扇外围尺寸 3. 框材质 4. 玻璃品种、厚度			1. 门安装 2. 启动装置、五金电子配件安装
010805006	镜面不锈钢饰面门	1. 门代号及洞口尺寸 2. 门框或扇外围尺寸			
010805007	复合材料门	3. 框、扇材质 4. 玻璃品种、厚度			

注：1. 以樘计量，项目特征必须描述洞口尺寸，没有洞口尺寸必须描述门框或扇外围尺寸；以平方米计量，项目特征可不描述洞口尺寸及框、扇的外围尺寸。

2. 以平方米计量，无设计图示洞口尺寸，按门框、扇外围以面积计算。

6. 木窗

木窗工程量清单项目设置、项目特征描述、计量单位及工程量计算规则应按表 5-96 中的规定执行。

表 5-96　木窗（编码：010806）

项目编码	项目名称	项目特征	计量单位	工程量计算规则	工程内容
010806001	木质窗	1. 窗代号及洞口尺寸 2. 玻璃品种、厚度 3. 防护材料种类	1. 樘 2. m²	1. 以樘计量，按设计图示数量计算 2. 以平方米计量，按设计图示洞口尺寸以面积计算	1. 窗安装 2. 五金、玻璃安装
010806003	木飘（凸）窗			1. 以樘计量，按设计图示数量计算 2. 以平方米计量，按设计图示尺寸以框外围展开面积计算	1. 窗制作、运输、安装 2. 五金、玻璃安装 3. 刷防护材料
010806002	木橱窗	1. 窗代号 2. 框截面及外围展开面积 3. 玻璃品种、厚度 4. 防护材料种类			
010806004	木纱窗	1. 窗代号及框的外围尺寸 2. 纱窗材料品种、规格		1. 以樘计量，按设计图示数量计算 2. 以平方米计量，按框的外围尺寸以面积计算	1. 窗安装 2. 五金安装

注：1. 木质窗应区分木百叶窗、木组合窗、木天窗、木固定窗、木装饰空花窗等项目，分别编码列项。

2. 以樘计量，项目特征必须描述洞口尺寸，没有洞口尺寸必须描述窗框外围尺寸；以平方米计量，项目特征可不描述洞口尺寸及框的外围尺寸。

3. 以平方米计量，无设计图示洞口尺寸，按窗框外围以面积计算。

4. 木橱窗、木飘（凸）窗以樘计量，项目特征必须描述框截面及外围展开面积。

5. 木窗五金包括：折页、插销、风钩、木螺丝、滑轮滑轨（推拉窗）等。

7. 金属窗

金属窗工程量清单项目设置及工程量计算规则应按表 5-97 中的规定执行。

表 5-97　金属窗（编码：010807）

项目编码	项目名称	项目特征	计量单位	工程量计算规则	工程内容
010807001	金属（塑钢、断桥）窗	1. 窗代号及洞口尺寸 2. 框、扇材质 3. 玻璃品种、厚度	1. 樘 2. m²	1. 以樘计量，按设计图示数量计算 2. 以平方米计量，按设计图示洞口尺寸以面积计算	1. 窗安装 2. 五金、玻璃安装
010807002	金属防火窗				

续表

项目编码	项目名称	项目特征	计量单位	工程量计算规则	工程内容
010807003	金属百叶窗	1. 窗代号及洞口尺寸 2. 框、扇材质 3. 玻璃品种、厚度	1. 樘 2. m²	1. 以樘计量，按设计图示数量计算 2. 以平方米计量，按设计图示洞口尺寸以面积计算	1. 窗安装 2. 五金安装
010807004	金属纱窗	1. 窗代号及洞口尺寸 2. 框材质 3. 窗纱材料品种、规格		1. 以樘计量，按设计图示数量计算 2. 以平方米计量，按框的外围尺寸以面积计算	
010807005	金属格栅窗	1. 窗代号及洞口尺寸 2. 框外围尺寸 3. 框、扇材质		1. 以樘计量，按设计图示数量计算 2. 以平方米计量，按设计图示洞口尺寸以面积计算	
010807006	金属（塑钢、断桥）橱窗	1. 窗代号 2. 框外围展开面积 3. 框、扇材质 4. 玻璃品种、厚度 5. 防护材料种类		1. 以樘计量，按设计图示数量计算 2. 以平方米计量，按设计图示尺寸以框外围展开面积计算	1. 窗制作、运输、安装 2. 五金、玻璃安装 3. 刷防护材料
010807007	金属（塑钢、断桥）飘（凸）窗	1. 窗代号 2. 框外围展开面积 3. 框、扇材质 4. 玻璃品种、厚度			
010807008	彩板窗	1. 窗代号及洞口尺寸 2. 框外围尺寸 3. 框、扇材质 4. 玻璃品种、厚度		1. 以樘计量，按设计图示数量计算 2. 以平方米计量，按设计图示洞口尺寸或框外围以面积计算	1. 窗安装 2. 五金、玻璃安装
010807009	复合材料窗				

注：1. 金属窗应区分金属组合窗、防盗窗等项目，分别编码列项。

　　2. 以樘计量，项目特征必须描述洞口尺寸，没有洞口尺寸必须描述窗框外围尺寸；以平方米计量，项目特征可不描述洞口尺寸及框的外围尺寸。

　　3. 以平方米计量，无设计图示洞口尺寸，按窗框外围以面积计算。

　　4. 金属橱窗、飘（凸）窗以樘计量，项目特征必须描述框外围展开面积。

　　5. 金属窗五金包括：折页、螺丝、执手、卡锁、铰链、风撑、滑轮、滑轨、拉把、拉手、角码、牛角制等。

8. 门窗套

门窗套工程量清单项目设置、项目特征描述、计量单位及工程量计算规则应按表5-98中的规定执行。

表5-98　门窗套（编码：010808）

项目编码	项目名称	项目特征	计量单位	工程量计算规则	工程内容
010808001	木门窗套	1. 窗代号及洞口尺寸 2. 门窗套展开宽度 3. 基层材料种类 4. 面层材料品种、规格 5. 线条品种、规格 6. 防护材料种类	1. 樘 2. m² 3. m	1. 以樘计量，按设计图示数量计算 2. 以平方米计量，按设计图示尺寸以展开面积计算 3. 以米计量，按设计图示中心以延长米计算	1. 清理基层 2. 立筋制作、安装 3. 基层板安装 4. 面层铺贴 5. 线条安装 6. 刷防护材料
010808002	木筒子板	1. 筒子板宽度 2. 基层材料种类 3. 面层材料品种、规格 4. 线条品种、规格 5. 防护材料种类			
010808003	饰面夹板筒子板				
010808004	金属门窗套	1. 窗代号及洞口尺寸 2. 门窗套展开宽度 3. 基层材料种类 4. 面层材料品种、规格 5. 防护材料种类			1. 清理基层 2. 立筋制作、安装 3. 基层板安装 4. 面层铺贴 5. 刷防护材料
010808005	石材门窗套	1. 窗代号及洞口尺寸 2. 门窗套展开宽度 3. 粘结层厚度、砂浆配合比 4. 面层材料品种、规格 5. 线条品种、规格			1. 清理基层 2. 立筋制作、安装 3. 基层抹灰 4. 面层铺贴 5. 线条安装
010808006	门窗木贴脸	1. 门窗代号及洞口尺寸 2. 贴脸板宽度 3. 防护材料种类	1. 樘 2. m	1. 以樘计量，按设计图示数量计算 2. 以米计量，按设计图示尺寸以延长米计算	安装
010808007	成品木门窗套	1. 窗代号及洞口尺寸 2. 门窗套展开宽度 3. 门窗套材料品种、规格	1. 樘 2. m² 3. m	1. 以樘计量，按设计图示数量计算 2. 以平方米计量，按设计图示尺寸以展开面积计算 3. 以米计量，按设计图示中心以延长米计算	1. 清理基层 2. 立筋制作、安装 3. 板安装

注：1. 以樘计量，项目特征必须描述洞口尺寸、门窗套展开宽度。

　　2. 以平方米计量，项目特征可不描述洞口尺寸、门窗套展开宽度。

　　3. 以米计量，项目特征必须描述门窗套展开宽度、筒子板及贴脸宽度。

　　4. 木门窗套适用于单独门窗套的制作、安装。

9. 窗台板

窗台板工程量清单项目设置、项目特征描述、计量单位及工程量计算规则应按表 5-99 中的规定执行。

表 5-99　窗台板（编码：010809）

项目编码	项目名称	项目特征	计量单位	工程量计算规则	工程内容
010809001	木窗台板	1. 基层材料种类 2. 窗台面板材质、规格、颜色 3. 防护材料种类	m²	按设计图示尺寸以展开面积计算	1. 基层清理 2. 基层制作、安装 3. 窗台板制作、安装 4. 刷防护材料
010809002	铝塑窗台板				
010809003	金属窗台板				
010809004	石材窗台板	1. 粘结层厚度、砂浆配合比 2. 窗台板材质、规格、颜色			1. 基层清理 2. 抹找平层 3. 窗台板制作、安装

10. 窗帘、窗帘盒、轨

窗帘、窗帘盒、轨工程量清单项目设置、项目特征描述、计量单位及工程量计算规则应按表 5-100 中的规定执行。

表 5-100　窗帘、窗帘盒、轨（编码：010810）

项目编码	项目名称	项目特征	计量单位	工程量计算规则	工程内容
010810001	窗帘（杆）	1. 窗帘材质 2. 窗帘高度、宽度 3. 窗帘层数 4. 带幔要求		1. 以米计量，按设计图示尺寸以成活后长度计算 2. 以平方米计量，按图示尺寸以成活后展开面积计算	1. 制作、运输 2. 安装
010810002	木窗帘盒	1. 窗帘盒材质、规格 2. 防护材料种类	1. m 2. m²	按设计图示尺寸以长度计算	1. 制作、运输、安装 2. 刷防护材料
010810003	饰面夹板、塑料窗帘盒				
010810004	铝合金窗帘盒				
010810005	窗帘轨	1. 窗帘轨材质、规格 2. 轨的数量 3. 防护材料种类			

注：1. 窗帘若是双层，项目特征必须描述每层材质。
　　2. 窗帘以米计量，项目特征必须描述窗帘高度和宽度。

二、门窗工程定额工程量计算规则

1. 定额工程量计算规则

1）各类门、窗制作、安装工程量均按门、窗洞口面积计算。

① 门、窗盖口条、贴脸、披水条，按图示尺寸以延长米计算，执行木装修项目。

② 普通窗上部带有半圆窗的工程量应分别按半圆窗和普通窗计算。其分界线以普通窗和半圆窗之间的横框上裁口线为分界线。

③ 门窗扇包镀锌铁皮，按门、窗洞口面积以平方米计算；门窗框包镀锌铁皮，钉橡皮条、钉毛毡按图示门窗洞口尺寸以延长米计算。

2）铝合金门窗制作、安装，铝合金、不锈钢门窗、彩板组角钢门窗、塑料门窗、钢门窗安装，均按设计门窗洞口面积计算。

3）卷闸门安装按洞口高度增加 600mm 乘以门实际宽度，以平方米计算。电动装置安装以套计算，小门安装以个计算。

4）不锈钢片包门框，按框外表面面积以平方米计算；彩板组角钢门窗附框安装，按延长米计算。

2. 定额工程量计算说明

1）木门窗用木材的要求应符合"木结构工程"的要求。

2）门窗及木结构工程中的木材木种均以一、二类木种为准，如采用三、四类木种时，分别乘以下列系数：木门窗制作，按相应项目人工和机械乘系数 1.3；木门窗安装，按相应项目的人工和机械乘系数 1.16；其他项目按相应项目人工和机械乘系数 1.35。

3）定额中木门窗框、扇断面取定如下：

无纱镶板门框：60mm×100mm；有纱镶板门框：60mm×120mm；无纱窗框：60mm×90mm；有纱窗框：60mm×110mm；无纱镶板门扇：45mm×100mm；有纱镶板门扇：45mm×100mm＋35mm×100mm；无纱窗扇：45mm×60mm；有纱窗扇：45mm×60mm＋35mm×60mm；胶合板门窗：38mm×60mm。

定额取定的断面与设计规定不同时，应按比例换算。框断面以边框断面为准（框裁口如为钉条者加贴条的断面）；扇料以主梃断面为准。换算公式为：

$$\frac{设计断面（加刨光损耗）}{定额断面} \times 定额材积 \qquad (5\text{-}3)$$

4）定额所附普通木门窗小五金表，仅作备料参考。

5）弹簧门、厂库大门、钢木大门及其他特种门，定额所附五金铁件表均按标准图用量计算列出，仅作备料参考。

6）保温门的填充料与定额不同时，可以换算，其他工料不变。

7）厂库房大门及特种门的钢骨架制作，以钢材重量表示，已包括在定额项目中，不再另列项目计算。定额中不包括固定铁件的混凝土垫块及门樘或梁柱内的预埋铁件。

8）木门窗不论现场或附属加工厂制作，均执行《全国统一建筑工程基础定额》GJD-101—1995，现场外制作点至安装地点的运输另行计算。

9）定额中普通木门窗、天窗、按框制作、框安装、扇制作、扇安装分列项目；厂库房大门，钢木大门及其他特种门按扇制作、扇安装分列项目。

10）定额中普通木窗、钢窗、铝合金窗、塑料窗、彩板组角钢窗等适用于平开式，推拉式，中转式，上、中、下悬式。双层玻璃窗小五金按普通木窗不带纱窗乘2计算。

11）铝合金门窗制作兼安装项目，是按施工企业附属加工厂制作编制的。加工厂至现场堆放点的运输，另行计算。木骨架枋材40mm×45mm，设计与定额不符时可以换算。

12）铝合金地弹门制作（框料）型材是按101.6mm×44.5mm、厚1.5mm方管编制的；单扇平开门、双扇平开是按38系列编制的；推拉窗按90系列编制的。如型材断面尺寸及厚度与定额规定不同时，可按《全国统一建筑工程基础定额》GJD-101—1995中附表调整铝合金型材用量，附表中"（）"内数量为定额取定量。地弹门、双扇全玻地弹门包括不锈钢上下帮地弹簧、玻璃门、拉手、玻璃胶及安装所需的辅助材料。

13）铝合金卷闸门（包括卷筒、导轨）、彩板组角钢门窗、塑料门窗、钢门窗安装以成品安装编制的。由供应地至现场的运杂费，应计入预算价格中。

14）玻璃厚度、颜色、密封油膏、软填料，如设计与定额不同时，可以调整。

15）铝合金门窗、彩板组角钢门窗、塑料门窗和钢门窗成品安装，如每100㎡门窗实际用量超过定额含量1%以上时，可以换算，但人工、机械用量不变。门窗成品包括五金配件在内。采用附框安装时，扣除门窗安装子目中的膨胀螺栓、密封膏用量及其他材料费。

16）钢门，钢材含量与定额不同时，钢材用量可以换算，其他不变。

① 钢门窗安装按成品件考虑（包括五金配件和铁脚在内）。

② 钢天窗安装角铁横挡及连接件，设计与定额用量不同时，可以调整，

损耗按 6%。

③ 实腹式或空腹式钢门窗均执行《全国统一建筑工程基础定额》GJD－101—1995。

④ 组合窗、钢天窗为拼装缝需满刮油灰时，每 100m² 洞口面积增加人工 5.54 工日，油灰 58.5kg。

⑤ 钢门窗安玻璃，如采用塑料、橡胶条，按门窗安装工程量每 100m² 计算压条 736m。

17）铝合金门窗制作、安装（7－259～283 项）综合机械台班是以机械折旧费 68.26 元、大修理费 5 元、经常修理费 12.83 元、电力 183.94kW·h 组成。

38 系列，外框 0.408kg/m，中框 0.676kg/m，压线 0.176kg/m。

76.2×44.5×1.5 方管 0.975kg/m，压线 15kg/m。

三、门窗工程工程量计算实例

【例 5-23】 某工程某户居室门窗布置如图 5-26 所示，分户门为成品钢质防盗门，室内门为成品实木门代套，⑥轴上Ⓑ轴至Ⓒ轴间为成品塑钢门代窗（无门套）；①轴上Ⓒ轴至Ⓔ轴间为塑钢门，框边安装成品门套，展开宽度为 350mm；所有窗为成品塑钢窗，具体尺寸详见表 5-101。试列出该户居室的门窗、门窗套的分部分项工程量清单。

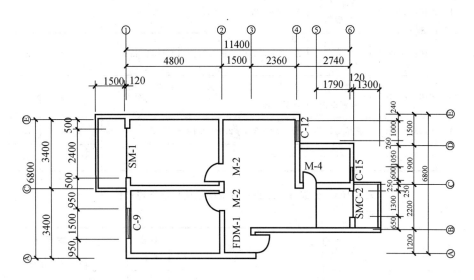

图 5-26 某户居室门窗平面布置图（单位：mm）

表 5-101　某户居室门窗表

名称	代号	洞口尺寸/mm×mm	备注
成品钢质防盗门	FDM-1	800×2100	含锁、五金
成品实木门带套	M-2	800×2100	含锁、普通五金
	M-4	700×2100	
成品平开塑钢窗	C-9	1500×1500	夹胶玻璃（6+2.5+6）、型材为钢塑90系列，普通五金
	C-12	1000×1500	
	C-15	600×1500	
成品塑钢门带窗	SMC-2	门（700×2100）、窗（600×1500）	
成品塑钢门	SM-1	2400×2100	

【解】

清单工程量计算表见表 5-102，分部分项工程和单价措施项目清单与计价表见表 5-103。

表 5-102　清单工程量计算表

工程名称：某工程

序号	项目编码	项目名称	计算式	工程量合计	计量单位
1	010702004001	成品钢质防盗门	$S=0.8×2.1=1.68m^2$	1.68	m²
2	010801002001	成品实木门带套	$S=0.8×2.1×2+0.7×2.1×1=4.83m^2$	4.83	m²
3	010207001001	成品平开塑钢窗	$S=1.5×1.5+1×1.5+0.6×1.5×2=5.55m^2$	5.55	m²
4	010802001001	成品塑钢门	$S=0.7×2.1+2.4×2.1=6.51m^2$	6.51	m²
5	010808007001	成品门套	$n=1$ 樘	1	樘

表 5-103　分部分项工程和单价措施项目清单与计价表

工程名称：某工程

序号	项目编号	项目名称	项目特征描述	计算单位	工程量	综合单价	合价
1	010702004001	成品钢质防盗门	1. 门代号及洞口尺寸：FDM-1（800mm×2100mm）2. 门框、扇材质：钢质	m²	1.68		

续表

序号	项目编号	项目名称	项目特征描述	计算单位	工程量	金额/元	
						综合单价	合价
2	010801002001	成品实木门带套	门代号及洞口尺寸： M－2（800mm×2100mm）、 M－4 （700mm×2100mm）	m²	4.83		
3	010207001001	成品平开塑钢窗	1. 窗代号及洞口尺寸： C－9（1500mm×1500mm） C－12（1000mm×1500mm） C－15（600mm×1500mm） 2. 框扇材质：塑钢90系列 3. 玻璃品种、厚度：夹胶玻璃 （6＋2.5＋6）	m²	5.55		
4	010802001001	成品塑钢门	1. 门代号及洞口尺寸：SM－1、 SMC－2：洞口尺寸详门窗表 2. 门框、扇材质：塑钢90系列 3. 玻璃品种、厚度：夹胶玻璃 （6＋2.5＋6）	m²	6.51		
5	010808007001	成品门套	1. 门代号及洞口尺寸：SM－1 （2400mm×2100mm） 2. 门套展开宽度：350mm 3. 门套材料品种：成品实木门套	樘	1		

【例5-24】　某仓库冷藏库门如图5-27所示，洞口尺寸为1.5m×2.2m，保温层厚150mm，共1樘，计算其工程量。

【解】

（1）清单工程量　清单工程量计算表见表5-104，分部分项工程和单价措施项目清单与计价表见表5-105。

表5-104　清单工程量计算表

工程名称：某工程

序号	项目编码	项目名称	计算式	工程量合计	计量单位
1	010804007001	特种门	$S＝1.5×2.2＝3.3m²$	3.3	m²

239

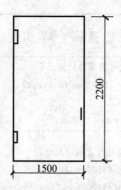

图 5-27 某仓库冷藏库门示意图（单位：mm）

表 5-105 分部分项工程和单价措施项目清单与计价表

工程名称：某工程

序号	项目编号	项目名称	项目特征描述	计算单位	工程量	金额/元	
						综合单价	合价
1	010804007001	特种门	平开，有框，一扇门，保温层厚 150mm	m²	3.3		

（2）定额工程量

$S = 1.5 \times 2.2 = 3.3$（m²）

门樘制作安装套用基础定额 7-151，门扇制作安装套用基础定额 7-152。

第十节 屋面及防水工程

一、屋面及防水工程清单工程量计算规则

1. 瓦、型材及其他屋面

瓦、型材及其他屋面工程量清单项目设置、项目特征描述、计量单位及工程量计算规则应按表 5-106 的规定执行。

表 5-106　瓦、型材及其他屋面（编码：010901）

项目编码	项目名称	项目特征	计量单位	工程量计算规则	工程内容
010901001	瓦屋面	1. 瓦品种、规格 2. 黏结层砂浆的配合比		按设计图示尺寸以斜面积计算 不扣除房上烟囱、风帽底座、风道、小气窗、斜沟等所占面积。小气窗的出檐部分不增加面积	1. 砂浆制作、运输、摊铺、养护 2. 安瓦、作瓦脊
010901002	型材屋面	1. 型材品种、规格 2. 金属檩条材料品种、规格 3. 接缝、嵌缝材料种类			1. 檩条制作、运输、安装 2. 屋面型材安装 3. 接缝、嵌缝
010901003	阳光板屋面	1. 阳光板品种、规格 2. 骨架材料品种、规格 3. 接缝、嵌缝材料种类 4. 油漆品种、刷漆遍数	m²	按设计图示尺寸以斜面积计算 不扣除屋面面积≤0.3m² 孔洞所占面积	1. 骨架制作、运输、安装、刷防护材料、油漆 2. 玻璃钢制作、安装 3. 接缝、嵌缝
010901004	玻璃钢屋面	1. 玻璃钢品种、规格 2. 骨架材料品种、规格 3. 玻璃钢固定方式 4. 接缝、嵌缝材料种类 5. 油漆品种、刷漆遍数			
010901005	膜结构屋面	1. 膜布品种、规格 2. 支柱（网架）钢材品种、规格 3. 钢丝绳品种、规格 4. 锚固基座做法 5. 油漆品种、刷漆遍数		按设计图示尺寸以需要覆盖的水平投影面积计算	1. 膜布热压胶接 2. 支柱（网架）制作、安装 3. 膜布安装 4. 穿钢丝绳、锚头锚固 5. 锚固基座挖土、回填 6. 刷防护材料、油漆

注：1. 瓦屋面若是在木基层上铺瓦，项目特征不必描述黏结层砂浆的配合比，瓦屋面铺防水层，按"屋面防水及其他"中相关项目编码列项。

2. 型材屋面、阳光板屋面、玻璃钢屋面的柱、梁、屋架，按"金属结构工程""木结构工程"中相关项目编码列项。

2. 屋面防水及其他

屋面防水及其他工程量清单项目设置、项目特征描述、计量单位及工程量计算规则应按表 5-107 的规定执行。

表 5-107　屋面防水及其他（编码：010902）

项目编码	项目名称	项目特征	计量单位	工程量计算规则	工程内容
010902001	屋面卷材防水	1. 卷材品种、规格、厚度 2. 防水层数 3. 防水层做法	m²	按设计图示尺寸以面积计算 1. 斜屋顶（不包括平屋顶找坡）按斜面积计算，平屋顶按水平投影面积计算 2. 不扣除房上烟囱、风帽底座、风道、屋面小气窗和斜沟所占面积 3. 屋面的女儿墙、伸缩缝和天窗等处的弯起部分，并入屋面工程量内	1. 基层处理 2. 刷底油 3. 铺油毡卷材、接缝
010902002	屋面涂膜防水	1. 防水膜品种 2. 涂膜厚度、遍数 3. 增强材料种类			1. 基层处理 2. 刷基层处理剂 3. 铺布、喷涂防水层
010902003	屋面刚性层	1. 刚性层厚度 2. 混凝土强度等级 3. 嵌缝材料种类 4. 钢筋规格、型号		按设计图示尺寸以面积计算，不扣除房上烟囱、风帽底座、风道等所占面积	1. 基层处理 2. 混凝土制作、运输、铺筑、养护 3. 钢筋制安
010902004	屋面排水管	1. 排水管品种、规格 2. 雨水斗、山墙出水口品种、规格 3. 接缝、嵌缝材料种类 4. 油漆品种、刷漆遍数	m	按设计图示尺寸以长度计算，如设计未标注尺寸，以檐口至设计室外散水上表面垂直距离计算	1. 排水管及配件安装、固定 2. 雨水斗、山墙出水口、雨水算子安装 3. 接缝、嵌缝 4. 刷漆
010902005	屋面排（透）气管	1. 排（透）气管品种、规格 2. 接缝、嵌缝材料种类 3. 油漆品种、刷漆遍数	m	按设计图示尺寸以长度计算	1. 排（透）气管及配件安装、固定 2. 铁件制作、安装 3. 接缝、嵌缝 4. 刷漆

续表

项目编码	项目名称	项目特征	计量单位	工程量计算规则	工程内容
010902006	屋面（廊、阳台）泄（吐）水管	1. 吐水管品种、规格 2. 接缝、嵌缝材料种类 3. 吐水管长度 4. 油漆品种、刷漆遍数	根（个）	按设计图示数量计算	1. 水管及配件安装、固定 2. 接缝、嵌缝 3. 刷漆
010902007	屋面天沟、檐沟	1. 材料品种、规格 2. 接缝、嵌缝材料种类	m²	按设计图示尺寸以展开面积计算	1. 天沟材料铺设 2. 天沟配件安装 3. 接缝、嵌缝 4. 刷防护材料
010902008	屋面变形缝	1. 嵌缝材料种类 2. 止水带材料种类 3. 盖缝材料 4. 防护材料种类	m	按设计图示以长度计算	1. 清缝 2. 填塞防水材料 3. 止水带安装 4. 盖缝制作、安装 5. 刷防护材料

注：1. 屋面刚性层无钢筋，其钢筋项目特征不必描述。

2. 屋面找平层按"楼地面装饰工程"中"平面砂浆找平层"的项目编码列项。

3. 屋面防水搭接及附加层用量不另行计算，在综合单价中考虑。

4. 屋面保温找坡层按"保温、隔热、防腐工程"中"保温隔热屋面"的项目编码列项。

3. 墙面防水、防潮

墙面防水、防潮工程量清单项目设置、项目特征描述、计量单位及工程量计算规则应按表 5-108 的规定执行。

表 5-108　墙面防水、防潮（编码：010903）

项目编码	项目名称	项目特征	计量单位	工程量计算规则	工程内容
010903001	墙面卷材防水	1. 卷材品种、规格、厚度 2. 防水层数 3 防水层做法	m²	按设计图示尺寸以面积计算	1. 基层处理 2. 刷粘结剂 3. 铺防水卷材 4. 接缝、嵌缝
010903002	墙面涂膜防水	1. 防水膜品种 2. 涂膜厚度、遍数 3. 增强材料种类			1. 基层处理 2. 刷基层处理剂 3. 铺布、喷涂防水层

续表

项目编码	项目名称	项目特征	计量单位	工程量计算规则	工程内容
010903003	墙面砂浆防水（防潮）	1. 防水层做法 2. 砂浆厚度、配合比 3. 钢丝网规格	m²	按设计图示尺寸以面积计算	1. 基层处理 2. 挂钢丝网片 3. 设置分格缝 4. 砂浆制作、运输、摊铺、养护
010903004	墙面变形缝	1. 嵌缝材料种类 2. 止水带材料种类 3. 盖缝材料 4. 防护材料种类	m	按设计图示以长度计算	1. 清缝 2. 填塞防水材料 3. 止水带安装 4. 盖缝制作、安装 5. 刷防护材料

注：1. 墙面防水搭接及附加层用量不另行计算，在综合单价中考虑。
　　2. 墙面变形缝，若做双面，工程量乘系数2。
　　3. 墙面找平层按"墙、柱面装饰与隔断、幕墙工程"中"立面砂浆找平层"的项目编码列项。

4. 楼（地）面防水、防潮

楼（地）面防水、防潮工程量清单项目设置、项目特征描述、计量单位及工程量计算规则应按表5-109的规定执行。

表 5-109　楼（地）面防水、防潮（编码：010904）

项目编码	项目名称	项目特征	计量单位	工程量计算规则	工程内容
010904001	楼（地）面卷材防水	1. 卷材品种、规格、厚度 2. 防水层数 3. 防水层做法 4. 反边高度	m²	按设计图示尺寸以面积计算 1. 楼（地）面防水：按主墙间净空面积计算，扣除凸出地面的构筑物、设备基础等所占面积，不扣除间壁墙及单个面积≤0.3m²柱、垛、烟囱和孔洞所占面积 2. 楼（地）面防水反边高度≤300mm算作地面防水，反边高度＞300mm算作墙面防水	1. 基层处理 2. 刷粘结剂 3. 铺防水卷材 4. 接缝、嵌缝
010904002	楼（地）面涂膜防水	1. 防水膜品种 2. 涂膜厚度、遍数 3. 增强材料种类 4. 反边高度	m²		1. 基层处理 2. 刷基层处理剂 3. 铺布、喷涂防水层
010904003	楼（地）面砂浆防水（防潮）	1. 防水层做法 2. 砂浆厚度、配合比 3. 反边高度			1. 基层处理 2. 砂浆制作、运输、摊铺、养护

续表

项目编码	项目名称	项目特征	计量单位	工程量计算规则	工程内容
010904004	楼（地）面变形缝	1. 嵌缝材料种类 2. 止水带材料种类 3. 盖缝材料 4. 防护材料种类	m	按设计图示以长度计算	1. 清缝 2. 填塞防水材料 3. 止水带安装 4. 盖缝制作、安装 5. 刷防护材料

注：1. 楼（地）面防水找平层按"楼地面装饰工程"中"平面砂浆找平层"的项目编码列项。

　　2. 楼（地）面防水搭接及附加层用量不另行计算，在综合单价中考虑。

二、屋面及防水工程定额工程量计算规则

1. 定额工程量计算规则

（1）瓦屋面、金属压型板屋面　瓦屋面、金属压型板（包括挑檐部分）均按如图 5-28 中尺寸的水平投影面积乘以屋面坡度系数（表5-110）以平方米计算。不扣除房上烟囱、风帽底座、风道、屋面小气窗、斜沟等所占面积，屋面小气窗的出檐部分也不增加。

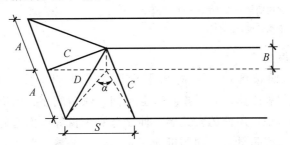

图 5-28　瓦屋面、金属压型板工程量计算示意图

表 5-110　屋面坡度系数

坡度 B（A=1）	坡度 B/2A	坡度角度 α	延迟系数（A=1）	隅延迟系数（A=1）
1	1/2	45°	1.4142	1.7321
0.75	—	36°52′	1.2500	1.6008
0.70	—	35°	1.2207	1.5779
0.666	1/3	33°40′	1.2015	1.5620
0.65	—	33°01′	1.1926	1.5564

坡度 B（$A=1$）	坡度 $B/2A$	坡度角度 α	延迟系数（$A=1$）	隅延迟系数（$A=1$）
0.60	—	30°58′	1.1662	1.5362
0.577	—	30°	1.1547	1.5270
0.55	—	28°49′	1.1413	1.5170
0.50	1/4	26°34′	1.1180	1.5000
0.45	—	24°14′	1.0966	1.4839
0.40	1/5	21°48′	1.0770	1.4697
0.35	—	19°17′	1.0594	1.4569
0.30	—	16°42′	1.0440	1.4457
0.25	—	14°02′	1.0308	1.4362
0.20	1/10	11°19′	1.0198	1.4283
0.15	—	8°32′	1.0112	1.4221
0.125	—	7°8′	1.0078	1.4191
0.100	1/20	5°42′	1.0050	1.4177
0.083	—	4°45′	1.0035	1.4166
0.066	1/30	3°49′	1.0022	1.4157

注：1. 两坡排水屋面面积为屋面水平投影面积乘以延迟系数 C。

2. 四坡排水屋面斜脊长度＝$A×D$（当 $S=A$ 时）。

3. 沿山墙泛水长度＝$A×C$。

（2）卷材屋面

1）卷材屋面按图示尺寸的水平投影面积乘以规定的坡度系数（表5-110），以平方米计算，但不扣除房上烟囱、风帽底座、风道、屋面小气窗和斜沟所占的面积，屋面的女儿墙、伸缩缝和天窗等处的弯起部分，按图示尺寸并入屋面工程量计算。如图纸无规定时，伸缩缝、女儿墙的弯起部分可按 250mm 计算，天窗弯起部分可按 500mm 计算。

2）卷材屋面的附加层、接缝、收头、找平层的嵌缝、冷底子油已计入定额内，不另计算。

（3）涂膜屋面 涂膜屋面的工程量计算同卷材屋面。涂膜屋面的油膏嵌缝、玻璃布盖缝、屋面分格缝，以延长米计算。

（4）屋面排水

1）铁皮排水按图示尺寸以展开面积计算，如图纸没有注明尺寸时，可按表5-111计算。咬口和搭接等已计入定额项目中，不另计算。

2）铸铁、玻璃钢水落管区别不同直径按图示尺寸以延长米计算，雨水口、水斗、弯头、短管以个计算。

表 5-111　铁皮排水单体零件折算表

名称		单位	水落管/m	檐沟/m	水斗/个	漏斗/个	下水口/个	—	—
铁皮排水	水落管、檐沟、水斗、漏斗、下水口	m²	0.32	0.30	0.40	0.16	0.45	—	—
	天沟、斜沟、天窗窗台泛水、天窗侧面泛水、烟囱泛水、通气管泛水、滴水檐头泛水、滴水	m²	天沟/m	斜沟、天窗窗台泛水/m	天窗侧面泛水/m	烟囱泛水/m	通气管泛水/m	滴水檐头泛水/m	滴水/m
			1.30	0.50	0.70	0.80	0.22	0.24	0.11

（5）防水工程

1）建筑物地面防水、防潮层，按主墙间净空面积计算，扣除凸出地面的构筑物、设备基础等所占的面积，不扣除柱、垛、间壁墙、烟囱及 0.3m² 以内孔洞所占面积。与墙面连接处高度在 500mm 以内者按展开面积计算，并入平面工程量内，超过 500mm 时，按立面防水层计算。

2）建筑物墙基防水、防潮层，外墙长度按中心线，内墙按净长乘以宽度以平方米计算。

3）构筑物及建筑物地下室防水层，按实铺面积计算，但不扣除 0.3m² 以内的孔洞面积。平面与立面交接处的防水层，其上卷高度超过 500mm 时，按立面防水层计算。

4）防水卷材的附加层、接缝、收头、冷底子油等人工材料均已计入定额内，不另计算。

5）变形缝按延长米计算。

2. 定额工程量计算说明

1）水泥瓦、黏土瓦、小青瓦、石棉瓦规格与定额不同时，瓦材数量可以换算，其他不变。

2）高分子卷材厚度，再生橡胶卷材按 1.5mm；其他均按 1.2mm 取定。

3）防水工程也适用于楼地面、墙基、墙身、构筑物、水池、水塔及室内厕所、浴室等防水，建筑物±0.000 以下的防水、防潮工程按防水工程相应项目计算。

4）三元乙丙丁基橡胶卷材屋面防水，按相应三元乙丙橡胶卷材屋面防水项目计算。

5）氯丁冷胶"二布三涂"项目，其"三涂"是指涂料构成防水层数并非指涂刷遍数；每一层"涂层"刷两遍至数遍不等。

6）定额中沥青、玛瑞脂均指石油沥青、石油沥青玛瑞脂。

7）变形缝填缝：建筑油膏聚氯乙烯胶泥断面取定为 3cm×2cm；油浸木丝板取定为 2.5cm×15cm；紫铜板止水带厚为 2mm，展开宽 45cm；氯丁橡胶宽 30cm，涂刷式氯丁胶贴玻璃止水片宽为 35cm。其余均为 15cm×3cm。如设计断面不同时，用料可以换算。

8）盖缝：木板盖缝断面为 20cm×2.5cm，如设计断面不同时，用料可以换算，人工不变。

9）屋面砂浆找平层，面层按楼地面相应定额项目计算。

三、屋面及防水工程工程量计算实例

【例 2-25】 某工程 SBS 改性沥青卷材防水屋面平面、剖面图如图 5-29 所示，其自结构层由下向上的做法为：钢筋混凝土板上用 1：12 水泥珍珠岩找坡，坡度为 2%，最薄处为 60mm；保温隔热层上 1：3 水泥砂浆找平层反边高 300mm，在找平层上刷冷底子油，加热烤铺，贴 3mm 厚 SBS 改性沥青防水卷材一道（反边高 300mm），在防水卷材上抹 1：2.5 水泥砂浆找平层（反边高 300mm）。不考虑嵌缝，砂浆以使用中砂为拌和料，女儿墙不计算，未列项目不补充。试列出该屋面找平层、保温及卷材防水分部分项工程量。

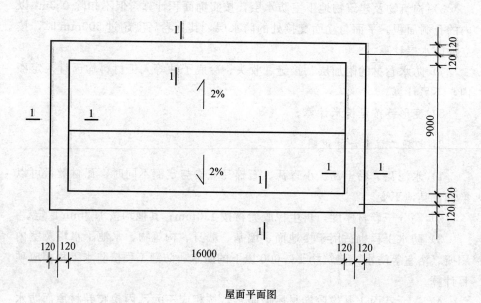

屋面平面图

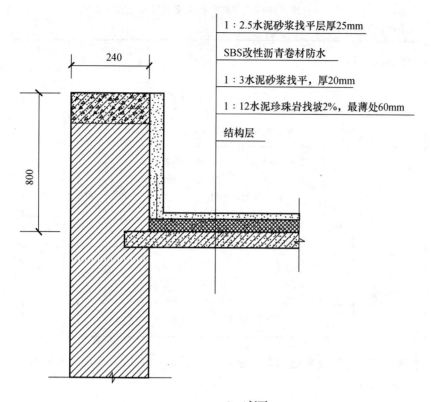

1—1剖面

图 5-29　屋面平面、剖面图（单位：mm）

【解】

清单工程量计算表见表 5-112，分部分项工程和单价措施项目清单与计价表见表 5-113。

表 5-112　清单工程量计算表

工程名称：某工程

序号	项目编码	项目名称	计算式	工程量合计	计量单位
1	011001001001	屋面保温	$S=16\times9$	144	m²
2	010902001001	屋面卷材防水	$S=16\times9+（16+9）\times2\times0.3$	159	m²
3	011101006001	屋面找平层	$S=16\times9+（16+9）\times2\times0.3$	159	m²

表 5-113　分部分项工程和单价措施项目清单与计价表

工程名称：某工程

序号	项目编号	项目名称	项目特征描述	计算单位	工程量	金额/元	
						综合单价	合价
1	011001001001	屋面保温	1. 材料品种：1：12 水泥珍珠岩 2. 保温厚度：最薄处 60mm	m²	144		
2	010902001001	屋面卷材防水	1. 卷材品种、规格、厚度：3mm 厚 SBS 改性沥青防水卷材 2. 防水层数：一道 3. 防水层做法：卷材底刷冷底子油、加热烤铺	m²	159		
3	011101006001	屋面找平层	找平层厚度、砂浆配合比：20mm 厚 1：3 水泥砂浆找平层（防水底层）、25mm 厚 1：2.5 水泥砂浆找平层（防水面层）	m²	159		

【例 2-26】　某工程地面防水示意图如图 5-30 所示，采用抹灰砂浆 5 层防水，计算其工程量。

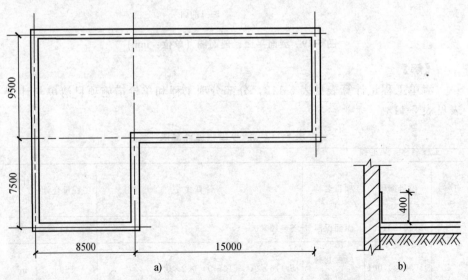

a)

b)

图 5-30　地面防水示意图（单位：mm）

a）平面图　b）防水层

【解】

（1）清单工程量　清单工程量计算表见表 5-114，分部分项工程和单价措施项目清单与计价表见表 5-115。

表 5-114　清单工程量计算表

工程名称：某工程

项目编码	项目名称	计算式	工程量合计	计量单位
010904003001	楼（地）面砂浆防水（防潮）	$S=（8.5-0.24）×（17-0.24）+15×（9.5-0.24）+[（23.5-0.24）×2+（17-0.24）+（9.5-0.24）+7.5]×0.4=309.35$	309.35	m²

表 5-115　分部分项工程和单价措施项目清单与计价表

工程名称：某工程

项目编号	项目名称	项目特征描述	计算单位	工程量	金额/元 综合单价	金额/元 合价
010904003001	楼（地）面砂浆防水（防潮）	地面防水，抹灰砂浆 5 层防水	m²	309.35		

（2）定额工程量

$S=（8.5-0.24）×（17-0.24）+15×（9.5-0.24）+[（23.5-0.24）×2+（17-0.24）+（9.5-0.24）+7.5]×0.4=309.35（m²）$

套用基础定额 9-112。

第十一节　防腐隔热、保温工程

一、防腐隔热、保温工程清单工程量计算规则

1. 保温、隔热

保温、隔热工程量清单项目设置、项目特征描述、计量单位及工程量计算规则应按表 5-116 的规定执行。

表 5-116　保温、隔热（编码：011001）

项目编码	项目名称	项目特征	计量单位	工程量计算规则	工程内容
011001001	保温隔热屋面	1. 保温隔热材料品种、规格、厚度 2. 隔气层材料品种、厚度 3. 黏结材料种类、做法 4. 防护材料种类、做法		按设计图示尺寸以面积计算，扣除面积＞0.3m² 孔洞及占位面积	1. 基层清理 2. 刷黏结材料 3. 铺黏保温层 4. 铺、刷（喷）防护材料
011001002	保温隔热天棚	1. 保温隔热面层材料品种、规格、性能 2. 保温隔热材料品种、规格及厚度 3. 黏结材料种类及做法 4. 防护材料种类及做法		按设计图示尺寸以面积计算，扣除面积＞0.3m² 上柱、垛、孔洞所占面积	
011001003	保温隔热墙面	1. 保温隔热部位 2. 保温隔热方式 3. 踢脚线、勒脚线保温做法 4. 龙骨材料品种、规格 5. 保温隔热面层材料品种、规格、性能 6. 保温隔热材料品种、规格及厚度 7. 增强网及抗裂防水砂浆种类 8. 黏结材料种类及做法 9. 防护材料种类及做法	m²	按设计图示尺寸以面积计算，扣除门窗洞口以及面积＞0.3m² 梁、孔洞所占面积；门窗洞口侧壁需作保温时，并入保温墙体工程量内	1. 基层清理 2. 刷界面剂 3. 安装龙骨 4. 填贴保温材料 5. 保温板安装 6. 粘贴面层 7. 铺设增强格网、抹抗裂、防水砂浆面层 8. 嵌缝 9. 铺、刷（喷）防护材料
011001004	保温柱、梁	1. 保温隔热部位 2. 保温隔热方式 3. 踢脚线、勒脚线保温做法 4. 龙骨材料品种、规格 5. 保温隔热面层材料品种、规格、性能 6. 保温隔热材料品种、规格及厚度 7. 增强网及抗裂防水砂浆种类 8. 黏结材料种类及做法 9. 防护材料种类及做法		按设计图示尺寸以面积计算 1. 柱按设计图示柱断面保温层中心线展开长度乘保温层高度以面积计算，扣除面积＞0.3m² 梁所占面积 2. 梁按设计图示梁断面保温层中心线展开长度乘保温层长度以面积计算	1. 基层清理 2. 刷界面剂 3. 安装龙骨 4. 填贴保温材料 5. 保温板安装 6. 粘贴面层 7. 铺设增强格网、抹抗裂、防水砂浆面层 8. 嵌缝 9. 铺、刷（喷）防护材料

续表

项目编码	项目名称	项目特征	计量单位	工程量计算规则	工程内容
011001005	保温隔热楼地面	1. 保温隔热部位 2. 保温隔热材料品种、规格、厚度 3. 隔气层材料品种、厚度 4. 黏结材料种类、做法 5. 防护材料种类、做法		按设计图示尺寸以面积计算，扣除面积＞0.3m² 柱、垛、孔洞所占面积。门洞、空圈、暖气包槽、壁龛的开口部分不增加面积	1. 基层清理 2. 刷黏结材料 3. 铺粘保温层 4. 铺、刷（喷）防护材料
011001006	其他保温隔热	1. 保温隔热部位 2. 保温隔热方式 3. 隔气层材料品种、厚度 4. 保温隔热面层材料品种、规格、性能 5. 保温隔热材料品种、规格及厚度 6. 粘结材料种类及做法 7. 增强网及抗裂防水砂浆种类 8. 防护材料种类及做法	m²	按设计图示尺寸以展开面积计算，扣除面积＞0.3m² 孔洞及占位面积	1. 基层清理 2. 刷界面剂 3. 安装龙骨 4. 填贴保温材料 5. 保温板安装 6. 黏贴面层 7. 铺设增强格网、抹抗裂防水砂浆面层 8. 嵌缝 9. 铺、刷（喷）防护材料

注：1. 保温隔热装饰面层，按"楼地面装饰工程"、"墙、柱面装饰与隔断、幕墙工程"、"天棚工程"、"油漆、涂料、裱糊工程"以及"其他装饰工程"中相关项目编码列项；仅做找平层按"楼地面装饰工程"中"平面砂浆找平层"或"墙、柱面装饰与隔断、幕墙工程"中"立面砂浆找平层"项目编码列项。

2. 柱帽保温隔热应并入天棚保温隔热工程量内。

3. 池槽保温隔热应按其他保温隔热项目编码列项。

4. 保温隔热方式：指内保温、外保温、夹心保温。

5. 保温柱、梁适用于不与墙、天棚相连的独立柱、梁。

2. 防腐面层

防腐面层工程量清单项目设置、项目特征描述、计量单位及工程量计算规则应按表 5-117 的规定执行。

表 5-117　防腐面层（编码：011002）

项目编码	项目名称	项目特征	计量单位	工程量计算规则	工程内容
011002001	防腐混凝土面层	1. 防腐部位 2. 面层厚度 3. 混凝土种类 4. 胶泥种类、配合比			1. 基层清理 2. 基层刷稀胶泥 3. 混凝土制作、运输、摊铺、养护
011002002	防腐砂浆面层	1. 防腐部位 2. 面层厚度 3. 砂浆、胶泥种类、配合比		按设计图示尺寸以面积计算 1. 平面防腐：扣除凸出地面的构筑物、设备基础等以及面积＞0.3m² 的孔洞、柱、垛所占面积 2. 立面防腐：扣除门、窗、洞口以及面积＞0.3m² 的孔洞、梁所占面积，门、窗、洞口侧壁、垛凸出部分按展开面积并入墙面积内	1. 基层清理 2. 基层刷稀胶泥 3. 砂浆制作、运输、摊铺、养护
011002003	防腐胶泥面层	1. 防腐部位 2. 面层厚度 3. 胶泥种类、配合比	m²		1. 基层清理 2. 胶泥调制、摊铺
011002004	玻璃钢防腐面层	1. 防腐部位 2. 玻璃钢种类 3. 贴布材料的种类、层数 4. 面层材料品种			1. 基层清理 2. 刷底漆、刮腻子 3. 胶浆配制、涂刷 4. 粘布、涂刷面层
011002005	聚氯乙烯板面层	1. 防腐部位 2. 面层材料品种、厚度 3. 黏结材料种类			1. 基层清理 2. 配料、涂胶 3. 聚氯乙烯板铺设
011002006	块料防腐面层	1. 防腐部位 2. 块料品种、规格 3. 黏结材料种类 4. 勾缝材料种类			1. 基层清理 2. 铺贴块料 3. 胶泥调制、勾缝
011002007	池、槽块料防腐面层	1. 防腐池、槽名称、代号 2. 块料品种、规格 3. 黏结材料种类 4. 勾缝材料种类		按设计图示尺寸以展开面积计算	1. 基层清理 2. 铺贴块料 3. 胶泥调制、勾缝

注：防腐踢脚线，应按"楼地面装饰工程"中"踢脚线"的项目编码列项。

3. 其他防腐

其他防腐工程量清单项目设置、项目特征描述、计量单位及工程量计算规则应按表 5-118 的规定执行。

表 5-118　其他防腐（编码：011003）

项目编码	项目名称	项目特征	计量单位	工程量计算规则	工作内容
011003001	隔离层	1. 隔离层部位 2. 隔离层材料品种 3. 隔离层做法 4. 粘贴材料种类	m²	按设计图示尺寸以面积计算 1. 平面防腐：扣除凸出地面的构筑物、设备基础等及面积＞0.3m² 的孔洞、柱、垛所占面积 2. 立面防腐：扣除门、窗、洞口及面积＞0.3m² 的孔洞、梁所占面积，门、窗、洞口侧壁、垛凸出部分按展开面积并入墙面积内	1. 基层清理、刷油 2. 煮沥青 3. 胶泥调制 4. 隔离层铺设
011003002	砌筑沥青浸渍砖	1. 砌筑部位 2. 浸渍砖规格 3. 胶泥种类 4. 浸渍砖砌法		按设计图示尺寸以体积计算	1. 基层清理 2. 胶泥调制 3. 浸渍砖铺砌
011003003	防腐涂料	1. 涂刷部位 2. 基层材料类型 3. 刮腻子的种类、遍数 4. 涂料品种、刷涂遍数		按设计图示尺寸以面积计算 1. 平面防腐：扣除凸出地面的构筑物、设备基础等及面积＞0.3m² 的孔洞、柱、垛所占面积 2. 立面防腐：扣除门、窗、洞口以及面积＞0.3m² 的孔洞、梁所占面积，门、窗、洞口侧壁、垛凸出部分按展开面积并入墙面积内	1. 基层清理 2. 刮腻子 3. 刷涂料

注：浸渍砖砌法指平砌、立砌。

二、防腐、保温、隔热工程定额工程量计算规则

1. 定额工程量计算规则

（1）防腐工程

1）防腐工程项目应区分不同防腐材料种类及其厚度，按设计实铺面积以平方米计算。应扣除凸出地面的构筑物、设备基础等所占的面积，砖垛等凸出墙面部分按展开面积计算并入墙面防腐工程量之内。

2）踢脚板按实铺长度乘以高度以平方米计算，应扣除门洞所占面积并相应增加侧壁展开面积。

3）平面砌筑双层耐酸块料时，按单层面积乘以系数 2 计算。

4）防腐卷材接缝、附加层、收头等人工材料已计入在定额中，不再另行计算。

（2）保温隔热工程

1）保温隔热层应区别不同保温隔热材料，除另有规定者外，均按设计实铺厚度以立方米计算。

2）保温隔热层的厚度按隔热材料（不包括胶结材料）净厚度计算。

3）地面隔热层按围护结构墙体间净面积乘以设计厚度以立方米计算，不扣除柱、垛所占的体积。

4）墙体隔热层，外墙按隔热层中心线、内墙按隔热层净长乘以图示尺寸的高度及厚度以立方米计算。应扣除冷藏门洞口和管道穿墙洞口所占的体积。

5）柱包隔热层，按图示柱的隔热层中心线的展开长度乘以图示尺寸高度及厚度以立方米计算。

6）其他保温隔热：

① 池槽隔热层按图示池槽保温隔热层的长、宽及其厚度以立方米计算。其中池壁按墙面计算，池底按地面计算。

② 门洞口侧壁周围的隔热部分，按图示隔热层尺寸以立方米计算，并入墙面的保温隔热工程量内。

③ 柱帽保温隔热层按图示保温隔热层体积并入顶棚保温隔热层工程量内。

2. 定额工程量计算说明

（1）耐酸防腐

1）整体面层、隔离层适用于平面、立面的防腐耐酸工程，包括沟、坑、槽。

2）块料面层以平面砌为准，砌立面者按平面砌相应项目，人工乘以系数

1.38，踢脚板人工乘以系数 1.56，其他不变。

3）各种砂浆、胶泥、混凝土材料的种类，配合比及各种整体面层的厚度，如设计与定额不同时，可以换算，但各种块料面层的结合层砂浆或胶泥厚度不变。

4）防腐、保温、隔热工程中的各种面层，除软聚氯乙烯塑料地面外，均不包括踢脚板。

5）花岗岩板以六面剁斧的板材为准。如底面为毛面者，水玻璃砂浆增加 0.38m³；耐酸沥青砂浆增加 0.44m³。

（2）保温隔热

1）定额适用于中温、低温及恒温的工业厂（库）房隔热工程，以及一般保温工程。

2）定额只包括保温隔热材料的铺贴，不包括隔气防潮、保护层或衬墙等。

3）隔热层铺贴，除松散稻壳、玻璃棉、矿渣棉为散装外，其他保温材料均以石油沥青（30 号）作胶结材料。

4）稻壳已包括装前的筛选、除尘工序，稻壳中如需增加药物防虫时，材料另行计算，人工不变。

5）玻璃棉、矿渣棉包装材料和人工均已包括在定额内。

6）墙体铺贴块体材料，包括基层涂沥青一遍。

三、防腐、保温、隔热工程工程量计算实例

【例 5-27】　某库房地面做 1∶0.533∶0.533∶3.121 不发火沥青砂浆防腐面层，踢脚线抹 1∶0.3∶1.5∶4 铁屑砂浆，厚度均为 20mm，踢脚线高度为 200mm，如图 5-31 所示。墙厚均为 240mm，门洞地面做防腐面层，侧边不做踢脚线。试列出该库房工程防腐面层及踢脚线的分部分项工程量清单。

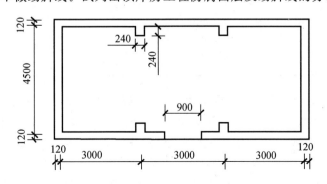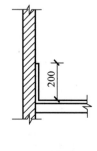

图 5-31　某库房平面示意图（单位：mm）

【解】

清单工程量计算表见表 5-119，分部分项工程和单价措施项目清单与计价表见表 5-120。

表 5-119　清单工程量计算表

工程名称：某工程

序号	项目编码	项目名称	计算式	工程量合计	计量单位
1	011002002001	防腐砂浆面层	$S＝（9.00－0.24）×（4.50－0.24）$ $＝37.32$	37.32	m²
2	011105001001	砂浆踢脚线	$L＝（9.00－0.24＋0.24×4＋4.5－0.24）×2$ $－0.90＝27.06$	27.06	m

注：依据《房屋建筑与装饰工程工程量计算规范》GB 80854—2013 规定，防腐地面不扣除面积≤0.3m² 垛，不增加门洞开口部分面积。

表 5-120　分部分项工程和单价措施项目清单与计价表

工程名称：某工程

序号	项目编号	项目名称	项目特征描述	计算单位	工程量	金额/元	
						综合单价	合价
1	011002002001	防腐砂浆面层	1. 防腐部位：地面 2. 厚度：20mm 3. 砂浆种类、配合比：不发火沥青砂浆 1：0.533：0.533：3.121	m²	37.32		
2	011105001001	砂浆踢脚线	1. 踢脚线高度：200mm 2. 厚度、砂浆配合比：20mm，铁屑砂浆 1：0.3：1.5：4	m	27.06		

【例 5-28】　某工程建筑示意图如图 5-32 所示，该工程外墙保温做法：①基层表面清理；②刷界面砂浆 5mm；③刷 30mm 厚胶粉聚苯颗粒；④门窗边做保温宽度为 120mm。试列出该工程外墙外保温的分部分项工程量清单。

【解】

清单工程量计算表见表 5-121，分部分项工程和单价措施项目清单与计价表见表 5-122。

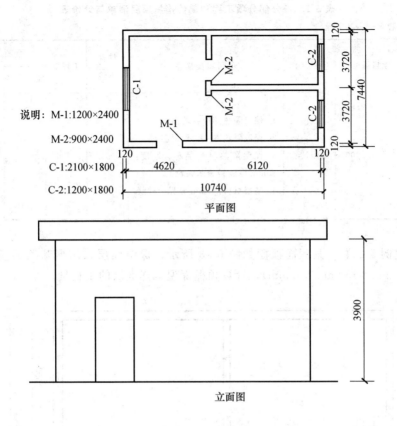

图 5-32　某工程建筑示意图（单位：mm）

表 5-121　清单工程量计算表

工程名称：某工程

序号	项目编码	项目名称	计算式	工程量合计	计量单位
1	011001003001	保温墙面	墙面：$S_1 = [(10.74+0.24)+(7.44+0.24)] \times 2 \times 3.90 - (1.2 \times 2.4 + 2.1 \times 1.8 + 1.2 \times 1.8 \times 2) = 134.57m^2$ 门窗侧边：$S_2 = [(2.1+1.8) \times 2 + (1.2+1.8) \times 4 + (2.4 \times 2 + 1.2)] \times 0.12 = 3.10m^2$	137.67	m²

注：《房屋建筑与装饰工程工程量计算规范》GB 80854—2013 规定，门窗洞口侧壁保温并入墙体工程量内。

259

表 5-122　分部分项工程和单价措施项目清单与计价表

工程名称：某工程

序号	项目编号	项目名称	项目特征描述	计算单位	工程量	金额/元	
						综合单价	合价
1	011001003001	保温墙面	1. 保温隔热部位：墙面 2. 保温隔热方式：外保温 3. 保温隔热材料品种、厚度：30mm 厚胶粉聚苯颗粒 4. 基层材料：5mm 厚界面砂浆	m²	137.67		

【例 5-29】　某屋面顶棚如图 5-33 所示，保温面层采用聚苯乙烯塑料板（1000mm×150mm×50mm），计算顶棚保温隔热面层的工程量。

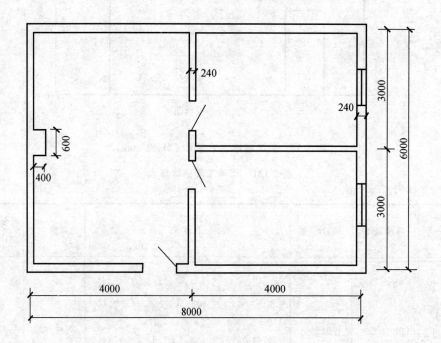

图 5-33　屋面顶棚示意图（单位：mm）

【解】

（1）清单工程量　清单工程量计算表见表 5-123，分部分项工程和单价措施项目清单与计价表见表 5-124。

表 5-123　清单工程量计算表

工程名称：某工程

项目编码	项目名称	计算式	工程量合计	计量单位
011001002001	保温隔热天棚	$S=（4.0-0.24）×（6.0-0.24）+（4.0-0.24）×（3.0-0.24）×2=42.41m^2$	42.41	m^2

表 5-124　分部分项工程和单价措施项目清单与计价表

工程名称：某工程

项目编号	项目名称	项目特征描述	计算单位	工程量	金额/元	
					综合单价	合价
011001002001	保温隔热天棚	聚苯乙烯塑料板顶棚，内保温，规格为1000mm×150mm×50mm	m^2	42.41		

（2）定额工程量　根据建筑工程预算工程量计算规则可知，保温隔热层应区别不同保温隔热材料，除另有规定者外，均按设计实铺厚度以"m^3"计算，保温隔热层的厚度以隔热材料（不包括胶结材料）的净厚度进行计算。

已知顶棚的厚度为 0.05m，则：

顶棚工程量＝［（4.0－0.24）×（6.0－0.24）+（4.0－0.24）×

　　　　　（3.0－0.24）×2］×0.05＝2.12（m^3）

套用基础定额 10－206。

第十二节　措施项目

一、措施项目清单工程量计算规则

1. 脚手架工程

脚手架工程工程量清单项目设置、项目特征描述的内容、计量单位及工程量计算规则，应按表 5-125 中的规定执行。

表 5-125　脚手架工程（编码：011701）

项目编码	项目名称	项目特征	计量单位	工程量计算规则	工作内容
011701001	综合脚手架	1. 建筑结构形式 2. 檐口高度	m²	按建筑面积计算	1. 场内、场外材料搬运 2. 搭、拆脚手架、斜道、上料平台 3. 安全网的铺设 4. 选择附墙点与主体连接 5. 测试电动装置、安全锁等 6. 拆除脚手架后材料的堆放
011701002	外脚手架	1. 搭设方式 2. 搭设高度 3. 脚手架材质		按所服务对象的垂直投影面积计算	1. 场内、场外材料搬运 2. 搭、拆脚手架、斜道、上料平台 3. 安全网的铺设 4. 拆除脚手架后材料的堆放
011701003	里脚手架				
011701004	悬空脚手架	1. 搭设方式 2. 悬挑宽度 3. 脚手架材质		按搭设的水平投影面积计算	
011701005	挑脚手架		m	按搭设长度乘以搭设层数以延长米计算	
011701006	满堂脚手架	1. 搭设方式 2. 搭设高度 3. 脚手架材质		按搭设的水平投影面积计算	
011701007	整体提升架	1. 搭设方式及启动装置 2. 搭设高度	m²	按所服务对象的垂直投影面积计算	1. 场内、场外材料搬运 2. 选择附墙点与主体连接 3. 搭、拆脚手架、斜道、上料平台 4. 安全网的铺设 5. 测试电动装置、安全锁等 6. 拆除脚手架后材料的堆放
011701008	外装饰吊篮	1. 升降方式及启动装置 2. 搭设高度及吊篮型号			1. 场内、场外材料搬运 2. 吊篮的安装 3. 测试电动装置、安全锁、平衡控制器等 4. 吊篮的拆卸

注：1. 使用综合脚手架时，不再使用外脚手架、里脚手架等单项脚手架；综合脚手架适用于能够按"建筑面积计算规则"计算建筑面积的建筑工程脚手架，不适用于房屋加层、构筑物及附属工程脚手架。

2. 同一建筑物有不同檐高时，按建筑物竖向切面分别按不同檐高编列清单项目。

3. 整体提升架已包括 2m 高的防护架体设施。

4. 脚手架材质可以不描述，但应注明由投标人根据工程实际情况按照国家现行标准《建筑施工扣件式钢管脚手架安全技术规范》JGJ 130—2011、《建筑施工附着升降脚手架管理暂行规定》建建［2000］230 号等规范自行确定。

2. 混凝土模板及支架（撑）

混凝土模板及支架（撑）工程量清单项目设置、项目特征描述的内容、计量单位、工程量计算规则及工作内容，应按表 5-126 中的规定执行。

表 5-126　混凝土模板及支架（撑）（编码：011702）

项目编码	项目名称	项目特征	计量单位	工程量计算规则	工作内容
011702001	基础	基础类型	m²	按模板与现浇混凝土构件的接触面积计算 1. 现浇钢筋混凝土墙、板单孔面积≤0.3m 的孔洞不予扣除，洞侧壁模板也不增加；单孔面积＞0.3m² 时应予扣除，洞侧壁模板面积并入墙、板工程量内计算 2. 现浇框架分别按梁、板、柱有关规定计算；附墙柱、暗梁、暗柱并入墙内工程量内计算 3. 柱、梁、墙、板相互连接的重叠部分，均不计算模板面积 4. 构造柱按图示外露部分计算模板面积	1. 模板制作 2. 模板安装、拆除、整理堆放及场内外运输 3. 清理模板黏结物及模内杂物、刷隔离剂等
011702002	矩形柱	—			
011702003	构造柱				
011702004	异形柱	柱截面形状			
011702005	基础梁	梁截面形状			
011702006	矩形梁	支撑高度			
011702007	异形梁	1. 梁截面形状 2. 支撑高度			
011702008	梁圈	—			
011702009	过梁				
011702010	弧形、拱形梁	1. 梁截面形状 2. 支撑高度			
011702011	直形墙				
011702012	弧形墙	—			
011702013	短肢剪力墙、电梯井壁				
11702014	有梁板				
11702015	无梁板				
11702016	平板				
11702017	拱板	支撑高度			
11702018	薄壳板				
11702019	空心板				
11702020	其他板				
11702021	栏板	—			

续表

项目编码	项目名称	项目特征	计量单位	工程量计算规则	工作内容
11702022	天沟、檐沟	构建类型		按模板与现浇混凝土构件的接触面积计算	
11702023	雨篷、悬挑板、阳台板	1. 构件类型 2. 板厚度		按图示外挑部分尺寸的水平投影面积计算，挑出墙外的悬臂梁及板边不另计算	
11702024	楼梯	类型		按楼梯（包括休息平台、平台梁、斜梁和楼层板的连接梁）的水平投影面积计算，不扣除宽度≤500mm的楼梯井所占面积，楼梯踏步、踏步板、平台梁等侧面模板不另计算，伸入墙内部分也不增加	1. 模板制作 2. 模板安装、拆除、整理堆放及场内外运输 3. 清理模板黏结物及模内杂物、刷隔离剂等
11702025	其他现浇构件	构件类型	m²	按模板与现浇混凝土构件的接触面积计算	
11702026	电缆沟、地沟	1. 沟类型 2. 沟截面		按模板与电缆沟、地沟接触的面积计算	
11702027	台阶	台阶踏步宽		按图示台阶水平投影面积计算，台阶端头两侧不另计算模板面积。架空式混凝土台阶，按现浇楼梯计算	
11702028	扶手	扶手断面尺寸		按模板与扶手的接触面积计算	1. 模板制作 2. 模板安装、拆除、整理堆放及场内外运输 3. 清理模板黏结物及模内杂物、刷隔离剂等
11702029	散水	—		按模板与散水的接触面积计算	
11702030	后浇带	后浇带部位		按模板与后浇带的接触面积计算	
11702031	化粪池	1. 化粪池部位 2. 化粪池规格		按模板与混凝土接触面积计算	
11702032	检查井	1. 检查井部位 2. 检查井规格			

注：1. 原槽浇灌的混凝土基础，不计算模板。

2. 混凝土模板及支撑（架）项目，只适用于以平方米计量，按模板与混凝土构件的接触面积计算。以立方米计量的模板及支撑（支架），按混凝土及钢筋混凝土实体项目执行，其综合单价中应包含模板及支撑（支架）。

3. 采用清水模板时，应在特征中注明。

4. 若现浇混凝土梁、板支撑高度超过 3.6m 时，项目特征应描述支撑高度。

3. 垂直运输

垂直运输工程量清单项目设置、项目特征描述的内容、计量单位、工程量计算规则应按表 5-127 中的规定执行。

表 5-127　垂直运输（编码：011703）

项目编码	项目名称	项目特征	计量单位	工程量计算规则	工作内容
011703001	垂直运输	1. 建筑物建筑类型及结构形式 2. 地下室建筑面积 3. 建筑物檐口高度、层数	1. m² 2. 天	1. 按建筑面积计算 2. 按施工工期日历天数计算	1. 垂直运输机械的固定装置、基础制作、安装 2. 行走式垂直运输机械轨道的铺设、拆除、摊销

注：1. 建筑物的檐口高度是指设计室外地坪至檐口滴水的高度（平屋顶系指屋面板底高度），突出主体建筑物屋顶的电梯机房、楼梯出口间、水箱间、瞭望塔、排烟机房等不计入檐口高度。

　　2. 垂直运输指施工工程在合理工期内所需垂直运输机械。

　　3. 同一建筑物有不同檐高时，按建筑物的不同檐高做纵向分割，分别计算建筑面积，以不同檐高分别编码列项。

4. 超高施工增加

超高施工增加工程量清单项目设置、项目特征描述的内容、计量单位、工程量计算规则应按表 5-128 中的规定执行。

表 5-128　超高施工增加（011704）

项目编码	项目名称	项目特征	计量单位	工程量计算规则	工作内容
011704001	超高施工增加	1. 建筑物建筑类型及结构形式 2. 建筑物檐口高度、层数 3. 单层建筑物檐口高度超过 20m，多层建筑物超过 6 层部分的建筑面积	m²	按建筑物超高部分的建筑面积计算	1. 建筑物超高引起的人工工效降低以及由于人工工效降低引起的机械降效 2. 高层施工用水加压水泵的安装、拆除及工作台班 3. 通信联络设备的使用及摊销

注：1. 单层建筑物檐口高度超过 20m，多层建筑物超过 6 层时，可按超高部分的建筑面积计算超高施工增加。计算层数时，地下室不计入层数。

　　2. 同一建筑物有不同檐高时，可按不同高度的建筑面积分别计算建筑面积，以不同檐高分别编码列项。

5. 大型机械设备进出场及安拆

大型机械设备进出场及安拆工程量清单项目设置、项目特征描述的内容及计量单位及工程量计算规则应按表 5-129 中的规定执行。

表 5-129 大型机械设备进出场及安拆（编码：011705001）

项目编码	项目名称	项目特征	计量单位	工程量计算规则	工作内容
011705001	大型机械设备进出场及安拆	1. 机械设备名称 2. 机械设备规格型号	台次	按使用机械设备的数量计算	1. 安拆费包括施工机械、设备在现场进行安装拆卸所需人工、材料、机械和试运转费用以及机械辅助设施的折旧、搭设、拆除等费用 2. 进出场费包括施工机械、设备整体或分体自停放地点运至施工现场或由一施工地点运至另一施工地点所发生的运输、装卸、辅助材料等费用

6. 施工排水、降水

施工排水、降水工程量清单项目设置、项目特征描述的内容、计量单位及工程量计算规则应按表 5-130 中的规定执行。

表 5-130 施工排水、降水（编码：011706）

项目编码	项目名称	项目特征	计量单位	工程量计算规则	工作内容
011706001	成井	1. 成井方式 2. 地层情况 3. 成井直径 4. 井（滤）管类型、直径	m	按设计图示尺寸以钻孔深度计算	1. 准备钻孔机械、埋设护筒、钻机就位；泥浆制作、固壁；成孔、出渣、清孔等 2. 对接上、下井管（滤管），焊接，安放，下滤料，洗井，连接试抽等
011706002	排水、降水	1. 机械规格型号 2. 降排水管规格	昼夜	按排、降水日历天数计算	1. 管道安装、拆除，场内搬运等 2. 抽水、值班、降水设备维修等

注：相应专项设计不具备时，可按暂估量计算。

7. 安全文明施工及其他措施项目

安全文明施工及其他措施项目工程量清单项目设置、计量单位、工作内容及包含范围应按表 5-131 中的规定执行。

表 5-131　安全文明施工及其他措施项目（编码：011707）

项目编码	项目名称	工作内容及包含范围
011707001	安全文明施工	1. 环境保护：现场施工机械设备降低噪声、防扰民措施；水泥和其他易飞扬细颗粒建筑材料密闭存放或采取覆盖措施等；工程防扬尘洒水；土石方、建渣外运车辆防护措施等；现场污染源的控制、生活垃圾清理外运、场地排水排污措施；其他环境保护措施 2. 文明施工："五牌一图"；现场围挡的墙面美化（包括内外粉刷、刷白、标语等）、压顶装饰；现场厕所便槽刷白、贴面砖，水泥砂浆地面或地砖，建筑物内临时便溺设施；其他施工现场临时设施的装饰装修、美化措施；现场生活卫生设施；符合卫生要求的饮水设备、淋浴、消毒等设施；生活用洁净燃料；防煤气中毒、防蚊虫叮咬等措施；施工现场操作场地的硬化；现场绿化、治安综合治理；现场配备医药保健器材、物品和急救人员培训；现场工人的防暑降温、电风扇、空调等设备及用电；其他文明施工措施 3. 安全施工：安全资料、特殊作业专项方案的编制，安全施工标志的购置及安全宣传；"三宝"（安全帽、安全带、安全网）、"四口"（楼梯口、电梯井口、通道口、预留洞口）、"五临边"（阳台围边、楼板围边、屋面围边、槽坑围边、卸料平台两侧），水平防护架、垂直防护架、外架封闭等防护；施工安全用电，包括配电箱三级配电、两级保护装置要求，外电防护措施；起重机、塔吊等起重设备（含井架、门架）及外用电梯的安全防护措施（含警示标志）及卸料平台的临边防护、层间安全门、防护棚等设施，建筑工地起重机械的检验检测，施工机具防护棚及其围栏的安全保护设施，施工安全防护通道，工人的安全防护用品、用具购置；消防设施与消防器材的配置；电气保护、安全照明设施，其他安全防护措施 4. 临时设施：施工现场采用彩色、定型钢板，砖、混凝土砌块等围挡的安砌、维修、拆除；施工现场临时建筑物、构筑物的搭设、维修、拆除，如临时宿舍、办公室、食堂、厨房、厕所、诊疗所、临时文化福利用房、临时仓库、加工场、搅拌台、临时简易水塔、水池等，施工现场临时设施的搭设、维修、拆除，如临时供水管道、临时供电管线、小型临时设施等；施工现场规定范围内临时简易道路铺设，临时排水沟、排水设施安砌、维修、拆除，其他临时设施搭设、维修、拆除
011707002	夜间施工	1. 夜间固定照明灯具和临时可移动照明灯具的设置、拆除 2. 夜间施工时，施工现场交通标志、安全标牌、警示灯等的设置、移动、拆除 3. 包括夜间照明设备及照明用电、施工人员夜班补助、夜间施工劳动效率降低等

续表

项目编码	项目名称	工作内容及包含范围
011707003	非夜间施工照明	为保证工程施工正常进行，在地下室等特殊施工部位施工时所采用的照明设备的安拆、维护及照明用电等
011707004	二次搬运	由于施工场地条件限制而发生的材料、成品、半成品等一次运输不能到达堆放地点，必须进行的二次或多次搬运
011707005	冻雨季施工	1. 冬雨（风）季施工时增加的临时设施（防寒保温、防雨、防风设施）的搭设、拆除 2. 冬雨（风）季施工时，对砌体、混凝土等采用的特殊加温、保温和养护措施 3. 冬雨（风）季施工时，施工现场的防滑处理、对影响施工的雨雪的清除 4. 包括冬雨（风）季施工时增加的临时设施、施工人员的劳动保护用品、冬雨（风）季施工劳动效率降低等
011707006	地上、地下设施、建筑物的临时保护设施	在工程施工过程中，对已建成的地上、地下设施和建筑物进行的遮盖、封闭、隔离等必要保护措施
011707007	已完工程及设备保护	对已完工程及设备采取的覆盖、包裹、封闭、隔离等必要保护措施

注：本表所列项目应根据工程实际情况计算措施项目费用，需分摊的应合理计算摊销费用。

二、措施项目工程量计算实例

【例 5-30】 如图 5-34 所示为某工程框架结构建筑物某层现浇混凝土及钢

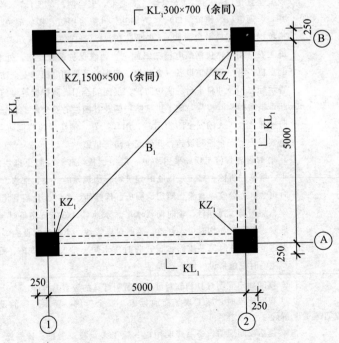

图 5-34 某工程现浇混凝土及钢筋混凝土柱梁板结构示意图

筋混凝土柱梁板结构图，层高为 3.0m，其中板厚为 120mm，梁、板顶标高为 +6.00m，柱的区域部分为（+3.0m～+6.00m）。该工程在招标文件中要求，模板单列，不计入混凝土实体项目综合单价，不采用清水模板。试列出该层现浇混凝土及钢筋混凝土柱、梁、板、模板工程的分部分项工程量清单。

【解】

清单工程量计算表见表 5-132，分部分项工程和单价措施项目清单与计价表见表 5-133。

表 5-132　清单工程量计算表

工程名称：某工程

序号	项目编码	项目名称	计算式	工程量合计	计量单位
1	011702002001	矩形柱	$S=4\times3\times0.5\times4-0.3\times0.7\times2-0.2\times0.12\times2=22.13m^2$	22.13	m^2
2	011702006001	矩形梁	$S=[(5-0.5)\times(0.7\times2+0.3)]-4.5\times0.12\times4=28.44m^2$	28.44	m^2
3	011702014001	板	$S=(5.5-2\times0.3\times5.5-2\times0.3)-0.2\times0.2\times4=4.9\times4.9-0.2\times0.2\times4=23.85m^2$	23.85	m^2

注：根据规范规定，现浇框架结构分别按柱、梁、板计算。

表 5-133　分部分项工程和单价措施项目清单与计价表

工程名称：某工程

序号	项目编号	项目名称	项目特征描述	计算单位	工程量	金额/元 综合单价	合价
1	011702002001	矩形柱	KZ_1 1500×500	m^2	22.13		
2	011702006001	矩形梁	KL_1 300×700	m^2	28.44		
3	011702014001	板	板厚 120mm	m^2	23.85		

注：根据规范规定，若现浇混凝土梁、板支撑高度超过 3.6m 时，项目特征要描述支撑高度，否则不描述。

【例 5-31】　某高层建筑如图 5-35 所示，框剪结构，女儿墙高度为 1.8m，由某总承包公司承包，施工组织设计中，垂直运输采用自升式塔式起重机及单笼施工电梯。试列出该高层建筑物的垂直运输、超高施工增加的分部分项工程量清单。

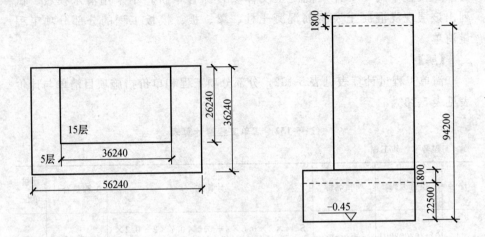

图 5-35 某高层建筑示意图（单位：mm）

【解】

清单工程量计算表见表 5-134，分部分项工程和单价措施项目清单与计价表见表 5-135。

表 5-134 清单工程量计算表

工程名称：某工程

序号	项目编码	项目名称	计算式	工程量合计	计量单位
1	011704001001	垂直运输（檐高 94.20m 以内）	26.24×36.24×5＋36.24×26.24×15	19018.75	m²
2	011704001002	垂直运输（檐高 22.50m 以内）	（56.24×36.24－36.24×26.24）×5	5436.00	m²
3	011705001001	超高施工增加	36.24×26.24×14	13313.13	m²

表 5-135　分部分项工程和单价措施项目清单与计价表

序号	项目编号	项目名称	项目特征描述	计算单位	工程量	金额/元	
						综合单价	合价
1	011704001001	垂直运输（檐高94.20m以内）	1. 建筑物建筑类型及结构形式：现浇框架结构 2. 建筑物檐口高度、层数：94.20m、20层	m²	19018.75		
2	011704001002	垂直运输（檐高22.50m以内）	1. 建筑物建筑类型及结构形式：现浇框架结构 2. 建筑物檐口高度、层数：22.50m、5层	m²	5436.00		
3	011705001001	超高施工增加	1. 建筑物建筑类型及结构形式：现浇框架结构 2. 建筑物檐口高度、层数：94.20m、20层	m²	13313.13		

注：规范规定，同一建筑物有不同檐高时，按建筑物不同檐高做纵向分割，分别计算建筑面积，以不同檐高分别编码列项。

第六章　建筑工程竣工结算

第一节　建筑工程结算概述

一、建筑工程结算概述

根据《建设工程工程量清单计价规范》GB 50500—2013 定义，竣工结算价是指发承包双方依据国家有关法律、法规和标准规定，按照合同约定确定的，包括在履行合同过程中按合同约定进行的合同价款调整，是承包人按合同约定完成了全部承包工作后，发包人应付给承包人的合同总金额。当单项工程、单位工程、分部工程或分项工程完工，并经建设单位及有关部门验收或验收移交后，发承包双方的财务往来是通过工程结算来结清的。招标文件中的工程量清单标明的工程量是投标人投标报价的共同基础，而竣工结算的工程数量是按发承包双方在合同中约定应予计量且实际完成的工程量。

建筑工程结算是建筑安装施工企业在完成工程任务过程中，由于材料及设备的采购、劳务供应、已完工程以及单位之间的资金调拨等经济活动所引起的与建设单位之间发生的货币收付现象，其目的是用来补偿施工工程中的资金和物资的耗用，确保施工能够顺利进行。施工企业必须按照工程合同的规定，与建设单位办理工程结算。工程结算是施工企业用来确定工程实际成本、编制竣工决算以及统计施工企业完成生产计划和建设单位完成建设投资任务的重要依据。工程结算标志着施工企业和建设单位双方所承担的合同义务和经济责任的结束。

工程价款结算是施工企业在完成建筑工程的任务过程中的主要结算方式。所谓工程价款结算是指承包商在工程实施过程中，依据承包合同中关于付款条款的规定和已经完成的工程量，按照规定的程序向建设单位（业主）收取工程价款的一项经济活动。

二、建筑工程结算分类

由于建筑安装工程建设周期长、投资大，若等工程全部完工再结算，施工单位一般难以承受建设期间的资金支出。因此，必须通过工程价款的定期或分期结算，以补充施工单位在建设过程中消耗的生产资料、支付工人的报酬以及所需的其他周转资金。根据工程建设时期的不同以及结算对象的不同，可以将工程结算分为以下几种：

1. 工程预付款

工程预付款（又称工程备料款）是指根据工程承包合同（协议），由施工单位自行采购建筑材料，建设单位在工程开工前按年度工程量的一定比例预付给施工单位的备料款，工程预付款的结算是指在工程后期随工程所需材料储备逐渐减少，预付款以抵扣工程价款的方式陆续扣回。

2. 中间结算

中间结算是指在工程建设过程中，施工单位根据实际完成的工程数量计算工程价款与建设单位办理的价款结算。中间结算又可分为按月结算和分段结算两种。

3. 竣工结算

竣工结算是指施工单位按合同（协议）规定的内容全部完工、交工后，施工单位与建设单位按照合同（协议）约定的合同价款及合同价款调整内容进行的最终工程价款结算。

三、工程价款结算方式

1. 按月结算

按月结算是指实行旬末或月中预支，月终结算，竣工后清算的方法。跨年度竣工的工程，在年终进行工程盘点，办理年度结算。我国现行建筑安装工程价款结算时通常采用按月结算。

2. 竣工后一次结算

建设项目或单项工程全部建筑安装工程建设期在 12 个月以内或工程承包合同价值在 100 万元以下者，可以实行工程价款每月月中预支，竣工后一次结算的方式进行结算。

3. 分段结算

分段结算即当年开工，但不能当年竣工的单项工程或单位工程按照工程进度，划分不同阶段进行结算。分段结算可以按月预支工程款。分段的划分标准，由各部门、自治区、直辖市、计划单列市自行规定。

4. 目标结款方式

目标结款是指在工程合同中，将承包工程的内容分解成不同的控制界面，并以业主验收控制界面作为支付工程价款的前提条件。也就是说，将合同中的工程内容分解成不同的验收单元，当承包商完成单元工程内容并经业主（或其委托人）验收后，业主支付构成单元工程内容的工程价款。

目标结款方式下，承包商要想获得工程价款，必须按照合同约定的质量标准完成界面内的工程内容；要想尽早获得工程价款，承包商必须充分发挥自己组织实施能力，在保证质量前提下，加快施工进度。这就意味着当承包商拖延工期时，则业主推迟付款，增加承包商的财务费用、运营成本，降低承包商的收益，客观上使承包商因延迟工期而遭受损失。同理，当承包商积极组织施工，提前完成控制界面内的工程内容则承包商可提前获得工程价款，增加承包收益，客观上承包商因提前工期而增加了有效利润。同时，因承包商在界面内质量达不到合同约定的标准而业主不予验收，承包商也会因此而遭受损失。可见，目标结款方式实质上是运用合同手段、财务手段对工程的完成进行主动控制。

目标结款方式中，对控制界面的设定应明确描述，便于量化和质量控制，同时要适应项目资金的供应周期和支付频率。

第二节　工程结算编制

一、工程结算的编制依据

1）国家有关法律、法规、规章制度和相关的司法解释。

2）国务院建设行政主管部门以及各省、自治区、直辖市和有关部门发布的工程造价计价标准、计价办法、有关规定及相关解释。

3）施工发承包合同、专业分包合同及补充合同，有关材料、设备采购合同。

4）招投标文件，包括招标答疑文件、投标承诺、中标报价书及其组成内容。

5）工程竣工图或施工图、施工图会审记录、经批准的施工组织设计，以及设计变更、工程洽商和相关会议纪要。

6）经批准的开、竣工报告或停、复工报告。

7）建设工程工程量清单计价规范或工程预算定额、费用定额及价格信息、调价规定等。

　　8）工程预算书。

　　9）影响工程造价的相关资料。

　　10）结算编制委托合同。

　　二、工程结算的编制程序

　　1）工程结算应按准备、编制和定稿三个工作阶段进行，并实行编制人、校对人和审核人分别署名盖章确认的内部审核制度。

　　2）结算编制准备阶段。

　　① 收集与工程结算编制相关的原始资料。

　　② 熟悉工程结算资料内容，进行分类、归纳、整理。

　　③ 召集相关单位或部门的有关人员参加工程结算预备会议，对结算内容和结算资料进行核对与充实完善。

　　④ 收集建设期内影响合同价格的法律和政策性文件。

　　3）结算编制阶段。

　　① 根据竣工图及施工图以及施工组织设计进行现场踏勘，对需要调整的工程项目进行观察、对照、必要的现场实测和计算，做好书面或影像记录。

　　② 按既定的工程量计算规则计算需调整的分部分项、施工措施或其他项目工程量。

　　③ 按招投标文件、施工发承包合同规定的计价原则和计价办法对分部分项、施工措施或其他项目进行计价。

　　④ 对于工程量清单或定额缺项以及采用新材料、新设备、新工艺的，应根据施工过程中的合理消耗和市场价格，编制综合单价或单位估价分析表。

　　⑤ 工程索赔应按合同约定的索赔处理原则、程序和计算方法，提出索赔费用，经发包人确认后作为结算依据。

　　⑥ 汇总计算工程费用，包括编制分部分项工程费、施工措施项目费、其他项目费、零星工作项目费或直接费、间接费、利润和税金等表格，初步确定工程结算价格。

　　⑦ 编写编制说明。

　　⑧ 计算主要技术经济指标。

　　⑨ 提交结算编制的初步成果文件待校对、审核。

　　4）结算编制定稿阶段。

　　① 由结算编制受托人单位的部门负责人对初步成果文件进行检查、校对。

　　② 由结算编制受托人单位的主管负责人审核批准。

　　③ 在合同约定的期限内，向委托人提交经编制人、校对人、审核人和受

托人单位盖章确认的正式的结算编制文件。

三、工程结算的编制内容

1）采用工程量清单计价的工程结算主要应包括：

① 工程项目的所有分部分项工程量，以及实施工程项目采用的措施项目工程量。

② 为完成所有工程量并按规定计算的人工费、材料费、设备费、机械费、间接费、利润和税金。

③ 分部分项和措施项目以外的其他项目所需计算的各项费用。

2）采用定额计价的工程结算应包括：套用定额的分部分项工程量、措施项目工程量和其他项目，以及为完成所有工程量和其他项目并按规定计算的人工费、材料费、设备费、机械费、间接费、利润和税金。

3）采用工程量清单或定额计价的工程结算还应包括：

① 设计变更和工程变更费用。

② 索赔费用。

③ 合同约定的其他费用。

四、工程结算的编制方法

1）工程结算的编制应区分施工发承包合同类型，采用相应的编制方法。

① 采用总价合同时，应在合同价基础上对设计变更、工程洽商以及工程索赔等合同约定可以调整的内容进行调整。

② 采用单价合同时，应计算或核定竣工图或施工图以内的各个分部分项工程量，依据合同约定的方式确定分部分项工程项目价格，并对设计变更、工程洽商、施工措施以及工程索赔等内容进行调整。

③ 采用成本加酬金合同时，应依据合同约定的方法计算各个分部分项工程以及设计变更、工程洽商、施工措施等内容的工程成本，并计算酬金以及有关税费。

2）工程结算中涉及工程单价调整时，应当遵循以下原则：

① 合同中已有适用于变更工程、新增工程单价的，按已有的单价结算。

② 合同中类似变更工程、新增工程单价，可以参照类似单价作结算依据。

③ 合同中没有适用或类似变更工程、新增工程单价的，结算编制受托人可商洽承包人或发包人提出适当的价格，经对方确认后作为结算依据。

3）工程结算编制中涉及的工程单价应按合同要求分别采用综合单价或工料单价。

① 综合单价。把分部分项工程单价综合成全费用单价，其内容包括直接

费（直接工程费和措施费）、间接费、利润和税金，经综合计算后生成。各分项工程量乘以综合单价的合价汇总后，生成工程结算价。工程量清单计价的工程项目应采用综合单价。

② 工料单价。把分部分项工程量乘以单价形成直接工程费，加上按规定标准计算的措施费，构成直接费。直接工程费由人工、材料、机械的消耗量及其相应价格确定。直接费汇总后另计算间接费、利润、税金，生成工程结算价。定额计价的工程项目可采用工料单价。

第三节　工程结算审查

一、工程结算的审查依据

1）工程结算审查委托合同和完整、有效的工程结算文件。

2）国家有关法律、法规、规章制度和相关的司法解释。

3）国务院建设行政主管部门以及各省、自治区、直辖市和有关部门发布的工程造价计价标准、计价办法、有关规定及相关解释。

4）施工发承包合同、专业分包合同及补充合同；有关材料、设备采购合同；招投标文件，包括招标答疑文件、投标承诺、中标报价书及其组成内容。

5）工程竣工图或施工图、施工图会审记录、经批准的施工组织设计，以及设计变更、工程洽商和相关会议纪要。

6）经批准的开、竣工报告或停、复工报告。

7）建设工程工程量清单计价规范或工程预算定额、费用定额及价格信息、调价规定等。

8）工程结算审查的其他专项规定。

9）影响工程造价的其他相关资料。

二、工程结算的审查程序

工程结算审查应按准备、审查和审定三个工作阶段进行，并实行编制人、校对人和审核人分别署名盖章确认的内部审核制度。

1. 结算审查准备阶段

1）审查工程结算手续的完备性、资料内容的完整性，对不符合要求的应退回限时补正。

2）审查计价依据及资料与工程结算的相关性、有效性。

3）熟悉招投标文件、工程发承包合同、主要材料设备采购合同及相关文件。

4）熟悉竣工图纸或施工图纸、施工组织设计、工程状况，以及设计变更、工程洽商和工程索赔情况等。

2. 结算审查阶段

1）审查结算项目范围、内容与合同约定的项目范围、内容的一致性。

2）审查工程量计算准确性、工程量计算规则与计价规范或定额保持一致性。

3）审查结算单价时应严格执行合同约定或现行的计价原则、方法。对于清单或定额缺项以及采用新材料、新工艺的，应根据施工过程中的合理消耗和市场价格审核结算单价。

4）审查变更身份证凭据的真实性、合法性、有效性，核准变更工程费用。

5）审查索赔是否依据合同约定的索赔处理原则、程序和计算方法以及索赔费用的真实性、合法性、准确性。

6）审查取费标准时，应严格执行合同约定的费用定额标准及有关规定，并审查取费依据的时效性、相符性。

7）编制与结算相对应的结算审查对比表。

3. 结算审定阶段

1）工程结算审查初稿编制完成后，应召开由结算编制人、结算审查委托人及结算审查受托人共同参加的会议，听取意见，并进行合理的调整。

2）由结算审查受托人单位的部门负责人对结算审查的初步成果文件进行检查、校对。

3）由结算审查受托人单位的主管负责人审核批准。

4）发承包双方代表人和审查人应分别在"结算审定签署表"上签认并加盖公章。

5）对结算审查结论有分歧的，应在出具结算审查报告前，至少组织两次协调会；凡不能共同签认的，审查受托人可适时结束审查工作，并作出必要说明。

6）在合同约定的期限内，向委托人提交经结算审查编制人、校对人、审核人和受托人单位盖章确认的正式的结算审查报告。

三、工程结算的审查内容

1）审查结算的递交程序和资料的完备性。

① 审查结算资料递交手续、程序的合法性，以及结算资料具有的法律效力。

② 审查结算资料的完整性、真实性和相符性。

2）审查与结算有关的各项内容。

① 建设工程发承包合同及其补充合同的合法性和有效性。

② 施工发承包合同范围以外调整的工程价款。

③ 分部分项、措施项目、其他项目工程量及单价。

④ 发包人单独分包工程项目的界面划分和总包人的配合费用。

⑤ 工程变更、索赔、奖励及违约费用。

⑥ 取费、税金、政策性调整以及材料价差计算。

⑦ 实际施工工期与合同工期发生差异的原因和责任，以及对工程造价的影响程度。

⑧ 其他涉及工程造价的内容。

四、工程结算的审查方法

1）工程结算的审查应依据施工发承包合同约定的结算方法进行，根据施工发承包合同类型，采用不同的审查方法。

① 采用总价合同的，应在合同价的基础上对设计变更、工程洽商以及工程索赔等合同约定可以调整的内容进行审查。

② 采用单价合同的，应审查施工图以内的各个分部分项工程量，依据合同约定的方式审查分部分项工程价格，并对设计变更、工程洽商、工程索赔等调整内容进行审查。

③ 采用成本加酬金合同的，应依据合同约定的方法审查各个分部分项工程以及设计变更、工程洽商等内容的工程成本，并审查酬金及有关税费的取定。

2）结算审查中涉及工程单价调整时，应参照结算编制单价调整的方法实行。

3）除了已有约定的，对已被列入审查范围的内容，结算采用全面审查的方法。

4）对法院、仲裁或承发包双方合意共同委托的未确定计价方法的工程结算审查或鉴定，结算审查受托人可根据事实和国家法律、法规和建设行政主管部门的有关规定，独立选择鉴定或审查适用的计价方法。

第七章 建筑工程工程量清单
计价编制实例

一、招标工程量清单编制（委托工程造价咨询人编制）（表 7-1～表 7-14）

表 7-1　招标工程量清单封面

×× 中学教学楼　工程

招 标 工 程 量 清 单

招 标 人：　　×× 中学　　
　　　　　（单位盖章）

造价咨询人：　　×× 工程造价咨询企业　　
　　　　　　（单位盖章）

×× 年 × 月 × 日

表 7-2　招标工程量清单扉页

×× 中学教学楼　工程

招 标 工 程 量 清 单

招标人：　×× 中学　　
（单位盖章）

造价咨询人：　　×× 工程造价咨询企业　
　　　　　（单位资质专用章）

法定代表人：　　×× 中学　　
或其授权人：　　×××　　
（签字或盖章）

法定代表人
或其授权人：　×× 工程造价咨询企业　
　　　　　（签字或盖章）

编 制 人：　×××　　
（造价人员签字盖专用章）
编制时间：×× 年 × 月 × 日

复 核 人：　×××　　
（造价工程师签字盖专用章）
复核时间：×× 年 × 月 × 日

表 7-3　总说明

工程名称：××中学教学楼工程　　　　　　　　　　　　　　　　　第 1 页 共 1 页

1. 工程概况：本工程为砖混结构，采用混凝土灌注桩，建筑层数为六层，建筑面积 10940m²，计划工期为 200 日历天。施工现场距教学楼最近处为 20m，施工中应注意采取相应的防噪措施。

2. 工程招标范围：本次招标范围为施工图范围内的建筑工程和安装工程。

3. 工程量清单编制依据：

(1) 教学楼施工图。

(2)《建设工程工程量清单计价规范》GB 50500—2013。

(3)《房屋建筑与装饰工程工程量计算规范》GB 50854—2013。

(4) 拟定的招标文件。

(5) 相关的规范、标准图集和技术资料。

4. 其他需要说明的问题：

(1) 招标人供应现浇构件的全部钢筋，单价暂定为 4000 元/t。

承包人应在施工现场对招标人供应的钢筋进行验收、保管和使用发放。

招标人供应钢筋的价款，由招标人按每次发生的金额支付给承包人，再由承包人支付给供应商。

(2) 消防工程另进行专业发包。总承包人应配合专业工程承包人完成以下工作：

1) 为消防工程承包人提供施工工作面并对施工现场进行统一管理，对竣工资料进行统一整理汇总。

2) 为消防工程承包人提供垂直运输机械和焊接电源接入点，并承担垂直运输费和电费。

表 7-4　分部分项工程和单价措施项目清单与计价表（一）

工程名称：××中学教学楼工程　　　　　标段：　　　　　　第 1 页 共 4 页

序号	项目编号	项目名称	项目特征描述	计算单位	工程量	金额/元		
						综合单价	合价	其中 暂估价
			0101 土石方工程					
1	010101003001	挖沟槽土方	三类土，垫层底宽 2m，挖土深度＜4m，弃土运距＜10km	m³	1432			
			（其他略）					
			分部小计					
			0103 桩基工程					
2	010302003001	泥浆护壁混凝土灌注桩	桩长 10m，护壁段长 9m，共 42 根，桩直径 1000mm，扩大头直径 1100mm，桩混凝土为 C25，护壁混凝土为 C20	m	420			
			（其他略）					
			分部小计					
			0104 砌筑工程					
3	010401001001	条形砖基础	M10 水泥砂浆，MU15 页岩砖 240mm×115mm×53mm	m³	239			
4	010401003001	实心砖墙	M7.5 混合砂浆，MU15 页岩砖 240mm×115mm×53mm，墙厚度 240mm	m³	2037			
			（其他略）					
			分部小计					
			0105 混凝土及钢筋混凝土工程					
5	010503001001	基础梁	C30 预拌混凝土，梁底标高－1.55m	m³	208			
6	010515001001	现浇构件钢筋	螺纹钢 Q235，φ14mm	t	200			
			（其他略）					
			分部小计					
			本页小计					
			合计					

注：为计取规费等的使用，可在表中增设其中："定额人工费"。

表 7-4 分部分项工程和单价措施项目清单与计价表（二）

工程名称：××中学教学楼工程　　　　标段：　　　　　　　第 2 页 共 4 页

序号	项目编号	项目名称	项目特征描述	计算单位	工程量	综合单价	合价	其中暂估价
			0106 金属结构工程					
7	010606008001	钢爬梯	U 型，型钢品种、规格详见施工图	t	0.258			
			分部小计					
			0108 门窗工程					
8	010807001001	塑钢窗	80 系列 LC0915 塑钢平开窗带纱 5mm 白玻璃	m²	900			
			（其他略）					
			分部小计					
			0109 屋面及防水工程					
9	010902003001	屋面刚性防水	C20 细石混凝土，厚 40mm，建筑油膏嵌缝	m²	1853			
			（其他略）					
			分部小计					
			0110 保温、隔热、防腐工程					
10	011001001001	保温隔热屋面	沥青珍珠岩块 500mm×500mm×150mm，1：3 水泥砂浆护面，厚 25mm	m²	1853			
			（其他略）					
			分部小计					
			0111 楼地面装饰工程					
11	011101001001	水泥砂浆楼地面	1：3 水泥砂浆找平层，厚 20mm，1：2 水泥砂浆面层，厚 25mm	m²	6500			
			（其他略）					
			分部小计					
			本页小计					
			合计					

注：为计取规费等的使用，可在表中增设其中："定额人工费"。

表7-4 分部分项工程和单价措施项目清单与计价表（三）

工程名称：××中学教学楼工程　　　　标段：　　　　　　　　第3页 共4页

序号	项目编号	项目名称	项目特征描述	计算单位	工程量	综合单价	合价	其中暂估价
			0112 墙、柱面装饰与隔断、幕墙工程					
12	011201001001	外墙面抹灰	页岩砖墙面，1∶3水泥砂浆底层，厚15mm，1∶2.5水泥砂浆面层，厚6mm	m²	4050			
13	011202001001	柱面抹灰	混凝土柱面，1∶3水泥砂浆底层，厚15mm，1∶2.5水泥砂浆面层，厚6mm	m²	850			
			（其他略）					
			分部小计					
			0113 天棚工程					
14	011301001001	混凝土天棚抹灰	基层刷水泥浆一道加107胶，1∶0.5∶2.5水泥石灰砂浆底层，厚12mm，1∶0.3∶3水泥石灰砂浆面层厚4mm	m²	7000			
			（其他略）					
			分部小计					
			0114 油漆、涂料、裱糊工程					
15	011407001001	外墙乳胶漆	基层抹灰面满刮成品耐水腻子三遍磨平，乳胶漆一底二面	m²	4050			
			（其他略）					
			分部小计					
			0117 措施项目					
16	011701001001	综合脚手架	砖混、檐高22m	m²	10940			
			（其他略）					
			分部小计					
			本页小计					
			合计					

注：为计取规费等的使用，可在表中增设其中："定额人工费"。

表 7-4　分部分项工程和单价措施项目清单与计价表（四）

工程名称：××中学教学楼工程　　　　　标段：　　　　　　　　　　第 4 页 共 4 页

序号	项目编号	项目名称	项目特征描述	计算单位	工程量	金额/元		
						综合单价	合价	其中
								暂估价
			0304 电气设备安装工程					
17	030404035001	插座安装	单相三孔插座，250V/10A	个	1224			
18	030411001001	电气配管	砖墙暗配 PC20 阻燃 PVC 管	m	9858			
			（其他略）					
			分部小计					
			0310 给水排水安装工程					
19	031001006001	塑料给水管安装	室内 DN20/PP-R 给水管，热熔连接	m	1569			
20	031001006002	塑料排水管安装	室内 φ110UPVC 排水管，承插胶粘接	m	849			
			（其他略）					
			分部小计					
			本页小计					
			合　计					

注：为计取规费等的使用，可在表中增设其中："定额人工费"。

表 7-5　总价措施项目清单与计价表

工程名称：××中学教学楼工程　　　　　标段：　　　　　　　　　　第 1 页 共 1 页

序号	项目编码	项目名称	计算基础	费率/%	金额/元	调整费率/%	调整后金额/元	备注
		安全文明施工费						
		夜间施工增加费						
		二次搬运费						
		冬雨季施工增加费						
		已完工程及设备保护费						
		合　计						

编制人（造价人员）：　　　　　　　复核人（造价工程师）：

注：1．"计算基础"中安全文明施工费可为"定额基价"、"定额人工费"或"定额人工费＋定额机械费"，其他项目可为"定额人工费"或"定额人工费＋定额机械费"。

2．按施工方案计算的措施费，若无"计算基础"和"费率"的数值，也可只填"金额"数值，但应在备注栏说明施工方案出处或计算方法。

表 7-6 其他项目清单与计价汇总表

工程名称：××中学教学楼工程　　　　　标段：　　　　　　　　　第 1 页 共 1 页

序号	项目名称	金额/元	结算金额/元	备注
1	暂列金额	350000		明细详见表 7-7
2	暂估价	200000		
2.1	材料暂估价	—		明细详见表 7-8
2.2	专业工程暂估价	200000		明细详见表 7-9
3	计日工			明细详见表 7-10
4	总承包服务费			明细详见表 7-11
5				
	合 计	550000		—

注：材料（工程设备）暂估价进入清单项目综合单价，此处不汇总。

表 7-7 暂列金额明细表

工程名称：××中学教学楼工程　　　　　标段：　　　　　　　　　第 1 页 共 1 页

序号	项目名称	计量单位	暂定金额/元	备注
1	自行车棚工程	项	100000	
2	工程量偏差和设计变更	项	100000	
3	政策性调整和材料价格波动	项	100000	
4	其他	项	50000	
5				
6				
7				
8				
9				
10				
	合 计		350000	—

注：此表由招标人填写，如不能详列，也可只列暂定金额总额，投标人应将上述暂列金额计入投标总价中。

表 7-8 材料 (工程设备) 暂估单价及调整表

工程名称：××中学教学楼工程　　　　　　标段：　　　　　　　　第 1 页 共 1 页

序号	材料 (工程设备) 名称、规格、型号	计量单位	数量		暂估/元		确认/元		差额±/元		备注
			暂估	确认	单价	合价	单价	合价	单价	合价	
1	钢筋 (规格见施工图)	t	200		4000		800000				用于现浇钢筋混凝土项目
2	低压开关柜 (CGD 190380/220V)	t	1		45000		45000				用于低压开关柜安装项目
合 计							845000				

注：此表由招标人填写"暂估单价"，并在备注栏说明暂估价的材料、工程设备拟用在哪些清单项目上，投标人应将上述材料、工程设备暂估单价计入工程量清单综合单价报价中。

表 7-9 专业工程暂估价及结算价表

工程名称：××中学教学楼工程　　　　　　标段：　　　　　　　　第 1 页 共 1 页

序号	工程名称	工程内容	暂估金额/元	结算金额/元	差额±/元	备注
1	消防工程	合同图纸中标明的以及消防工程规范和技术说明中规定的各系统中的设备、管道、阀门、线缆等的供应、安装和调试工作	200000			
合 计			200000			

注：此表"暂估金额"由招标人填写，投标人应将"暂估金额"计入投标总价中，结算时按合同约定结算金额填写。

表 7-10　计日工表

工程名称：××中学教学楼工程　　　　　　标段：　　　　　　　　　第1页 共1页

编号	项目名称	单位	暂定数量	实际数量	综合单价/元	合价/元	
						暂定	实际
一	人工						
1	普工	工日	100				
2	机工	工日	60				
3							
	人工小计						
二	材料						
1	钢筋（规格见施工图）	t	1				
2	水泥 42.5	t	2				
3	中砂	m³	10				
4	砾石（5～40mm）	m³	5				
5	页岩砖（240mm×115mm×53mm）	千块	1				
6							
	材料小计						
三	施工机械						
1	自升式塔式起重机	台班	5				
2	灰浆搅拌机（400L）	台班	2				
3							
	施工机械小计						
四、企业管理费和利润							
	总　计						

　　注：此表项目名称、暂定数量由招标人填写，编制招标控制价时，单价由招标人按有关计价规定
　　　　确定；投标时，单价由投标人自主报价，按暂定数量计算合价计入投标总价中。结算时，按
　　　　发承包双方确认的实际数量计算合价。

表 7-11 总承包服务费计价表

工程名称：××中学教学楼工程　　　　标段：　　　　　　第 1 页 共 1 页

序号	项目名称	项目价值/元	服务内容	计算基础	费率/%	金额/元
1	发包人发包专业工程	200000	1. 按专业工程承包人的要求提供施工工作面并对施工现场进行统一管理，对竣工资料进行统一整汇总 2. 为专业工程承包人提供垂直运输机械和焊接电源接入点，并承担垂直运输费和电费			
2	发包人供应材料	845000				
	合计	—		—		—

注：此表项目名称、服务内容有招标人填写，编制招标控制价时，费率及金额由招标人按有关计价规定确定；投标时，费率及金额由投标人自主报价，计入投标总价中。

表 7-12 规费、税金项目计价表

工程名称：××中学教学楼工程　　　　标段：　　　　　　第 1 页 共 1 页

序号	项目名称	计算基础	计算基数	计算费率/%	金额/元
1	规费	定额人工费			
1.1	社会保险费	定额人工费			
(1)	养老保险费	定额人工费			
(2)	失业保险费	定额人工费			
(3)	医疗保险费	定额人工费			
(4)	工伤保险费	定额人工费			
(5)	生育保险费	定额人工费			
1.2	住房公积金	定额人工费			
1.3	工程排污费	按工程所在地环境保护部门收取标准，按实计入			
2	税金	分部分项工程费＋措施项目费＋其他项目费＋规费－按规定不计税的工程设备金额			
	合计				

编制人（造价人员）：　　　　　　　　　　　　　复核人（造价工程师）：

表 7-13 发包人提供材料和工程设备一览表

工程名称：××中学教学楼工程　　　　标段：　　　　　　第1页 共1页

序号	材料（工程设备）名称、规格、型号	单位	数量	单价/元	交货方式	送达地点	备注
1	钢筋（规格见施工图现浇构件）	t	200	4000		工地仓库	

注：此表由招标人填写，供投标人在投标报价、确定总承包服务费时参考。

表 7-14 承包人提供主要材料和工程设备一览表
（适用于价格指数差额调整法）

工程名称：××中学教学楼工程　　　　标段：　　　　　　第1页 共1页

序号	名称、规格、型号	变值权重 B	基本价格指数 F_0	现行价格指数 F_t	备注
1	人工		110%		
2	钢材		4000 元/t		
3	预拌混凝土 C30		340 元/m³		
4	页岩砖		300 元/千块		
5	机械费		100%		
	定值权重 A				
	合 计	1	—	—	

注：1.“名称、规格、型号”、“基本价格指数”栏由招标人填写，基本价格指数应首先采用工程造价管理机构发布的价格指数，没有时，可采用发布的价格代替。如人工、机械费也采用本法调整由招标人在“名称”栏填写。

2.“定值权重”栏由投标人根据该项人工、机械费和材料、工程设备值在投标总报价中所占的比例填写，1减去其比例为定值权重。

3.“现行价格指数”按约定的付款证书相关周期最后一天的前42天的各项价格指数填写，该指数应首先采用工程造价管理机构发布的价格指数，没有时，可采用发布的价格代替。

二、投标报价编制（表 7-15～表 7-33）

表 7-15 投标总价封面

___×× 中学教学楼___ 工程

投 标 总 价

投 标 人：___××建筑公司___

（单位盖章）

××年×月×日

表 7-16 投标总价扉页

投 标 总 价

招标人：_____×× 中学_____

工程名称：_____××中学教学楼工程_____

投标总价（小写）：_____7972282 元_____

（大写）：___柒佰玖拾柒万贰仟贰佰捌拾贰元___

投 标 人：_____××建筑公司_____

（单位盖章）

法定代表人

或其授权人：_____×××_____

（签字或盖章）

编 制 人：_____×××_____

（造价人员签字盖专用章）

编制时间：××年×月×日

表 7-17　总说明

工程名称：××中学教学楼工程　　　　　　　　　　　　　　　　第 1 页 共 1 页

　　1. 工程概况：本工程为砖混结构，混凝土灌注桩基，建筑层数为六层，建筑面积 10940m²，招标计划工期为 200 日历天，投标工期为 180 日历天。

　　2. 投标报价包括范围：为本次招标的施工图范围内的建筑工程和安装工程。

　　3. 投标报价编制依据：

　　(1) 招标文件、招标工程量清单和有关报价要求，招标文件的补充通知和答疑纪要。

　　(2) 施工图及投标施工组织设计。

　　(3)《建设工程工程量清单计价规范》GB 50500—2013 以及有关的技术标准、规范和安全管理规定等。

　　(4) 省建设主管部门颁发的计价定额和计价办法及相关计价文件。

　　(5) 材料价格根据本公司掌握的价格情况并参照工程所在地工程造价管理机构××年×月工程造价信息发布的价格。单价中已包括招标文件要求的≤5%的价格波动风险。

　　4. 其他（略）。

表 7-18　建设项目投标报价汇总表

工程名称：××中学教学楼工程　　　　　　　　　　　　　　　　第 1 页 共 1 页

序号	单项工程名称	金额/元	其中：/元		
			暂估价	安全文明施工费	规费
1	教学楼工程	7972282	845000	209650	239001
	合　计	7972282	845000	209650	239001

注：本表适用于建设项目招标控制价或投标报价的汇总。

说明：本工程仅为一栋教学口，故单项工程即为建设项目。

表 7-19　单项工程投标报价汇总表

工程名称：××中学教学楼工程　　　　　　　　　　　　　　　　第 1 页 共 1 页

序号	单项工程名称	金额/元	其中：/元		
			暂估价	安全文明施工费	规费
1	教学楼工程	7972282	845000	209650	239001
	合　计	7972282	845000	209650	239001

注：本表适用于单项工程招标控制价或投标报价的汇总。暂估价包括分部分项工程中的暂估价和专业工程暂估价。

表 7-20 单位工程投标报价汇总表

工程名称：××中学教学楼工程   第 1 页 共 1 页

序号	汇总内容	金额/元	其中：暂估价/元
1	分部分项工程	6134749	845000
0101	土石方工程	99757	
0103	桩基工程	397283	
0104	砌筑工程	725456	
0105	混凝土及钢筋混凝土工程	2432419	800000
0105	金属结构工程	1794	
0108	门窗工程	366464	
0109	屋面及防水工程	251838	
0110	保温、隔热、防腐工程	133226	
0111	楼地面装饰工程	291030	
0112	墙柱面装饰与隔断、幕墙工程	418643	
0113	天棚工程	230431	
0114	油漆、涂料、裱糊工程	233606	
0304	电气设备安装工程	360140	45000
0310	给水排水安装工程	192662	
2	措施项目	738257	—
0117	其中：安全文明施工费	209650	—
3	其他项目	597288	
3.1	其中：暂列金额	350000	
3.2	其中：专业工程暂估价	200000	
3.3	其中：计日工	26528	
3.4	其中：总承包服务费	20760	
4	规费	239001	
5	税金	262887	—
	招标控制价合计＝1＋2＋3＋4＋5	7972282	845000

注：本表适用于单位工程招标控制价或投标报价的汇总，单项工程也使用本表汇总。

表 7-21　分部分项工程和单价措施项目清单与计价表（一）

工程名称：××中学教学楼工程　　　　　　　标段：　　　　　　　　第 1 页 共 4 页

序号	项目编号	项目名称	项目特征描述	计算单位	工程量	综合单价	合价	其中 暂估价
			0101 土石方工程					
1	010101003001	挖沟槽土方	三类土，垫层底宽 2m，挖土深度<4m，弃土运距<7km	m³	1432	21.92	31389	
			（其他略）					
			分部小计				99757	
			0103 桩基工程					
2	010302003001	泥浆护壁混凝土灌注桩	桩长 10m，护壁段长 9m，共 42 根，桩直径 1000mm，扩大头直径 1100mm，桩混凝土为 C25，护壁混凝土为 C20	m	420	322.06	135265	
			（其他略）					
			分部小计				397283	
			0104 砌筑工程					
3	010401001001	条形砖基础	M10 水泥砂浆，MU15 页岩砖 240mm×115mm×53mm	m³	239	290.46	69420	
4	010401003001	实心砖墙	M7.5 混合砂浆，MU15 页岩砖 240mm×115mm×53mm，墙厚度 240mm	m³	2037	304.43	620124	
			（其他略）					
			分部小计				725456	
			0105 混凝土及钢筋混凝土工程					
5	010503001001	基础梁	C30 预拌混凝土，梁底标高−1.55m	m³	208	356.14	74077	
6	010515001001	现浇构件钢筋	螺纹钢 Q235，φ14mm	t	200	4787.16	957432	800000
			（其他略）					
			分部小计				2432419	
			本页小计				3654915	800000
			合计				3654915	800000

注：为计取规费等的使用，可在表中增设其中："定额人工费"。

表 7-21　分部分项工程和单价措施项目清单与计价表（二）

工程名称：××中学教学楼工程　　　　　标段：　　　　　　　　第 2 页 共 4 页

序号	项目编号	项目名称	项目特征描述	计算单位	工程量	金额/元		其中
						综合单价	合价	暂估价
			0106 金属结构工程					
7	010606008001	钢爬梯	U 型，型钢品种、规格详见施工图	t	0.258	6951.71	1794	
			分部小计				1794	
			0108 门窗工程					
8	010807001001	塑钢窗	80 系列 LC0915 塑钢平开窗带纱 5mm 白玻璃	m²	900	273.40	246060	
			（其他略）					
			分部小计				366464	
			0109 屋面及防水工程					
9	010902003001	屋面刚性防水	C20 细石混凝土，厚 40mm，建筑油膏嵌缝	m²	1853	21.43	39710	
			（其他略）					
			分部小计				251838	
			0110 保温、隔热、防腐工程					
10	011001001001	保温隔热屋面	沥青珍珠岩块 500mm×500mm×150mm，1：3 水泥砂浆护面，厚 25mm	m²	1853	53.81	99710	
			（其他略）					
			分部小计				133226	
			0111 楼地面装饰工程					
11	011101001001	水泥砂浆楼地面	1：3 水泥砂浆找平层，厚 20mm，1：2 水泥砂浆面层，厚 25mm	m²	6500	33.77	219505	
			（其他略）					
			分部小计				291030	
			本页小计				1044352	—
			合计				4699267	800000

注：为计取规费等的使用，可在表中增设其中："定额人工费"。

表 7-21　分部分项工程和单价措施项目清单与计价表（三）

工程名称：××中学教学楼工程　　　　　标段：　　　　　　　　第 3 页　共 4 页

序号	项目编号	项目名称	项目特征描述	计算单位	工程量	金额/元		其中暂估价
						综合单价	合价	
			0112 墙、柱面装饰与隔断、幕墙工程					
12	011201001001	外墙面抹灰	页岩砖墙面，1：3 水泥砂浆底层，厚 15mm，1：2.5 水泥砂浆面层，厚 6mm	m²	4050	17.44	70632	
13	011202001001	柱面抹灰	混凝土柱面，1：3 水泥砂浆底层，厚 15mm，1：2.5 水泥砂浆面层，厚 6mm	m²	850	20.42	17357	
			（其他略）					
			分部小计				418643	
			0113 天棚工程					
14	011301001001	混凝土天棚抹灰	基层刷水泥浆一道加 107 胶，1：0.5：2.5 水泥石灰砂浆底层，厚 12mm，1：0.3：3 水泥石灰砂浆面层厚 4mm	m²	7000	16.53	115710	
			（其他略）					
			分部小计				230431	
			0114 油漆、涂料、裱糊工程					
15	011407001001	外墙乳胶漆	基层抹灰面满刮成品耐水腻子三遍磨平，乳胶漆一底二面	m²	4050	44.70	181035	
			（其他略）					
			分部小计				233606	
			0117 措施项目					
16	011701001001	综合脚手架	砖混、檐高 22m	m²	10940	19.80	216612	
			（其他略）					
			分部小计				738257	
			本页小计				1620937	—
			合计				6320204	800000

注：为计取规费等的使用，可在表中增设其中："定额人工费"。

表 7-21　分部分项工程和单价措施项目清单与计价表（四）

工程名称：××中学教学楼工程　　　　　　　标段：　　　　　　　　　　　第 4 页 共 4 页

序号	项目编号	项目名称	项目特征描述	计算单位	工程量	综合单价	合价	其中 暂估价
			0304 电气设备安装工程					
17	030404035001	插座安装	单相三孔插座，250V/10A	个	1224	10.46	12803	
18	030411001001	电气配管	砖墙暗配 PC20 阻燃 PVC 管	m	9858	8.23	81131	45000
			（其他略）					
			分部小计				360140	45000
			0310 给水排水安装工程					
19	031001006001	塑料给水管安装	室内 DN20/PP－R 给水管，热熔连接	m	1569	17.54	27520	
20	031001006002	塑料排水管安装	室内 φ110UPVC 排水管，承插胶粘接	m	849	46.96	39869	
			（其他略）					
			分部小计				192662	
			本页小计				552802	—
			合计				6873006	845000

注：为计取规费等的使用，可在表中增设其中："定额人工费"。

表 7-22 综合单价分析表（一）

工程名称：××中学教学楼工程　　　　　　标段：　　　　　　　　第 1 页 共 2 页

项目编码	010515001001		项目名称	现浇构件钢筋		计量单位	t	工程量		200
清单综合单价组成明细										
定额编号	定额项目名称	定额单位	数量	单价				合价		
				人工费	材料费	机械费	管理费和利润	人工费	材料费	机械费	管理费和利润

定额编号	定额项目名称	定额单位	数量	人工费	材料费	机械费	管理费和利润	人工费	材料费	机械费	管理费和利润
AD0809	现浇构建钢筋制、安	t	1.07	275.47	4044.58	58.33	95.59	294.75	4327.70	62.42	102.29
人工单价			小计					294.75	4327.70	62.42	102.29
80元/工日			未计价材料费								
清单项目综合单价								4787.16			

材料费明细	主要材料名称、规格、型号	单位	数量	单价/元	合价/元	暂估单价/元	暂估合价/元
	螺纹钢筋 A235，ϕ14	t	1.07			4000.00	4280.00
	焊条	kg	8.64	4.00	34.56		
	其他材料费			—	13.14		
	材料费小计			—	47.70	—	4280.00

项目编码	011407001001		项目名称	外墙乳胶漆		计量单位	m²	工程量		4050
清单综合单价组成明细										

定额编号	定额项目名称	定额单位	数量	人工费	材料费	机械费	管理费和利润	人工费	材料费	机械费	管理费和利润
BE0267	抹灰面满刮耐水腻子	100m²	0.01	338.52	2625	—	127.76	3.39	26.25		1.28
BE0276	外墙乳胶漆底漆一遍，面漆二遍	100m²	0.01	317.97	940.37	—	120.01	3.18	9.40	—	1.20
人工单价			小计					6.57	35.65	—	2.48
80元/工日			未计价材料费								
清单项目综合单价								44.70			

材料费明细	主要材料名称、规格、型号	单位	数量	单价/元	合价/元	暂估单价/元	暂估合价/元
	耐水成品腻子	kg	2.50	10.50	26.25		
	××牌乳胶漆面漆	kg	0.353	20.00	7.06		
	××牌乳胶漆底漆	kg	0.136	17.00	2.31		
	其他材料费			—	0.03		
	材料费小计			—	35.65	—	

注：1. 如不使用省级或行业建设主管部门发布的计价依据，可不填定额编号、名称等。

　　2. 招标文件提供了暂估单价的材料，按暂估的单价填入表内"暂估单价"栏及"暂估合价"栏。

表 7-22　综合单价分析表（二）

工程名称：××中学教学楼工程　　　　　　标段：　　　　　　　　　第 2 页 共 2 页

项目编码	030411001001	项目名称	电气配管	计量单位	m	工程量	9858

<table>
<tr><td colspan="10" align="center">清单综合单价组成明细</td></tr>
<tr>
<td rowspan="2">定额
编号</td>
<td rowspan="2">定额项目
名称</td>
<td rowspan="2">定额
单位</td>
<td rowspan="2">数量</td>
<td colspan="4">单价</td>
<td colspan="4">合价</td>
</tr>
<tr>
<td>人工费</td><td>材料费</td><td>机械费</td><td>管理费
和利润</td>
<td>人工费</td><td>材料费</td><td>机械费</td><td>管理费
和利润</td>
</tr>
<tr>
<td>CB1528</td><td>砖墙
暗配管</td><td>100m</td><td>0.01</td>
<td>312.89</td><td>64.22</td><td>—</td><td>136.34</td>
<td>3.13</td><td>0.64</td><td>—</td><td>1.36</td>
</tr>
<tr>
<td>CB1792</td><td>暗装
接线盒</td><td>10 个</td><td>0.001</td>
<td>16.80</td><td>9.76</td><td>—</td><td>7.31</td>
<td>0.02</td><td>0.01</td><td>—</td><td>0.01</td>
</tr>
<tr>
<td>CB1793</td><td>暗装
开关盒</td><td>10 个</td><td>0.023</td>
<td>17.92</td><td>4.52</td><td>—</td><td>7.80</td>
<td>0.41</td><td>0.10</td><td>—</td><td>0.18</td>
</tr>
<tr><td></td><td></td><td></td><td></td><td></td><td></td><td></td><td></td><td></td><td></td><td></td><td></td></tr>
<tr><td></td><td></td><td></td><td></td><td></td><td></td><td></td><td></td><td></td><td></td><td></td><td></td></tr>
<tr><td></td><td></td><td></td><td></td><td></td><td></td><td></td><td></td><td></td><td></td><td></td><td></td></tr>
<tr>
<td colspan="2" align="center">人工单价</td>
<td colspan="6" align="center">小计</td>
<td>3.56</td><td>0.75</td><td>—</td><td>1.55</td>
</tr>
<tr>
<td colspan="2" align="center">85 元/工日</td>
<td colspan="6" align="center">未计价材料费</td>
<td colspan="4" align="center">2.37</td>
</tr>
<tr>
<td colspan="8" align="center">清单项目综合单价</td>
<td colspan="4" align="center">8.23</td>
</tr>
</table>

	主要材料名称、规格、型号	单位	数量	单价 /元	合价 /元	暂估单 价/元	暂估合 价/元
材料费明细	刚性阻燃管 DN20	m	1.10	1.90	2.09		
	××牌接线盒	个	0.012	1.80	0.02		
	××牌开关盒	个	0.236	1.10	0.26		
	其他材料费			—	0.75	—	
	材料费小计			—	3.12	—	

注：1. 如不使用省级或行业建设主管部门发布的计价依据，可不填定额编号、名称等。

　　2. 招标文件提供了暂估单价的材料，按暂估的单价填入表内"暂估单价"栏及"暂估合价"栏。

表 7-23　总价措施项目清单与计价表

工程名称：××中学教学楼工程　　　　　　　　标段：　　　　　　　　第 1 页 共 1 页

序号	项目编码	项目名称	计算基础	费率（%）	金额/元	调整费率（%）	调整后金额/元	备注
		安全文明施工费	定额人工费	25	209650			
		夜间施工增加费	定额人工费	1.5	12479			
		二次搬运费	定额人工费	1	8386			
		东雨季施工增加费	定额人工费	0.6	5032			
		已完工程及设备保护费			6000			
	合　计				241547			

编制人（造价人员）：　　　　　　　　　　　　　复核人（造价工程师）：

注：1. "计算基础"中安全文明施工费可为"定额基价"、"定额人工费"或"定额人工费＋定额机械费"，其他项目可为"定额人工费"或"定额人工费＋定额机械费"。

2. 按施工方案计算的措施费，若无"计算基础"和"费率"的数值，也可只填"金额"数值，但应在备注栏说明施工方案出处或计算方法。

表 7-24　其他项目清单与计价汇总表

工程名称：××中学教学楼工程　　　　　　　　标段：　　　　　　　　第 1 页 共 1 页

序号	项目名称	金额/元	结算金额/元	备注
1	暂列金额	350000		明细详见表 7-25
2	暂估价	200000		
2.1	材料暂估价	—		明细详见表 7-26
2.2	专业工程暂估价	200000		明细详见表 7-27
3	计日工	26528		明细详见表 7-28
4	总承包服务费	20760		明细详见表 7-29
5				
	合　计	583600		—

注：材料（工程设备）暂估价进入清单项目综合单价，此处不汇总。

表 7-25　暂列金额明细表

工程名称：××中学教学楼工程　　　　　　标段：　　　　　　　　　第1页 共1页

序号	项目名称	计量单位	暂定金额/元	备注
1	自行车棚工程	项	100000	
2	工程量偏差和设计变更	项	100000	
3	政策性调整和材料价格波动	项	100000	
4	其他	项	50000	
5				
6				
合　计			350000	—

注：此表由招标人填写，如不能详列，也可只列暂定金额总额，投标人应将上述暂列金额计入投
标总价中。

表 7-26　材料（工程设备）暂估单价及调整表

工程名称：××中学教学楼工程　　　　　　标段：　　　　　　　　　第1页 共1页

序号	材料（工程设备）名称、规格、型号	计量单位	数量		暂估/元		确认/元		差额±/元		备注
			暂估	确认	单价	合价	单价	合价	单价	合价	
1	钢筋（规格见施工图）	t	200		4000	800000					用于现浇钢筋混凝土项目
2	低压开关柜（CGD 190380/220V）	t	1		45000	45000					用于低压开关柜安装项目
合　计						845000					

注：此表由招标人填写"暂估单价"，并在备注栏说明暂估价的材料、工程设备拟用在哪些清单项
目上，投标人应将上述材料、工程设备暂估单价计入工程量清单综合单价报价中。

表 7-27　专业工程暂估价及结算价表

工程名称：××中学教学楼工程　　　　　　标段：　　　　　　　　　第1页 共1页

序号	工程名称	工程内容	暂估金额/元	结算金额/元	差额±/元	备注
1	消防工程	合同图纸中标明的以及消防工程规范和技术说明中规定的各系统中的设备、管道、阀门、线缆等的供应、安装和调试工作	200000			
合　计			200000			

注：此表"暂估金额"由招标人填写，投标人应将"暂估金额"计入投标总价中，结算时按合同
约定结算金额填写。

表 7-28　计日工表

工程名称：××中学教学楼工程　　　　　　标段：　　　　　　　　　　　第 1 页 共 1 页

编号	项目名称	单位	暂定数量	实际数量	综合单价/元	合价/元	
						暂定	实际
一	人工						
1	普工	工日	100		80	8000	
2	机工	工日	60		110	6600	
3							
	人工小计					14600	
二	材料						
1	钢筋（规格见施工图）	t	1		4000	4000	
2	水泥 42.5	t	2		600	1200	
3	中砂	m³	10		80	800	
4	砾石（5～40mm）	m³	5		42	210	
5	页岩砖（240mm×115mm×53mm）	千块	1		300	300	
6							
	材料小计					6510	
三	施工机械						
1	自升式塔式起重机	台班	5		550	2750	
2	灰浆搅拌机（400L）	台班	2		20	40	
3							
	施工机械小计					2790	
四、企业管理费和利润	按人工费18%计					2628	
	总　计					26528	

　　注：此表项目名称、暂定数量由招标人填写，编制招标控制价时，单价由招标人按有关计价规定
　　　　确定；投标时，单价由投标人自主报价，按暂定数量计算合价计入投标总价中。结算时，按
　　　　发承包双方确认的实际数量计算合价。

表 7-29 总承包服务费计价表

工程名称：××中学教学楼工程　　　　　标段：　　　　　　　　　　　　第 1 页 共 1 页

序号	项目名称	项目价值/元	服务内容	计算基础	费率（%）	金额/元
1	发包人发包专业工程	200000	1. 按专业工程承包人的要求提供施工工作面并对施工现场进行统一管理，对竣工资料进行统一整理汇总 2. 为专业工程承包人提供垂直运输机械和焊接电源接入点，并承担垂直运输费和电费	项目价值	7	14000
2	发包人供应材料	845000	对发包人供应的材料进行验收及保管和使用发放	项目价值	0.8	6760
	合　计	—	—	—	—	20760

注：此表项目名称、服务内容有招标人填写，编制招标控制价时，费率及金额由招标人按有关计价规定确定；投标时，费率及金额由投标人自主报价，计入投标总价中。

表 7-30 规费、税金项目计价表

工程名称：××中学教学楼工程　　　　　标段：　　　　　　　　　　　　第 1 页 共 1 页

序号	项目名称	计算基础	计算基数	计算费率（%）	金额/元
1	规费	定额人工费			239001
1.1	社会保险费	定额人工费	（1）＋…＋（5）		188685
（1）	养老保险费	定额人工费		14	117404
（2）	失业保险费	定额人工费		2	16772
（3）	医疗保险费	定额人工费		6	50316
（4）	工伤保险费	定额人工费		0.25	2096.5
（5）	生育保险费	定额人工费		0.25	2096.5
1.2	住房公积金	定额人工费		6	50316
1.3	工程排污费	按工程所在地环境保护部门收取标准，按实计入			
2	税金	分部分项工程费＋措施项目费＋其他项目费＋规费－按规定不计税的工程设备金额		3.41	262887
	合　计				501888

编制人（造价人员）：　　　　　　　　　　　　　复核人（造价工程师）：

表 7-31 总价项目进度款支付分解表

工程名称：××中学教学楼工程　　　　　　标段：　　　　　　　　第1页 共1页

序号	项目名称	总价金额	首次支付	二次支付	三次支付	四次支付	五次支付	
	安全文明施工费	209650	62895	62895	41930	41930		
	夜间施工增加费	12479	2496	2496	2496	2496	2495	
	二次搬运费	8386	1677	1677	1677	1677	1678	
	略							
	社会保险费	188685	37737	37737	37737	37737	37737	
	住房公积金	50316	10063	10063	10063	10063	10064	
	合 计							

编制人（造价人员）：　　　　　　　　　　　　复核人（造价工程师）：

注：1. 本表应由承包人在投标报价时根据发包人在招标文件明确的进度款支付周期与报价填写，
　　签订合同时，发承包双方可就支付分解协商调整后作为合同附件。

　　2. 单价合同使用本表，"支付"栏时间应与单价项目进度款支付周期相同。

　　3. 总价合同使用本表，"支付"栏时间应与约定的工程计量周期相同。

表 7-32 发包人提供材料和工程设备一览表

工程名称：××中学教学楼工程　　　　　　标段：　　　　　　　　第1页 共1页

序号	材料（工程设备）名称、规格、型号	单位	数量	单价/元	交货方式	送达地点	备注
1	钢筋（规格见施工图现浇构件）	t	200	4000		工地仓库	

注：此表由招标人填写，供投标人在投标报价、确定总承包服务费时参考。

表 7-33　承包人提供主要材料和工程设备一览表
（适用于价格指数差额调整法）

工程名称：××中学教学楼工程　　　　　　　标段：　　　　　　　　第 1 页　共 1 页

序号	名称、规格、型号	变值权重 B	基本价格指数 F_0	现行价格指数 F_t	备注
1	人工	0.18	110％		
2	钢材	0.11	4000 元/t		
3	预拌混凝土 C30	0.16	340 元/m³		
4	页岩砖	0.15	300 元/千块		
5	机械费	0.08	100％		
	定值权重 A	0.42	—	—	
合　计		1	—	—	

注：1. "名称、规格、型号"、"基本价格指数"栏由招标人填写，基本价格指数应首先采用工程
造价管理机构发布的价格指数，没有时，可采用发布的价格代替。如人工、机械费也采用本
法调整由招标人在"名称"栏填写。

2. "定值权重"栏由投标人根据该项人工、机械费和材料、工程设备值在投标总报价中所占
的比例填写，1 减去其比例为定值权重。

3. "现行价格指数"按约定的付款证书相关周期最后一天的前 42 天的各项价格指数填写，该
指数应首先采用工程造价管理机构发布的价格指数，没有时，可采用发布的价格代替。

三、竣工结算编制（发包人报送）（表7-34～表7-58）

表 7-34　竣工结算书封面

＿＿＿×中学教学楼＿＿＿工程

竣 工 结 算 书

发 包 人：＿＿＿＿×中学＿＿＿＿

（单位盖章）

承 包 人：＿＿＿＿×建筑公司＿＿＿＿

（单位盖章）

造价咨询人：＿＿×工程造价咨询企业＿＿

（单位盖章）

×年×月×日

表 7-35　竣工结算书扉页

＿＿＿×中学教学楼＿＿＿工程

竣 工 结 算 总 价

签约合同价（小写）：7972282 元（大写）：柒佰玖拾柒万贰仟贰佰捌拾贰元
竣工结算价（小写）：7937251 元（大写）：柒佰玖拾叁万柒仟贰佰伍拾壹元

发包人：×中学　　　承包人：×建筑公司　　　造价咨询人：×工程造价咨询企业
（单位盖章）　　　　　（单位盖章）　　　　　（单位资质专用章）

法定代表人：×中学　法定代表人：×建筑公司　法定代表人：×工程造价咨询企业
或其授权人：×××　或其授权人：×××　　或其授权人：×××
（签字或盖章）　　　　（签字或盖章）　　　　（签字或盖章）

编 制 人：＿＿＿×××＿＿＿　　核 对 人：＿＿＿×××＿＿＿
（造价人员签字盖专用章）　　　　（造价工程师签字盖专用章）

编制时间：×年×月×日　　　　核对时间：×年×月×日

表 7-36 总说明

工程名称：××中学教学楼工程　　　　　　　　　　　　　　　　　　　第 1 页 共 1 页

1. 工程概况：本工程为砖混结构，混凝土灌注桩基，建筑层数为六层，建筑面积 10940m²，招标计划工期为 200 日历天，投标工期为 180 日历天，实际工期 175 日历天。

2. 竣工结算核对依据：

(1) 承包人报送的竣工结算；

(2) 施工合同；

(3) 竣工图、发包人确认的实际完成工程量和索赔及现场签证资料；

(4) 省工程造价管理机构发布的人工费调整文件。

3. 核对情况说明：

原报送结算金额为 7975986 元，核对后确认金额为 7937251 元，金额变化的主要原因为：

(1) 原报送结算中，发包人供应的现浇混凝土用钢筋，结算单价为 4306 元/t，根据进货凭证和付款记录，发包人供应钢筋的加权平均价格核对确认为 4295 元/t，并调整了相应项目综合单价和总承包服务费。

(2) 计工日 26528 元，实际支付 10690 元，节支 15838 元；总承包服务费 20760 元，实际支付 21000 元，超支 240 元；规费 239001 元，实际支付 240426 元，超支 1425 元；税金 262887 元，实际支付 261735 元，节支 1152 元。增减相抵节支 15325 元。

(3) 暂列金额 350000 万元，主要用于钢结构自行车棚 62000 元，工程量偏差及设计变更 162130 元，用于索赔及现场签证 28541 元，用于人工费调整 36243 元，发包人供应钢筋和低压开关柜暂估价变更 41380 元，暂列金额节余 19706 元。加上（2）项节支 15325 元，比签约合同价节余 35031 元。

4. 其他（略）。

表 7-37 建设项目竣工结算汇总表

工程名称：××中学教学楼工程　　　　　　　　　　　　　　　　　　　第 1 页 共 1 页

序号	单项工程名称	金额/元	其中：/元	
			安全文明施工费	规费
1	教学楼工程	7937251	210990	240426
	合计	7937251	210990	240426

表 7-38　单项工程竣工结算汇总表

工程名称：××中学教学楼工程　　　　　　　　　　　　　　　　　第1页 共1页

序号	单项工程名称	金额/元	其中：/元	
			安全文明施工费	规费
1	教学楼工程	7937251	210990	240426
	合计	7937251	210990	240426

表 7-39　单位工程投标报价汇总表

工程名称：××中学教学楼工程　　　　　　　　　　　　　　　　　第1页 共1页

序号	汇总内容	金额/元
1	分部分项工程	6426805
0101	土石方工程	120831
0103	桩基工程	423926
0104	砌筑工程	708926
0105	混凝土及钢筋混凝土工程	2493200
0105	金属结构工程	65812
0108	门窗工程	380026
0109	屋面及防水工程	269547
0110	保温、隔热、防腐工程	132985
0111	楼地面装饰工程	318459
0112	墙柱面装饰与隔断、幕墙工程	440237
0113	天棚工程	241039
0114	油漆、涂料、裱糊工程	256793
0304	电气设备安装工程	375626
0310	给水排水安装工程	201640
2	措施项目	747112
0117	其中：安全文明施工费	210990
3	其他项目	258931
3.1	其中：暂列金额	198700
3.2	其中：专业工程暂估价	10690
3.3	其中：计日工	21000
3.4	其中：总承包服务费	28541
4	规费	240426
5	税金	261735
招标控制价合计＝1＋2＋3＋4＋5		7937251

注：本表适用于单位工程招标控制价或投标报价的汇总，单项工程也使用本表汇总。

表 7-40　分部分项工程和单价措施项目清单与计价表（一）

工程名称：××中学教学楼工程　　　　　标段：　　　　　　第 1 页 共 4 页

序号	项目编号	项目名称	项目特征描述	计算单位	工程量	综合单价	合价	其中暂估价
			0101 土石方工程					
1	010101003001	挖沟槽土方	三类土，垫层底宽 2m，挖土深度＜4m，弃土运距＜7km	m³	1503	21.92	32946	
			（其他略）					
			分部小计				120831	
			0103 桩基工程					
2	010302003001	泥浆护壁混凝土灌注桩	桩长 10m，护壁段长 9m，共 42 根，桩直径 1000mm，扩大头直径 1100mm，桩混凝土为 C25，护壁混凝土为 C20	m	432	322.06	139130	
			（其他略）					
			分部小计				423926	
			0104 砌筑工程					
3	010401001001	条形砖基础	M10 水泥砂浆，MU15 页岩砖 240mm×115mm×53mm	m³	239	290.46	69420	
4	010401003001	实心砖墙	M7.5 混合砂浆，MU15 页岩砖 240mm×115mm×53mm，墙厚度 240mm	m³	1986	304.43	604598	
			（其他略）					
			分部小计				708926	
			0105 混凝土及钢筋混凝土工程					
5	010503001001	基础梁	C30 预拌混凝土，梁底标高－1.55m	m³	208	356.14	74077	
6	010515001001	现浇构件钢筋	螺纹钢 Q235，φ14	t	196	5132.29	1005929	
			（其他略）					
			分部小计				2493200	
			本页小计				3746883	
			合计				3746883	

注：为计取规费等的使用，可在表中增设其中："定额人工费"。

表 7-40 分部分项工程和单价措施项目清单与计价表（二）

工程名称：××中学教学楼工程　　　　　　标段：　　　　　　第 2 页 共 4 页

序号	项目编号	项目名称	项目特征描述	计算单位	工程量	综合单价	合价	其中 暂估价
			0106 金属结构工程					
7	010606008001	钢爬梯	U 型，型钢品种、规格详见施工图	t	0.258	7023.71	1812	
			分部小计				65812	
			0108 门窗工程					
8	010807001001	塑钢窗	80 系列 LC0915 塑钢平开窗带纱 5mm 白玻璃	m²	900	276.66	248994	
			（其他略）					
			分部小计				380026	
			0109 屋面及防水工程					
9	010902003001	屋面刚性防水	C20 细石混凝土，厚 40mm，建筑油膏嵌缝	m²	1757	21.92	38513	
			（其他略）					
			分部小计				269547	
			0110 保温、隔热、防腐工程					
10	011001001001	保温隔热屋面	沥青珍珠岩块 500mm×500mm×150mm，1：3 水泥砂浆护面，厚 25mm	m²	1757	54.58	95897	
			（其他略）					
			分部小计				132985	
			0111 楼地面装饰工程					
11	011101001001	水泥砂浆楼地面	1：3 水泥砂浆找平层，厚 20mm，1：2 水泥砂浆面层，厚 25mm	m²	6539	33.90	221672	
			（其他略）					
			分部小计				318459	
			本页小计				1166829	
			合计				4913712	

注：为计取规费等的使用，可在表中增设其中："定额人工费"。

表7-40 分部分项工程和单价措施项目清单与计价表（三）

工程名称：××中学教学楼工程　　　　　　标段：　　　　　　　　　第3页 共4页

序号	项目编号	项目名称	项目特征描述	计算单位	工程量	综合单价	合价	其中暂估价
			0112 墙、柱面装饰与隔断、幕墙工程					
12	011201001001	外墙面抹灰	页岩砖墙面，1：3水泥砂浆底层，厚15mm，1：2.5 水泥砂浆面层，厚6mm	m²	4123	18.26	75286	
13	011202001001	柱面抹灰	混凝土柱面，1：3水泥砂浆底层，厚15mm，1：2.5 水泥砂浆面层，厚6mm	m²	832	21.52	17905	
			（其他略）					
			分部小计				440237	
			0113 天棚工程					
14	011301001001	混凝土天棚抹灰	基层刷水泥浆一道加107胶，1：0.5：2.5 水泥石灰砂浆底层，厚12mm，1：0.3：3水泥石灰砂浆面层厚4mm	m²	7109	17.36	123412	
			（其他略）					
			分部小计				241039	
			0114 油漆、涂料、裱糊工程					
15	011407001001	外墙乳胶漆	基层抹灰面满刮成品耐水腻子三遍磨平，乳胶漆一底二面	m²	4123	45.36	187019	
			（其他略）					
			分部小计				256793	
			0117 措施项目					
16	011701001001	综合脚手架	砖混、檐高22m	m²	10940	20.79	227443	
			（其他略）					
			分部小计				747112	
			本页小计				1685181	
			合计				6598893	

注：为计取规费等的使用，可在表中增设其中："定额人工费"。

表 7-40　分部分项工程和单价措施项目清单与计价表（四）

工程名称：××中学教学楼工程　　　　　　标段：　　　　　　　　　　第 4 页 共 4 页

序号	项目编号	项目名称	项目特征描述	计算单位	工程量	综合单价	合价	其中 暂估价
			0304 电气设备安装工程					
17	030404035001	插座安装	单相三孔插座，250V/10A	个	1224	10.96	13415	
18	030411001001	电气配管	砖墙暗配 PC20 阻燃 PVC 管	m	9937	8.58	85259	
			（其他略）					
			分部小计				375626	
			0310 给水排水安装工程					
19	031001006001	塑料给水管安装	室内 DN20/PP－R 给水管，热熔连接	m	1569	18.62	29215	
20	031001006002	塑料排水管安装	室内 φ110UPVC 排水管，承插胶粘接	m	849	47.89	40659	
			（其他略）					
			分部小计				201640	
			本页小计				577266	
			合计				7176159	

注：为计取规费等的使用，可在表中增设其中："定额人工费"。

表 7-41　综合单价分析表（一）

工程名称：××中学教学楼工程　　　　　　标段：　　　　　　　　第1页 共2页

项目编码	010515001001		项目名称	现浇构件钢筋		计量单位	t	工程量	196

清单综合单价组成明细

定额编号	定额项目名称	定额单位	数量	单价				合价			
				人工费	材料费	机械费	管理费和利润	人工费	材料费	机械费	管理费和利润
AD0809	现浇构建钢筋制、安	t	1.07	303.02	4339.58	58.33	95.59	324.23	4643.35	62.42	102.29
人工单价			小计					324.23	4643.35	62.42	102.29
88元/工日			未计价材料费								
清单项目综合单价								5132.29			

	主要材料名称、规格、型号		单位	数量	单价/元	合价/元	暂估单价/元	暂估合价/元
材料费明细	螺纹钢筋 A235，φ14		t	1.07	4295.00	4595.65		
	焊条		kg	8.64	4.00	34.56		
	其他材料费		—		—	13.14		
	材料费小计		—		—	4643.35		

项目编码	011407001001		项目名称	外墙乳胶漆		计量单位	m²	工程量	4050

清单综合单价组成明细

定额编号	定额项目名称	定额单位	数量	单价				合价			
				人工费	材料费	机械费	管理费和利润	人工费	材料费	机械费	管理费和利润
BE0267	抹灰面满刮耐水腻子	100m²	0.01	372.37	2625	—	127.76	3.72	26.25	—	1.28
BE0276	外墙乳胶漆底漆一遍，面漆二遍	100m²	0.01	349.77	940.37	—	120.01	3.50	9.40	—	1.20
人工单价			小计					7.22	35.65	—	2.48
88元/工日			未计价材料费								
清单项目综合单价								45.35			

	主要材料名称、规格、型号		单位	数量	单价/元	合价/元	暂估单价/元	暂估合价/元
材料费明细	耐水成品腻子		kg	2.50	10.50	26.25		
	××牌乳胶漆面漆		kg	0.353	20.00	7.06		
	××牌乳胶漆底漆		kg	0.136	17.00	2.31		
	其他材料费		—		—	0.03		
	材料费小计		—		—	35.65		

注：1. 如不使用省级或行业建设主管部门发布的计价依据，可不填定额编号、名称等。
　　2. 招标文件提供了暂估单价的材料，按暂估的单价填入表内"暂估单价"栏及"暂估合价"栏。

表 7-41 综合单价分析表（二）

工程名称：××中学教学楼工程　　　　　标段：　　　　　　　　　　第 2 页 共 2 页

项目编码	030411001001	项目名称	电气配管	计量单位	m	工程量	9858

清单综合单价组成明细

定额编号	定额项目名称	定额单位	数量	单价				合价			
				人工费	材料费	机械费	管理费和利润	人工费	材料费	机械费	管理费和利润
CB1528	砖墙暗配管	100m	0.01	344.18	64.22	—	136.34	3.44	0.64	—	1.36
CB1792	暗装接线盒	10个	0.001	18.48	9.76	—	7.31	0.02	0.01	—	0.01
CB1793	暗装开关盒	10个	0.023	19.72	4.52	—	7.80	0.45	0.10	—	0.18
人工单价			小计					3.91	0.75	—	1.55
93.5 元/工日			未计价材料费					2.37			
清单项目综合单价								8.58			

	主要材料名称、规格、型号	单位	数量	单价/元	合价/元	暂估单价/元	暂估合价/元
材料费明细	刚性阻燃管 DN20	m	1.10	1.90	2.09		
	××牌接线盒	个	0.012	1.80	0.02		
	××牌开关盒	个	0.236	1.10	0.26		
	其他材料费			—	0.75		
	材料费小计			—	3.12		

注：1. 如不使用省级或行业建设主管部门发布的计价依据，可不填定额编号、名称等。

　　2. 招标文件提供了暂估单价的材料，按暂估的单价填入表内"暂估单价"栏及"暂估合价"栏。

表 7-42 总价措施项目清单与计价表

工程名称：××中学教学楼工程　　　　　标段：　　　　　　　　第 1 页 共 1 页

序号	项目编码	项目名称	计算基础	费率（%）	金额/元	调整费率（%）	调整后金额/元	备注
		安全文明施工费	定额人工费	25	209650	25	210990	
		夜间施工增加费	定额人工费	1.5	12479	1.5	12654	
		二次搬运费	定额人工费	1	8386	1	8436	
		冬雨季施工增加费	定额人工费	0.6	5032	0.6	5062	
		已完工程及设备保护费			6000		6000	
合 计					241547		243142	

编制人（造价人员）：　　　　　　　　　　　　　　　复核人（造价工程师）：

　　注：1. "计算基础"中安全文明施工费可为"定额基价"、"定额人工费"或"定额人工费＋定额机械费"，其他项目可为"定额人工费"或"定额人工费＋定额机械费"。

　　　　2. 按施工方案计算的措施费，若无"计算基础"和"费率"的数值，也可只填"金额"数值，但应在备注栏说明施工方案出处或计算方法。

表 7-43 其他项目清单与计价汇总表

工程名称：××中学教学楼工程　　　　　标段：　　　　　　　　第 1 页 共 1 页

序号	项目名称	金额/元	结算金额/元	备注
1	暂列金额		—	
2	暂估价	200000	198700	
2.1	材料暂估价	—	—	明细详见表 7-44
2.2	专业工程暂估价	200000	198700	明细详见表 7-45
3	计日工	26528	10690	明细详见表 7-46
4	总承包服务费	20760	21000	明细详见表 7-47
5	索赔与现场签证		28541	明细详见表 7-48
合 计			—	

　　注：材料（工程设备）暂估价进入清单项目综合单价，此处不汇总。

表 7-44　材料（工程设备）暂估单价及调整表

工程名称：××中学教学楼工程　　　　　　标段：　　　　　　　　　第1页 共1页

序号	材料（工程设备）名称、规格、型号	计量单位	数量		暂估/元		确认/元		差额±/元		备注
			暂估	确认	单价	合价	单价	合价	单价	合价	
1	钢筋（规格见施工图）	t	200	196	4000	4295	800000	841820	290	41820	用于现浇钢筋混凝土项目
2	低压开关柜（CGD 190380/220V）	t	1	1	45000	44560	45000	44560	−440	−440	用于低压开关柜安装项目
合　计							845000	886380		41380	

注：此表由招标人填写"暂估单价"，并在备注栏说明暂估价的材料、工程设备拟用在那些清单项
　　目上，投标人应将上述材料、工程设备暂估单价计入工程量清单综合单价报价中。

表 7-45　专业工程暂估价及结算价表

工程名称：××中学教学楼工程　　　　　　标段：　　　　　　　　　第1页 共1页

序号	工程名称	工程内容	暂估金额/元	结算金额/元	差额±/元	备注
1	消防工程	合同图纸中标明的以及消防工程规范和技术说明中规定的各系统中的设备、管道、阀门、线缆等的供应、安装和调试工作	200000	198700	−1300	
合　计			200000	198700	−1300	

注：此表"暂估金额"由招标人填写，投标人应将"暂估金额"计入投标总价中，结算时按合同
　　约定结算金额填写。

表 7-46　计日工表

工程名称：××中学教学楼工程　　　　　　标段：　　　　　　　　　第1页 共1页

编号	项目名称	单位	暂定数量	实际数量	综合单价/元	合价/元	
						暂定	实际
一	人工						
1	普工	工日	100	40	80	8000	3200
2	机工	工日	60	30	110	6600	3300
3							
人工小计							6500

续表

编号	项目名称	单位	暂定数量	实际数量	综合单价/元	合价/元 暂定	合价/元 实际
二	材料						
1	水泥 42.5	t	2	1.5	600	1200	900
2	中砂	m³	10	6	80	800	480
3							
	材料小计						1380
三	施工机械						
1	自升式塔式起重机	台班	5		550	2750	1650
2	灰浆搅拌机（400L）	台班	2		20	40	20
3							
	施工机械小计						1670
四、企业管理费和利润	按人工费18%计						1170
	总　计						10690

注：此表项目名称、暂定数量由招标人填写，编制招标控制价时，单价由招标人按有关计价规定
　　确定；投标时，单价由投标人自主报价，按暂定数量计算合价计入投标总价中。结算时，按
　　发承包双方确认的实际数量计算合价。

表 7-47　总承包服务费计价表

工程名称：××中学教学楼工程　　　　　标段：　　　　　　　　　　第1页　共1页

序号	项目名称	项目价值/元	服务内容	计算基础	费率（%）	金额/元
1	发包人发包专业工程	198700	1. 按专业工程承包人的要求提供施工工作面并对施工现场进行统一管理，对竣工资料进行统一整理汇总 2. 为专业工程承包人提供垂直运输机械和焊接电源接入点，并承担垂直运输费和电费		7	13909
2	发包人供应材料	886380	对发包人供应的材料进行验收及保管和使用发放		0.8	7091
	合　计	—	—		—	21000

注：此表项目名称、服务内容有招标人填写，编制招标控制价时，费率及金额由招标人按有关计
　　价规定确定；投标时，费率及金额由投标人自主报价，计入投标总价中。

表7-48 索赔与现场签证计价汇总表

工程名称：××中学教学楼工程　　　　标段：　　　　　　　　第1页 共1页

序号	签证及索赔项目名称	计量单位	数量	单价/元	合价/元	索赔及签证依据
1	暂停施工				317837	001
2	砌筑花池	座	5	500	2500	002
…	（其他略）					
—	本页小计	—	—	—	—	—
—	合 计	—	—	—	—	—

注：签证及索赔依据是指经双方认可的签证单和索赔依据的编号。

表7-49 费用索赔申请（核准）表

工程名称：××中学教学楼工程　　　　标段：　　　　　　　　第1页 共1页

致：××中学住宅建设办公室

　　根据施工合同条款第12条的约定，由于你方工作需要的 原因，我方要求索赔金额（大写）叁仟壹佰柒拾捌元叁角柒分（小写3178.37元），请予核准。

　　附：1. 费用索赔的详细理由和依据：根据发包人"关于暂停施工的通知"（详见附件1）。

　　　　2. 索赔金额的计算：详见附件2。

　　　　3. 证明材料：

承包人（章）：（略）

承包人代表：×××

日　　期：××年×月×日

复核意见：	复核意见：
根据施工合同条款第12条的约定，你方提出的费用索赔申请经复核： □不同意此项索赔，具体意见见附件。 ☑同意此项索赔，索赔金额的计算，由造价工程师复核。 监理工程师：××× 日　　期：××年×月×日	根据施工合同条款第12条的约定，你方提出的费用索赔申请经复核，索赔金额为（大写）叁仟壹佰柒拾捌元叁角柒分 元（小写3178.37元）。 监理工程师：××× 日　　期：××年×月×日

审核意见：

□不同意此项索赔。

☑同意此项索赔，与本期进度款同期支付。

发包人（章）（略）

发包人代表：×××

日　　期：××年×月×日

注：1. 在选择栏中的"□"内作标识"√"。

　　2. 本表一式四份，由承包人填报，发包人、监理人、造价咨询人、承包人各存一份。

表 7-50　现场签证表

工程名称：××中学教学楼工程　　　　　　标段：　　　　　　　　　第 1 页 共 1 页

施工单位	学校指定位置	日期	××年×月×日

致：××中学住宅建设办公室

　　根据××× 2013 年 8 月 25 日的口头指令，我方要求完成此项工作应支付价款金额为（大写）贰仟伍佰元（小写2500.00 元），请予核准。

　　附：1. 签证事由及原因：为迎接新学期的到来，改变校容、校貌，学校新增加 5 座花池。

　　　　2. 附图及计算式：（略）

承包人（章）：（略）

承包人代表：×××

日　　期：××年×月×日

复核意见：	复核意见：
你方提出的此项签证申请经复核： 　　☐不同意此项签证，具体意见见附件。 　　☑同意此项签证，签证金额的计算，由造价工程师复核。 监理工程师：××× 日　　期：××年×月×日	☑此项签证按承包人中标的计日工单价计算，金额为（大写）贰仟伍佰 元，（小写）2500.00 元。 　　☐此项签证因无计日工单价，金额为（大写）＿＿＿＿元，（小写）＿＿＿＿。 造价工程师：××× 日　　期：××年×月×日

审核意见：

　　☐不同意此项签证。

　　☑同意此项签证，价款与本期进度款同期支付。

承包人（章）（略）

承包人代表：×××

日　　期：××年×月×日

注：1. 在选择栏中的"☐"内作标识"√"。

　　2. 本表一式四份，由承包人在收到发包人（监理人）的口头或书面通知后填写，发包人、监理人、造价咨询人、承包人各存一份。

表 7-51 规费、税金项目计价表

工程名称：××中学教学楼工程　　　　　标段：　　　　　　　第1页 共1页

序号	项目名称	计算基础	计算基数	计算费率（%）	金额/元
1	规费	定额人工费			240426
1.1	社会保险费	定额人工费	（1）＋…＋（5）		189810
（1）	养老保险费	定额人工费		14	118104
（2）	失业保险费	定额人工费		2	16872
（3）	医疗保险费	定额人工费		6	50616
（4）	工伤保险费	定额人工费		0.25	2109
（5）	生育保险费	定额人工费		0.25	2109
1.2	住房公积金	定额人工费		6	50616
1.3	工程排污费	按工程所在地环境保护部门收取标准，按实计入			
2	税金	分部分项工程费＋措施项目费＋其他项目费＋规费－按规定不计税的工程设备金额		3.41	261735
合　计					502161

编制人（造价人员）：　　　　　　　　　　　　　复核人（造价工程师）：

表 7-52 工程计量申请（核准）表

工程名称：××中学教学楼工程　　　　　标段：　　　　　　　第1页 共1页

序号	项目编码	项目名称	计量单位	承包人申报数量	发包人核实数量	发承包人确认数量	备注
1	010101003001	挖沟槽土方	m^3	1593	1578	1587	
2	010302003001	泥浆护壁混凝土灌注桩	m	456	456	456	
3	010503001001	基础梁	m^3	210	210	210	
4	010515001001	现浇构件钢筋	t	25	25	25	
5	010401001001	条形砖基础	m^3	245	245	245	
	（略）						

承包人代表：	监理工程师：	造价工程师：	发包人代表：
×××	×××	×××	×××
日　期：××年×月×日	日　期：××年×月×日	日　期：××年×月×日	日　期：××年×月×日

表 7-53　预付款支付申请（核准）表

工程名称：××中学教学楼工程　　　　　　标段：　　　　　　　　　第 1 页 共 1 页

致：××中学

　　我方根据施工合同的约定，先申请支付工程预付款额为（大写）玖拾贰万叁仟壹拾捌 元（小写 923018.00 元），请予核准。

序号	名称	申请金额/元	复核金额/元	备注
1	已签约合同价款金额	7972282	7972282	
2	其中：安全文明施工费	209650	209650	
3	应支付的预付款	797228	776263	
4	应支付的安全文明施工费	125790	125790	
5	合计应支付的预付款	923018	902053	

计算依据见附件　　　　　　　　　　　　　　　　　承包人（章）

造价人员：×××　　　承包人代表：×××　　　日　　期：××年×月×日

复核意见：

　　□与合同约定不相符，修改意见见附件。

　　☑与合约约定相符，具体金额由造价工程师复核。

　　　　　　监理工程师：×××
　　　　　　日　　期：××年×月×日

复核意见：

　　你方提出的支付申请经复核，应支付预付款金额为（大写）玖拾万贰仟伍拾叁 元（小写 902053 元）。

　　　　　　造价工程师：×××
　　　　　　日　　期：××年×月×日

审核意见：

　　□不同意。

　　☑同意，支付时间为本表签发后的 15d 内。

　　　　　　　　　　　　　　发包人（章）
　　　　　　　　　　　　　　发包人代表：×××
　　　　　　　　　　　　　　日　　期：××年×月×日

注：1. 在选择栏中的"□"内作标识"√"。

　　2. 本表一式四份，由承包人填报，发包人、监理人、造价咨询人、承包人各存一份。

表 7-54 总价项目进度款支付分解表

工程名称：××中学教学楼工程   标段：   第1页 共1页

序号	项目名称	总价金额	首次支付	二次支付	三次支付	四次支付	五次支付	
	安全文明施工费	209650	62895	62895	41930	41930		
	夜间施工增加费	12479	2496	2496	2496	2496	2495	
	二次搬运费	8386	1677	1677	1677	1677	1678	
	略							
	社会保险费	188685	37737	37737	37737	37737	37737	
	住房公积金	50316	10063	10063	10063	10063	10064	
	合 计							

编制人（造价人员）：   复核人（造价工程师）：

注：1. 本表应由承包人在投标报价时根据发包人在招标文件明确的进度款支付周期与报价填写，
签订合同时，发承包双方可就支付分解协商调整后作为合同附件。

2. 单价合同使用本表，"支付"栏时间应与单价项目进度款支付周期相同。

3. 总价合同使用本表，"支付"栏时间应与约定的工程计量周期相同。

表 7-55　进度款支付申请（核准）表

工程名称：××中学教学楼工程　　　　　标段：　　　　　　　　编号：

致：××中学

　　我方于×× 至×× 期间已完成了±0～二层楼 工作，根据施工合同的约定，现申请支付本期的工程款额为（大写）壹佰壹拾壹万柒仟玖佰壹拾玖元壹角肆分 元（小写1117919.14 元），请予核准。

序号	名称	申请金额/元	复核金额/元	备注
1	累计已完成的合同价款	1233189.37	—	1233189.37
2	累计已实际支付的合同价款	1109870.43	—	1109870.43
3	本周期合计完成的合同价款	1576893.50	1419204.14	1576893.50
3.1	本周期已完成单价项目的金额	1484047.80		
3.2	本周期应支付的总价项目的金额	14230.00		
3.3	本周期已完成的计日工价款	4631.70		
3.4	本周期应支付的安全文明施工费	62895.00		
3.5	本周期应增加的合同价款	11089.00		
4	本周期合计应扣减的金额	301285.00	301285.00	301897.14
4.1	本周期应抵扣的预付款	301285.00		301285.00
4.2	本周期应扣减的金额	0		612.14
5	本周期应支付的合同价款	1475608.50	1117919.14	1117307.00

附：上述 3、4 详见附件清单。

　　　　　　　　　　　　　　　　　　　　　　　　　　　　承包人（章）

　　造价人员：×××　　承包人代表：×××　　　日　　期：××年×月×日

复核意见：

　　□与实际施工情况不相符，修改意见见附件。

　　☑与实际施工情况相符，具体金额由造价工程师复核。

　　　　　　监理工程师：×××
　　　　　　日　　期：××年×月×日

复核意见：

　　你方提供的支付申请经复核，本期间已完成工程款额为（大写）壹佰伍拾柒万陆仟捌佰玖拾叁元伍角 元（小写1576893.50 元），本期间应支付金额为（大写）壹佰壹拾壹万柒仟叁佰零柒元（小写1117307.00 元）。

　　　　　　　　　　　　　造价工程师：×××
　　　　　　　　　　　　　日　　期：××年×月×日

审核意见：

　　□不同意。

　　☑同意，支付时间为本表签发后的 15d 内。

　　　　　　　　　　　　　发包人（章）
　　　　　　　　　　　　　发包人代表：×××
　　　　　　　　　　　　　日　　期：××年×月×日

注：1. 在选择栏中的"□"内作标识"√"。

　　2. 本表一式四份，由承包人填报，发包人、监理人、造价咨询人、承包人各存一份。

表 7-56 竣工结算款支付申请（核准）表

工程名称：××中学教学楼工程　　　　标段：　　　　　　编号：

致：××中学

　　我方于××至××期间已完成合同约定的工作，工程已经完工，根据施工合同的约定，现申请支付竣工结算合同款额为（大写）**柒拾捌万叁仟贰佰陆拾伍元零捌分** 元（小写783265.08 元），请予核准。

序号	名称	申请金额/元	复核金额/元	备注
1	竣工结算合同价款总额	7937251.00	7937251.00	
2	累计已实际支付的合同价款	6757123.37	6757123.37	
3	应预留的质量保证金	396862.55	396862.55	
4	应支付的竣工结算款金额	783265.08	783265.08	

承包人（章）

造价人员：×××　　承包人代表：×××　　　　日　期：××年×月×日

复核意见：

□与实际施工情况不相符，修改意见见附件。

☑与实际施工情况相符，具体金额由造价工程师复核。

监理工程师：×××
日　期：××年×月×日

复核意见：

　　你方提出的竣工结算款支付申请经复核，竣工结算款总额为（大写）**柒佰玖拾叁万柒仟贰佰伍拾壹** 元（小写7937251.00 元），扣除前期支付以及质量保证金后应支付金额为（大写）**柒拾捌万叁仟贰佰陆拾伍元零捌分** 元（小写783265.08 元）。

造价工程师：×××
日　期：××年×月×日

审核意见：

□不同意。

☑同意，支付时间为本表签发后的15d内。

发包人（章）
发包人代表：×××
日　期：××年×月×日

　　注：1. 在选择栏中的"□"内作标识"√"。

　　　　2. 本表一式四份，由承包人填报，发包人、监理人、造价咨询人、承包人各存一份。

表 7-57　最终结清支付申请（核准）表

工程名称：××中学教学楼工程　　　　　　标段：　　　　　　　　　　编号：

致：××中学

我方于××至××期间已完成了缺陷修复工作，根据施工合同的约定，现申请支付最终结清合同款额为（大写）叁拾玖万陆仟陆佰贰拾捌元伍角伍分元（小写396628.55元），请予核准。

序号	名称	申请金额/元	复核金额/元	备注
1	已预留的质量保证金	396862.55	396862.55	
2	应增加因发包人原因造成缺陷的修复金额	0	0	
3	应扣减承包人不修复缺陷、发包人组织修复的金额	0	0	
4	最终应支付的合同价款	396862.55	396862.55	

　　　　　　　　　　　　　　　　　　　　　　　　　　承包人（章）

造价人员：×××　　　承包人代表：×××　　　　　日　　期：××年×月×日

复核意见：

□与实际施工情况不相符，修改意见见附件。

☑与实际施工情况相符，具体金额由造价工程师复核。

　　　　　　监理工程师：×××
　　　　　　日　　期：××年×月×日

复核意见：

你方提出的支付申请经复核，最终应支付金额为（大写）叁拾玖万陆仟陆佰贰拾捌元伍角伍分元（小写396628.55元）。

　　　　　　造价工程师：×××
　　　　　　日　　期：××年×月×日

审核意见：

□不同意。

☑同意，支付时间为本表签发后的15d内。

　　　　　　　　　　发包人（章）
　　　　　　　　　　发包人代表：×××
　　　　　　　　　　日　　期：××年×月×日

注：1. 在选择栏中的"□"内作标识"√"。
　　2. 本表一式四份，由承包人填报，发包人、监理人、造价咨询人、承包人各存一份。

表 7-58　承包人提供主要材料和工程设备一览表
（适用于价格指数差额调整法）

工程名称：××中学教学楼工程　　　　　标段：　　　　　　　　第 1 页 共 1 页

序号	名称、规格、型号	变值权重 B	基本价格指数 F_0	现行价格指数 F_t	备注
1	人工费	0.18	110%	121%	
2	钢材	0.11	4000 元/t	4320 元/t	
3	预拌混凝土 C30	0.16	340 元/m³	357 元/m³	
4	页岩砖	0.15	300 元/千块	318 元/千块	
5	机械费	0.08	100%	100%	
	定值权重 A	0.42	—	—	
	合　计	1	—	—	

注：1. "名称、规格、型号"、"基本价格指数"栏由招标人填写，基本价格指数应首先采用工程造价管理机构发布的价格指数，没有时，可采用发布的价格代替。如人工、机械费也采用本法调整由招标人在"名称"栏填写。

2. "定值权重"栏由投标人根据该项人工、机械费和材料、工程设备值在投标总报价中所占的比例填写，1 减去其比例为定值权重。

3. "现行价格指数"按约定的付款证书相关周期最后一天的前 42 天的各项价格指数填写，该指数应首先采用工程造价管理机构发布的价格指数，没有时，可采用发布的价格代替。

附件 1

关于暂停施工的通知

××建筑公司××项目部：

因我校教学工作安排，经校办公会研究，决定于××年×月×日下午，你项目部承建的我校教学工程暂停施工半天。

特此通知。

××中学

办公室（章）

××年×月×日

附件 2

索赔费用计算表

一、人工费

1. 普工 15 人：15 人×70/工日×0.5 元＝525 元
2. 技工 35 人：35 人×100/工日×0.5 元＝1750 元

小计：2275 元

二、机械费

1. 自升式塔式起重机 1 台：1×526.20/台班×0.5×0.6 元＝157.86 元
2. 灰浆搅拌机 1 台：1×18.38/台班×0.5×0.6 元＝5.51 元
3. 其他各种机械（台套数量及具体费用计算略）：50 元

小计：213.37 元

三、周转材料

1. 脚手脚钢管：25000m×0.012/天×0.5 元＝150 元
2. 脚手脚扣件：17000 个×0.01/天×0.5 元＝85 元

小计：235 元

四、管理费

2275 元×20％＝455.00 元

索赔费用合计：3178.37 元

××建筑公司××中学项目部

××年×月×日

参考文献

[1] 中华人民共和国住房和城乡建设部 . GB 50500—2013 建设工程工程量清单计价规范 [S]. 北京：中国计划出版社，2013.

[2] 中华人民共和国住房和城乡建设部 .《建设工程计价计量规范辅导》[M]. 北京：中国计划出版社，2013.

[3] 中华人民共和国住房和城乡建设部 . GB 50854—2013 房屋建筑与装饰工程工程量计算规范 [S]. 北京：中国计划出版社，2013.

[4] 中华人民共和国住房和城乡建设部、财政部 . 建标 [2013] 44 号 建筑安装工程费用项目组成 [M]. 北京：中国计划出版社，2013.

[5] 中华人民共和国建设部 . GJD-101—1995 全国统一建筑工程基础定额（土建工程）[S]. 北京：中国计划出版社，1995.

[6] 中华人民共和国建设部 . GJDGZ-101—1995 全国统一建筑工程预算工程量计算规则 [S]. 北京：中国计划出版社，1995.

[7] 任波远，曹文萍 . 建筑工程预算 [M]. 北京：机械工业出版社，2011.

[8] 刘钟莹 . 建筑工程造价 [M]. 南京：东南大学出版社，2008.

[9] 谷云香 . 建筑工程识图与构造 [M]. 北京：中国水利水电出版社，2011.

[10] 郝增锁 . 建筑工程快速识图与预算 [M]. 北京：中国建筑工业出版社，2007.